栃木県那須塩原市の室井雅子さん（撮影　倉持正実）
アルミスコップ、フォーク、草削り機、小型管理機など、私の愛用する道具たちに囲まれて。

こんなスコップもあるぞ！

（撮影　倉持正実）

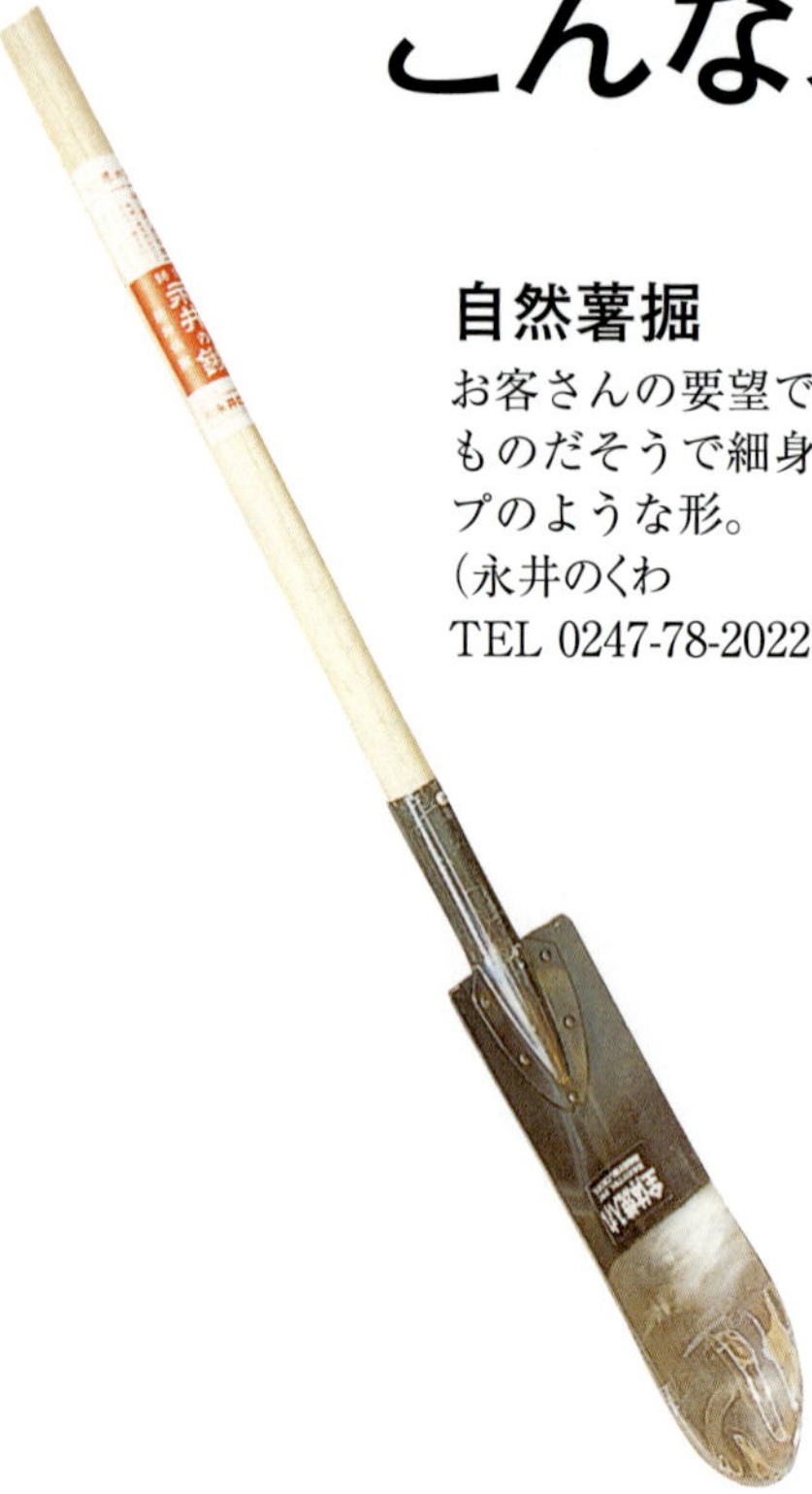

自然薯掘

お客さんの要望で開発したものだそうで細身のスコップのような形。
（永井のくわ
TEL 0247-78-2022）

アルミ製スコップ

大きくて重そうに見えるけど、実はとても軽いアルミ製のスコップ。栃木県那須塩原市の室井雅子さんが紹介してくれたものだが、近所のホームセンターで購入。室井さんは「初めてこの軽さに出会ったときの衝撃は忘れられません」という。

エアーショベル

長いハンドルとの組み合わせで杭打ち機にもなる

ほかに、ふつうのスコップ型のアタッチメントもある

ドイツの技術者によって考案された装置で、圧縮空気の打撃でスコップの刃を打ち込める。硬い地面の穴掘りや樹木の根を切るような場面で威力を発揮するとのこと。先端の作業部は、スコップ以外のアタッチメントも取り付けられる。専用のコンプレッサーを備えた本体の価格が20万円くらいから。スコップのアタッチメントは 3万～4万円程度。

(日本クランツレ㈱　TEL 06-6531-0510)

ひと味違う　鍬・ホー

角度調整のしくみ（実用新案）

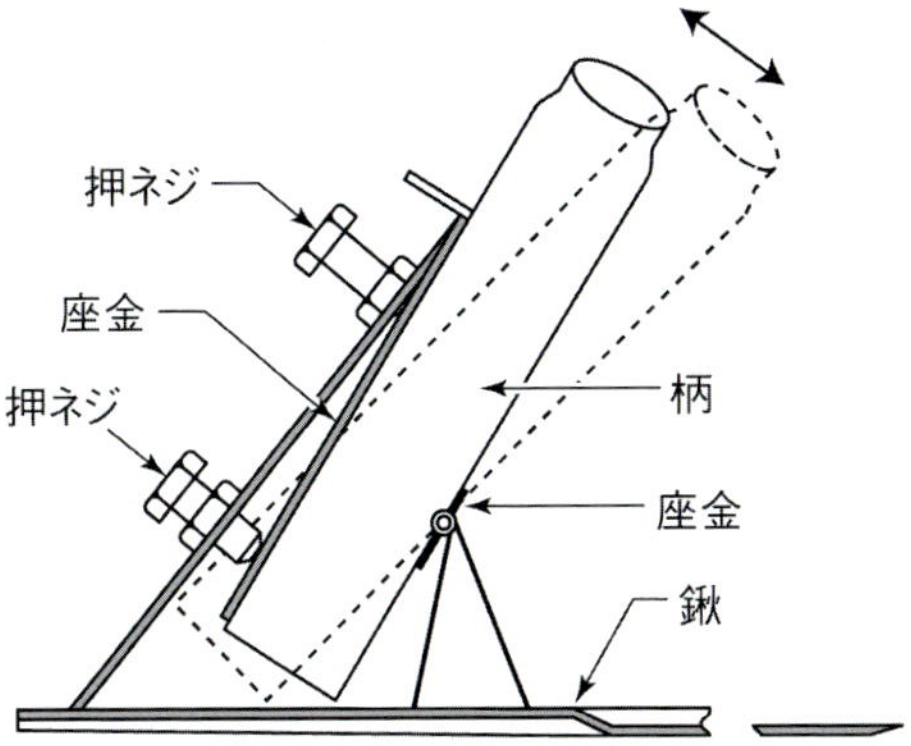

昭和鍬

柄の取り付け部のネジ調整で腰（柄と刃のあいだ）の角度が調整できる。左は4本型、右は園芸用中鍬。

（野口鍛冶店　TEL 0480-85-0422）

（撮影　赤松富仁）

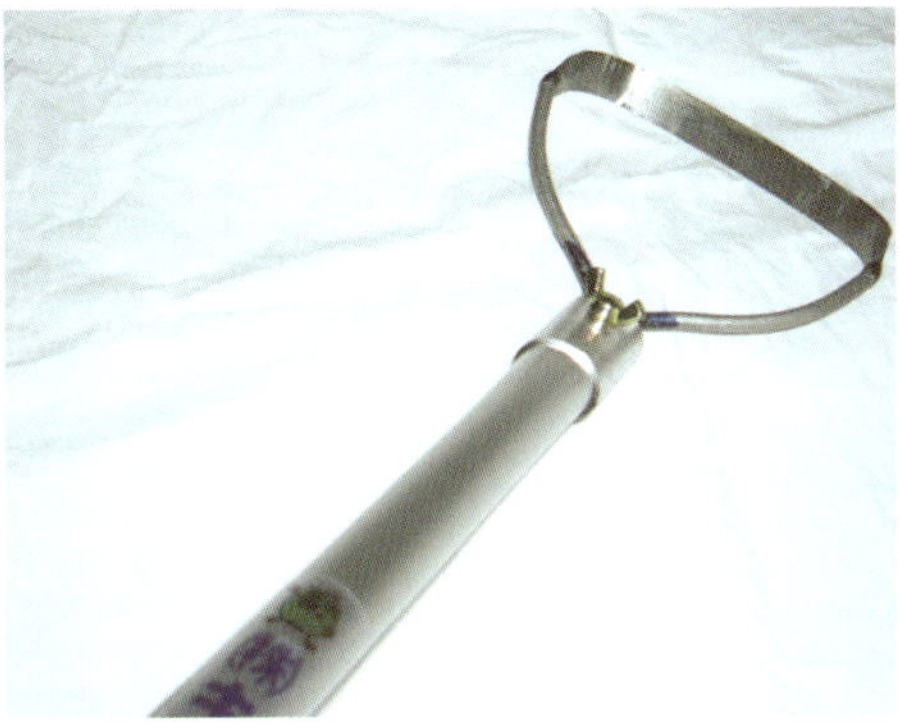

Qホー

調理用お玉からヒントを得た丸みのある刃が特徴。作物を傷つけず株元まで除草できる。
㈱キュウホー　TEL 01562-5-5806）

房州平鍬

切れ味の良さに加えて、持ちやすい柄（樫製）の端のくびれが特徴。

（田中惣一商店　TEL 0470-22-2088）（撮影　松村昭宏）

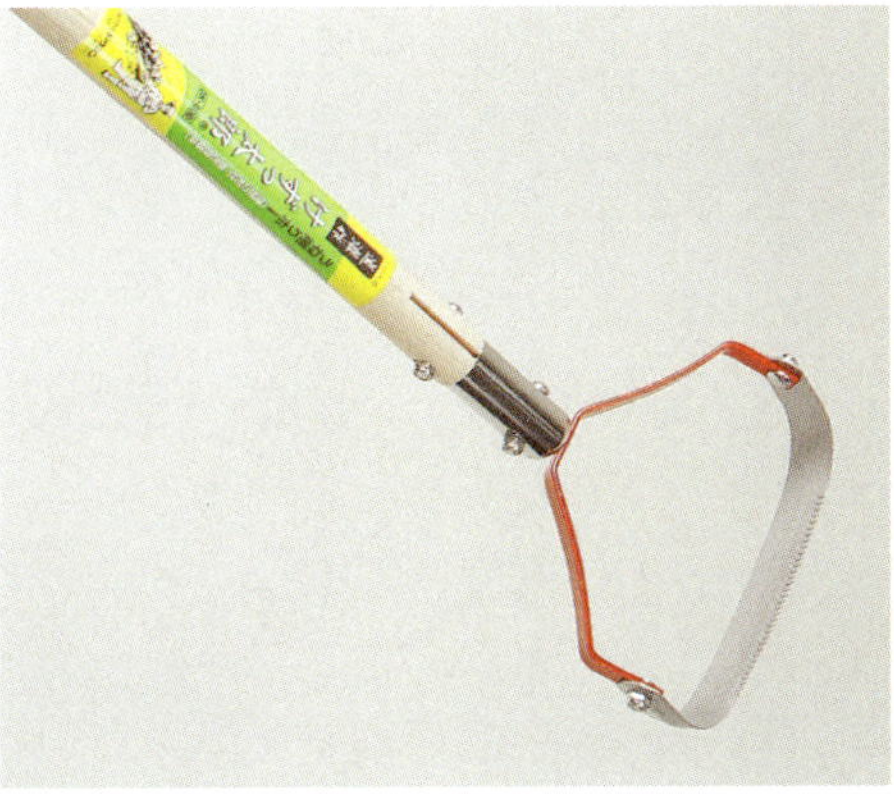

けずっ太郎

丸みを帯びた刃に加え、片側のノコギリ刃が特徴。
㈱ドウカン　TEL 0794-82-5349）

鍬

刃物用鉄材を抜いて鋼を鍛接。柄を差す部分も含めて一枚の材料から作るのでくさび等不要。鉄板を付けて補強してあるので柄はぐらつかない。

（米田刃物鍛冶屋　TEL 0185-25-3162）

鎌 大集合！

ひと口に「鎌」といっても、目的によってこんなにいろいろ。千葉県館山市の田中惣一商店のオリジナル商品です。

（撮影　松村昭宏）

カタチいろいろ　収穫鎌

ナバナ鎌

房総の特産・ナバナを刈る鎌。柄が長くて（75cm）刃を少し起こしてつけているので、キクやヒマワリなど茎が太く筋のある花も立ったまま使える。

ソテツ鎌

柄が長い（75cm）のはナバナ鎌と同じ。行商中、ソテツの葉を切るのに苦労している人を見て考案。鎌が小さく首も細い。トゲがあって込み入った葉をかきわけなくても切れる。キクやトルコギキョウ、スターチスのように込み入った花の茎も立ったまま切れる。

水仙さし

切り出し刃なので、スイセンの株が込み入っていてもハカマを壊さずに根元を切れる。葉らん切りにも使える。

セロリ鎌・レタス鎌

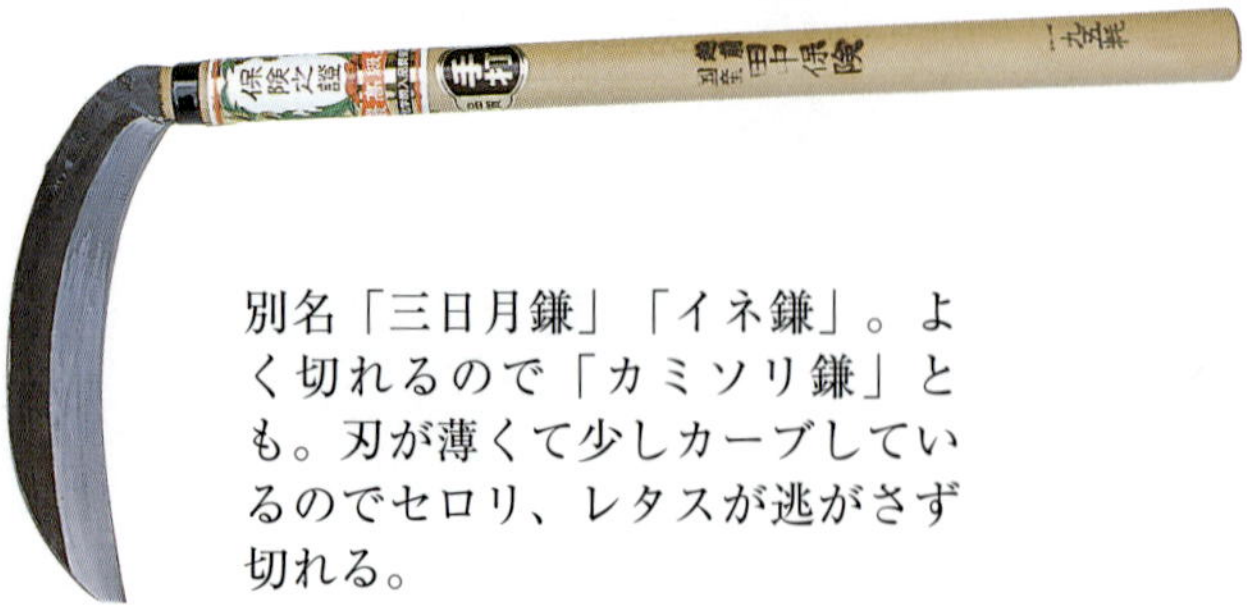

別名「三日月鎌」「イネ鎌」。よく切れるので「カミソリ鎌」とも。刃が薄くて少しカーブしているのでセロリ、レタスが逃がさず切れる。

ナタ鎌

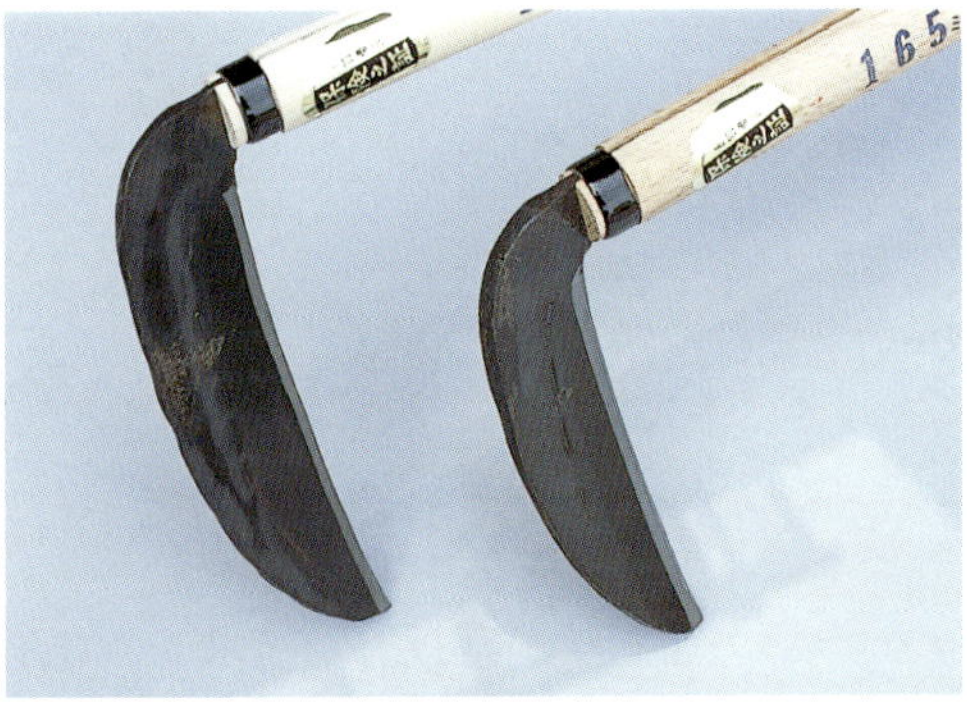

普通の鎌（左）より刃が分厚いので、竹やツルが込み入ったヤブ掃除などに大活躍。雑木も切れて頼れる一本。

手打ち草刈り鎌

ホームセンターの鎌より丁寧に作ってあるので長切れして、研げば小さくなるまで使える。毎日草刈りする専門業者の方からも好評。しゃがんで草を刈るよう柄は短め。

安来鋼の鎌

鋼が上等なぶん値段は高いが刃が薄手なので、葉が軟らかくて植木屋さん泣かせのリュウノヒゲや芝もよく切れる。柄の長さは6寸、6寸5分、7寸など。

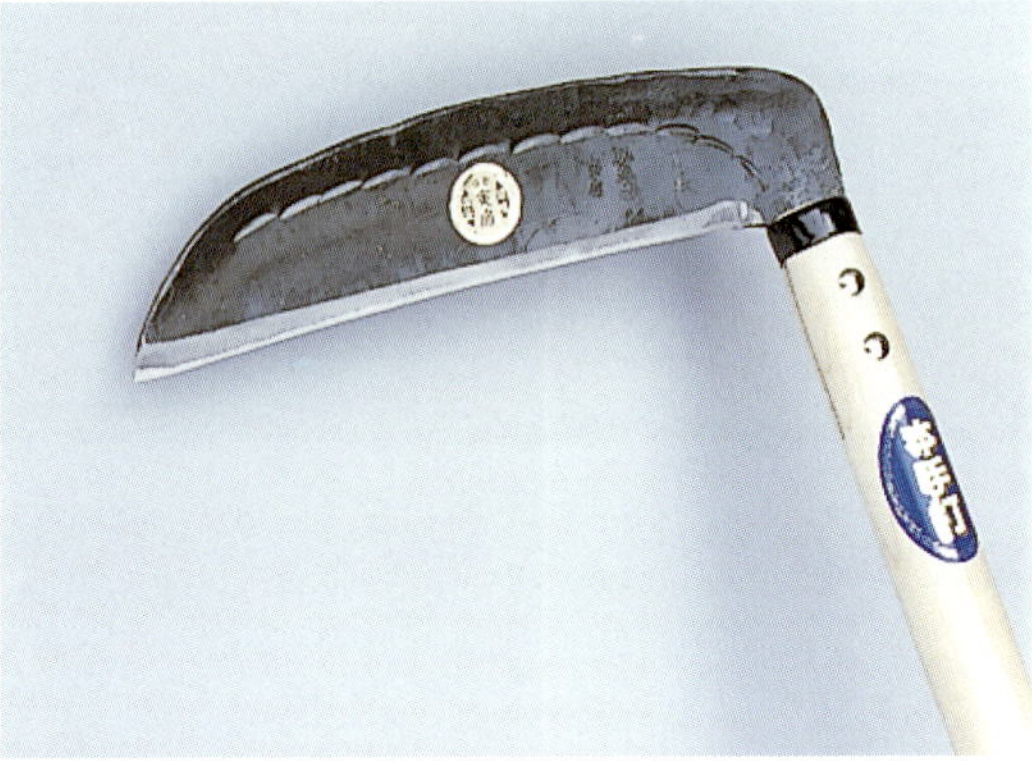

中厚鎌

刃の厚さが、草刈り鎌とナタ鎌の中間。飼料やカヤを刈るのに最適と畜産農家が愛用。

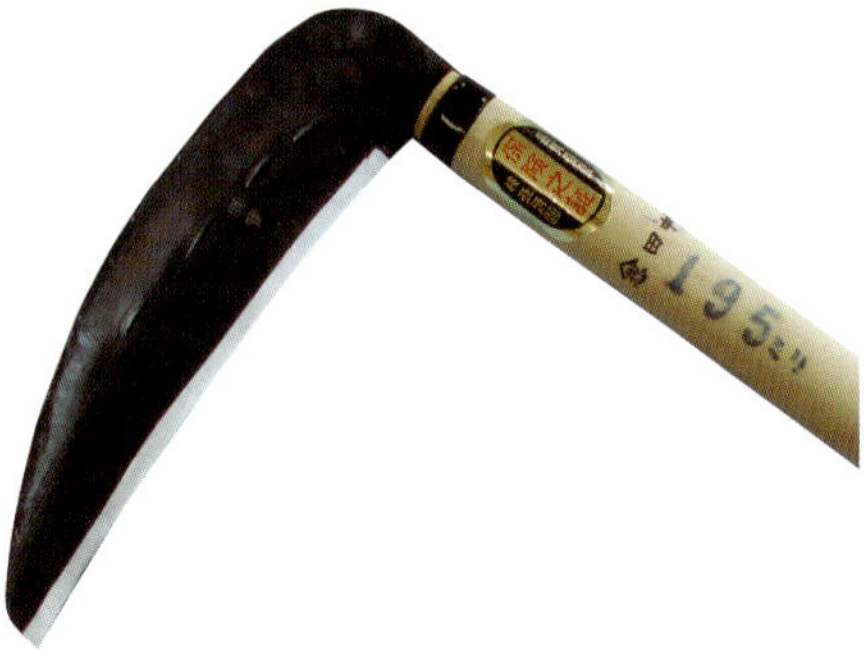

草つき

刃が厚めなので土の中にグサッと刺してテコの原理で芝の中に生えている草を根から引き抜く。球根掘りやスイセン切りにも使える。

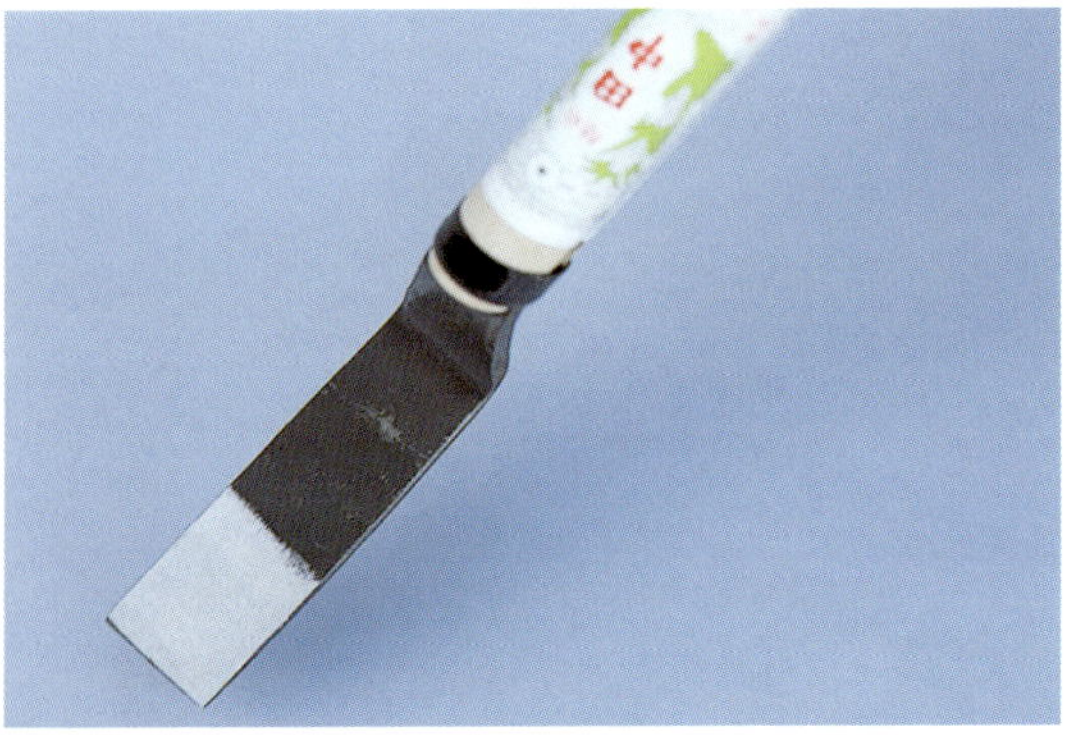

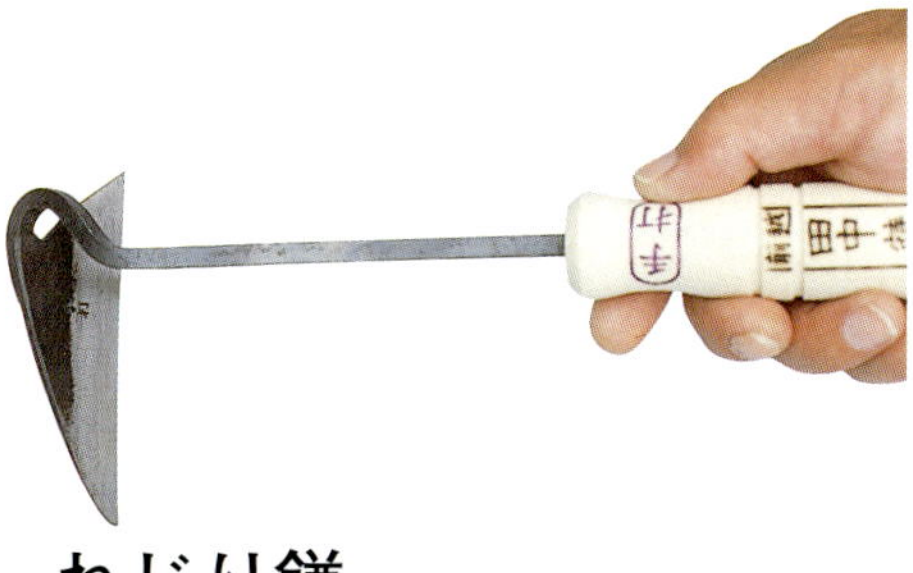

ねじり鎌

別名「首長鎌」。土の中に入れてザクザク引くようにすると、ドクダミなど丈は短くとも根がしっかり張った草もよく取れる。これだけしか使わないおばあさんもいるぐらい。海で岩のりをとるのに使う人も。

協力・田中惣一商店（TEL・FAX 0470-22-2088）
http://boat.zero.ad.jp/~zbk23089/

鎌のお役立ち情報

黄色テープを巻けば 畑の中に置忘れをしない

草刈り鎌の柄には目印に赤や黄色のテープを巻いておくと、畑の中でも目立って、なくしにくい

（撮影　倉持正実）

水がなくても鎌が研げる ダイヤモンド砥石

1,480円で買ったダイヤモンド砥石は優れもの。水なしで研げるので、草刈りするときは腰にぶら下げ、ときどき鎌を研いでいる

（栃木・室井雅子さん）

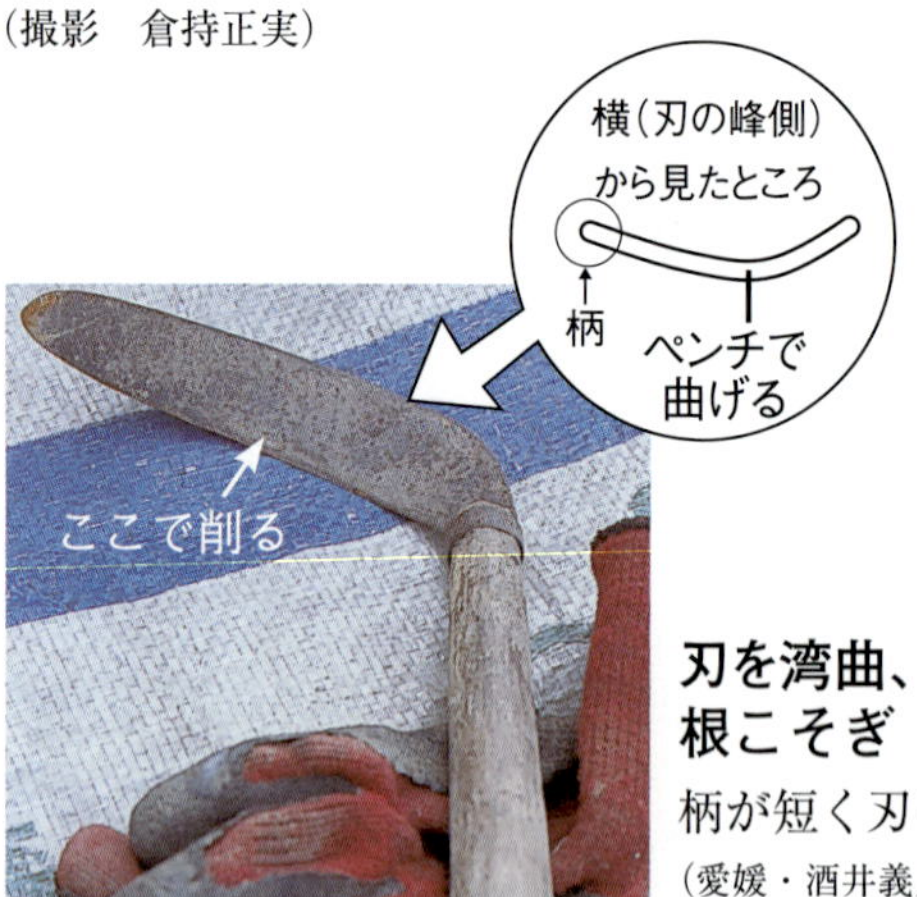
横（刃の峰側）
から見たところ
柄
ペンチで
曲げる
ここで削る

刃を湾曲、ミカン園の悪い草を根こそぎ

柄が短く刃をU字に曲げてある鎌

（愛媛・酒井義人さん）

アワビやカキをとる漁具の知恵が結集した「草取りカギカマ」

窓がついた独特の波目刃が特徴。熊谷鉄工所（TEL・FAX 0192-42-3076）で販売。

鎌の研ぎ方

鎌を逆さにして、左手に柄、右手に砥石を持つ。慣れないうちは、枕木のようなものの上でやると鎌の頭が安定する

①砥石を水につける
たっぷりめの水に5分以上つける

②表側を粗研ぎ
鎌の表側（刃の角度がついているほう）から研ぐ。砥石を上から下へ（峰から刃先の方向へ）滑らすように研ぐ。砥石は鎌の刃の角度に沿わせて少し斜めに持つとよい。砥石は「鎌用GC砥石」を使用（田中惣一商店で販売）。粗砥にしては軟らかいがよく研げる

③裏側を粗研ぎ
刃を返して裏側（刃の角度がないほう）を研ぐ。表側に出した刃の返しをとるように、刃全体をなでるように研ぐ

④仕上げの研ぎ
砥石を替えて仕上げの研ぎ。粗研ぎだけの人も多いが、より粒子の細かい砥石で仕上げると長切れする。刃にもよるが表側を10回研いだら裏側は1回程度の割合で研ぐ。砥石は「鎌用白仕上げ砥石」を使用。やはり軟らかく研ぎやすい

協力・田中惣一商店／撮影　松村昭宏

大鎌の研ぎ方

本号七二ページで紹介した大鎌。畑の面積が少し多かったり、山林を持っている方にはおすすめである。この大鎌の研ぎ方を紹介します。（撮影は東京都西多摩郡奥多摩町の下草刈りの現場）

協力　青木孝治さん（東京都森林組合）

〈草刈り作業中の研ぎ〉

タッパーに水を入れ、砥石（仕上げ砥を使用）を入れて持っていくと便利

刃先を研ぐ
手の平で刃裏を支える。砥石を親指と中指の根元で支え、人差し指を軽く添えて、砥石の下半分を使って研ぐ

刃先だけ研いだ大鎌

写真は草刈り2時間後の大鎌（一般的な片刃のもの）。刃先が丸くなりかなり切れなくなり、草や樹木の成分がついて、黒サビのような皮膜に覆われている。午後の作業のために、砥石で刃先だけ研いでおく

〈作業後の研ぎ〉

1日使用した鎌の表側
木材などで刃を固定して研ぐ

砥石
荒砥（下）と仕上げ砥（上）の2つを使用。水に漬け、水を十分吸わせておく

柄をしっかり押さえ、刃に対して荒砥を直角に動かして刃裏にバリ（刃返り）が出てくるまでしっかりと研ぐ

刃裏にバリが出てきたら、刃を裏返して、バリを取る
使用するのは仕上げ砥。仕上げ砥の平らな面で角度をつけずに研ぎ、刃をつけていく。また刃裏の荒砥の傷を落とすように研ぐ。これを2〜3回繰り返す

両刃の鎌の荒研ぎ
（東京都森林組合・青木孝治さん）

研ぎ終った鎌の刃裏

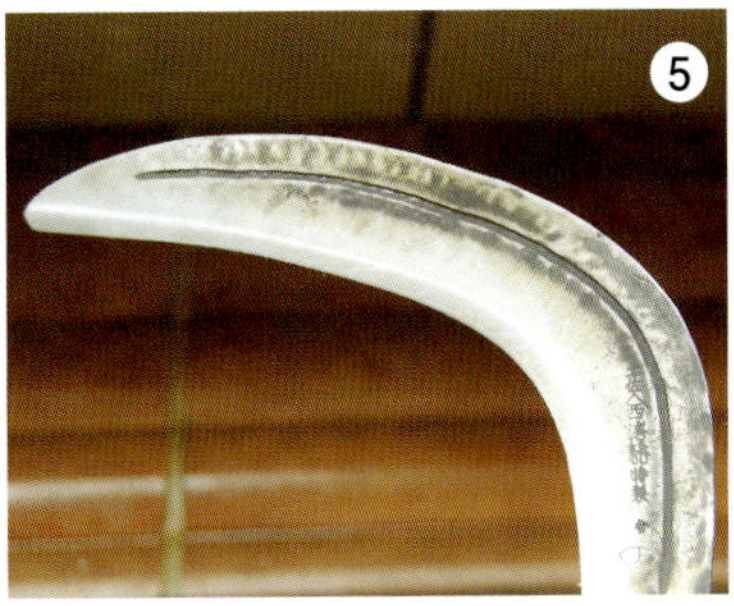

研ぎ終った鎌の刃表
研ぎ終ったらサビ止めのため油を塗っておく

鋸の目立て

協力　青木孝治さん（東京都森林組合）

鋸の目立ては難しいといわれていますが、ぜひ挑戦して、できるだけ長持ちさせたいもの。ここでは、一般に使用する横挽き用の鋸の目立て法を紹介します。

まず鋸の刃の構造(写真1)。鋸の刃は「アサリ」といって、刃が左右交互に振り分けられている(図1)。これは、刃が木の中に入ったときに木屑がよく出て、摩擦が少なくなり、刃の通りをよくするためにあるもの。

刃には、図2のように「上刃（うわば）」と「下刃（したば）」（上刃・下刃を「横刃」という）があり、刃の先端は「上目（うわめ）」があります。

図1　ノコギリのアサリ

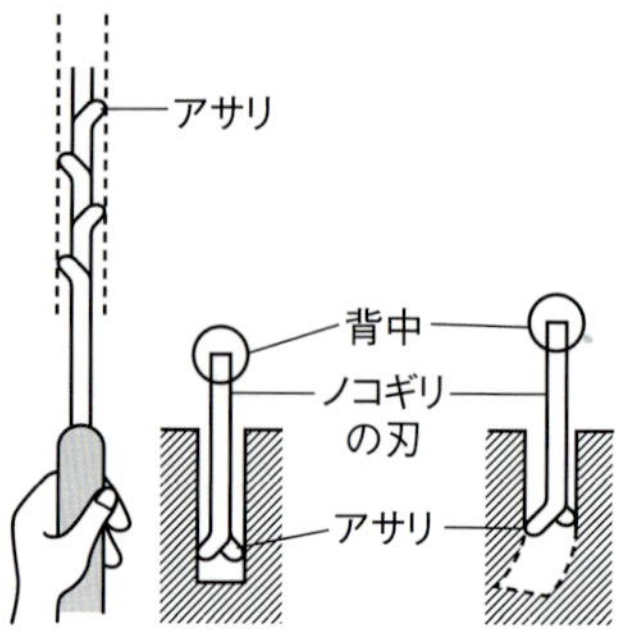

図2　鋸(横挽き用)の刃

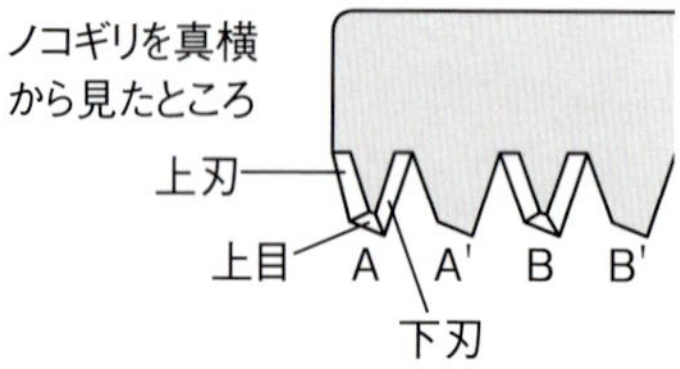

鋸の歯の構造（写真1）

〈用意するもの〉

鋸をはさんで固定する道具　(写真3)

2種類のヤスリ（写真2）
目立てに使用するヤスリの断面は薄い菱形になっている。上目用の小さなヤスリ（右）は角を丸くしておく。また、ヤスリには必ず柄をつけて使用する。

鋸を固定する手づくり道具(写真4)
これは、青木さんが、木挽きをしていた父から引き継いだという道具。軽くて使いやすい。

〈目立ての実際〉

新しい鋸は横刃が欠けたり磨耗したりしない限り、小さいヤスリで上目だけ擦るだけで3回程度は使えます。ここでは全ての刃を研く工程を紹介します。

①鋸を固定して、刃の状態をすがめて見る（写真5）

②大きなヤスリで下刃を擦る（写真6）

ヤスリは、元の傾斜面に常にぴったりと合わせて乗せ、下から上に動かすことが大事。また、それぞれの鋸刃に高低差が出ないように、ヤスリで鋸を研ぐ回数を決めておいて、全ての刃について、その回数だけ研ぐようにするとよい。

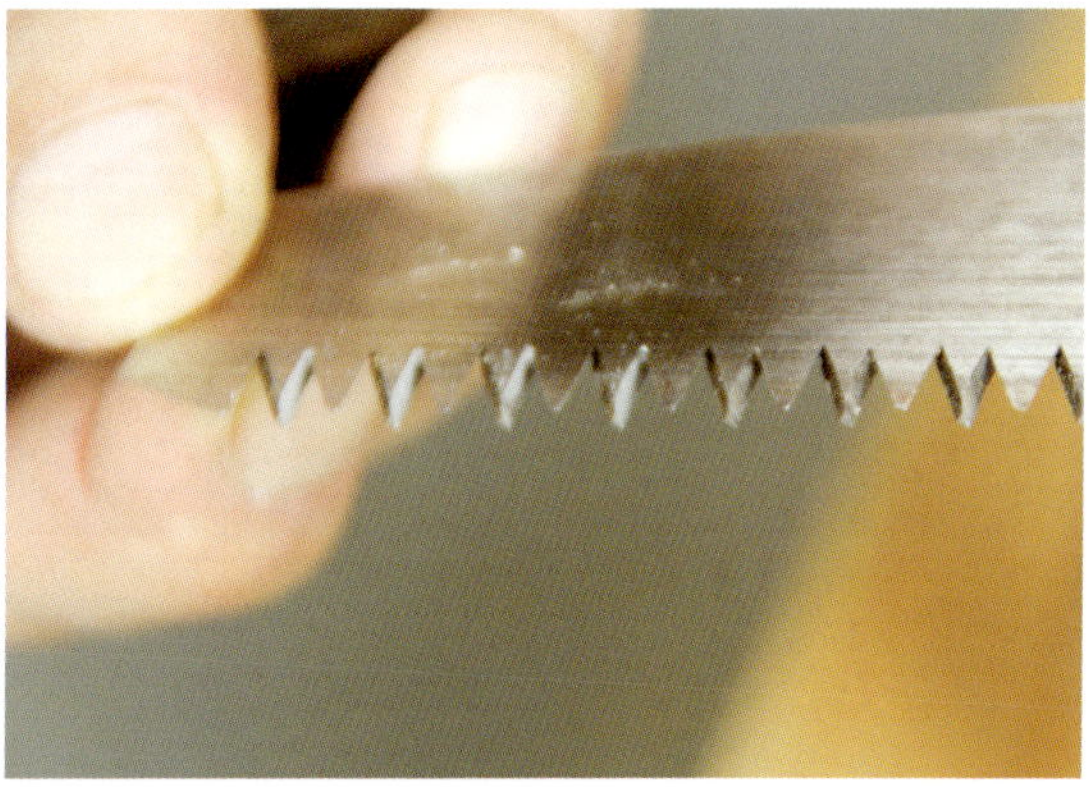

③左から4刃までの下刃が擦り終った（写真7）

④上刃を擦る（写真8）

⑤下刃と上刃を擦り終った刃（写真9）

⑥アサリ出し工具（ソーセット）でアサリを出す（写真10）

数回の目立て後には、横刃が研ぎ減ってきて、アサリの量が減ってくるので、アサリを出す必要がある（ペンチ状になっていて、アサリ量を一定に調節できる）。

⑦上目を擦る（写真11）

小さなヤスリで上目を高さ、角度、形状を合わせるように擦る。

かゆ〜いところに手が届く
小さいナイフたち

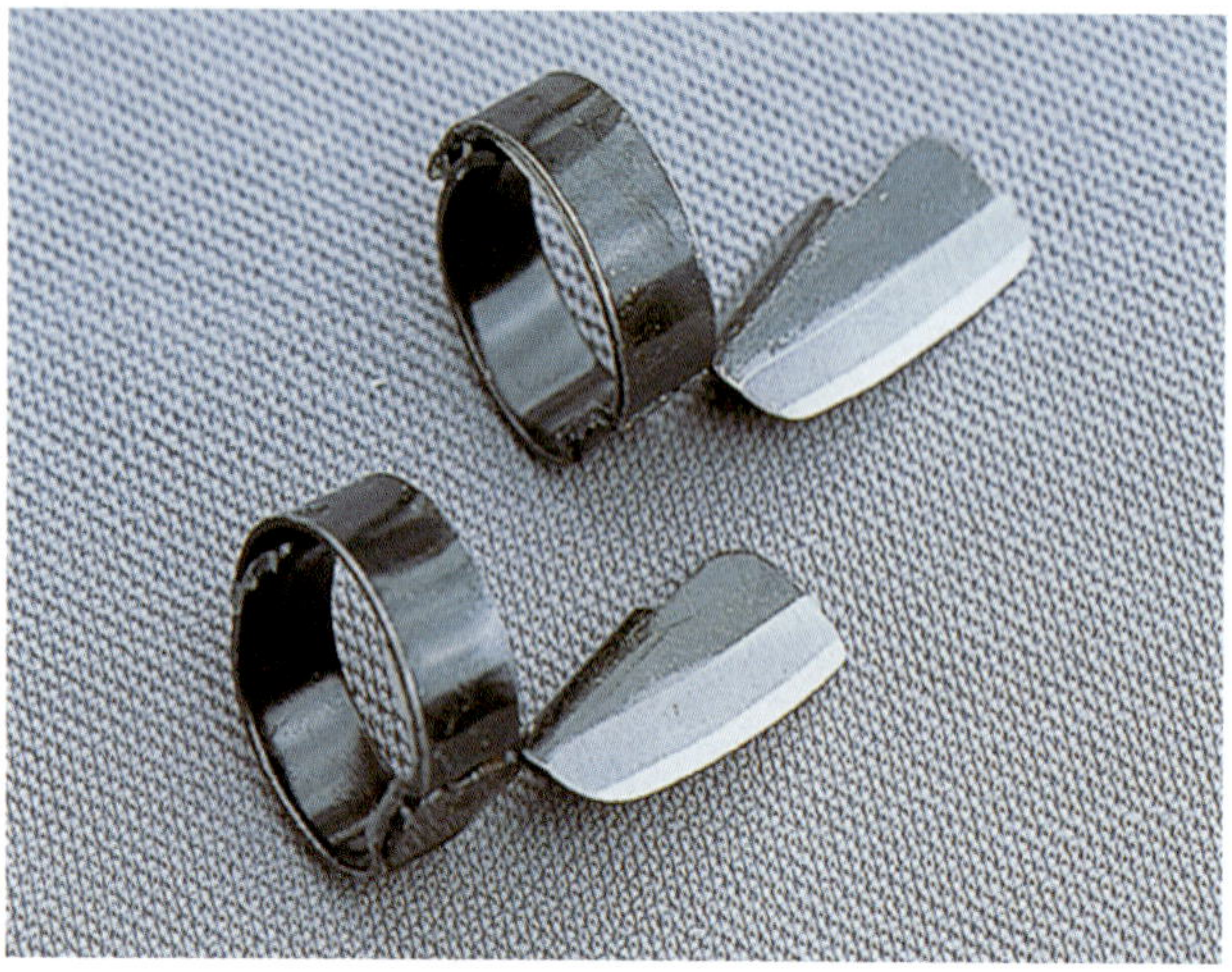

リングの大きさは指の太さにより調節可能。(野口鍛冶店　TEL 0480-85-0422)

フィンガー採果ナイフ

ハサミを使わず片手でキュウリなどの収穫が可能。中指につければシュンギクや花の収穫に、小指につければ荷造りのヒモ切りにも使える(撮影　赤松富仁)

かぼちゃスパッター

包丁を下に下ろすだけでカボチャが真っ二つに。刃は常に安全カバーの中にあるので安心。(野口鍛冶店)

ナシやブドウの誘引に使うヒモをハサミを使わずに切れる指先ナイフ。これをつけたまま、せん定ハサミ、ノコギリも使える

ハンドナイフ

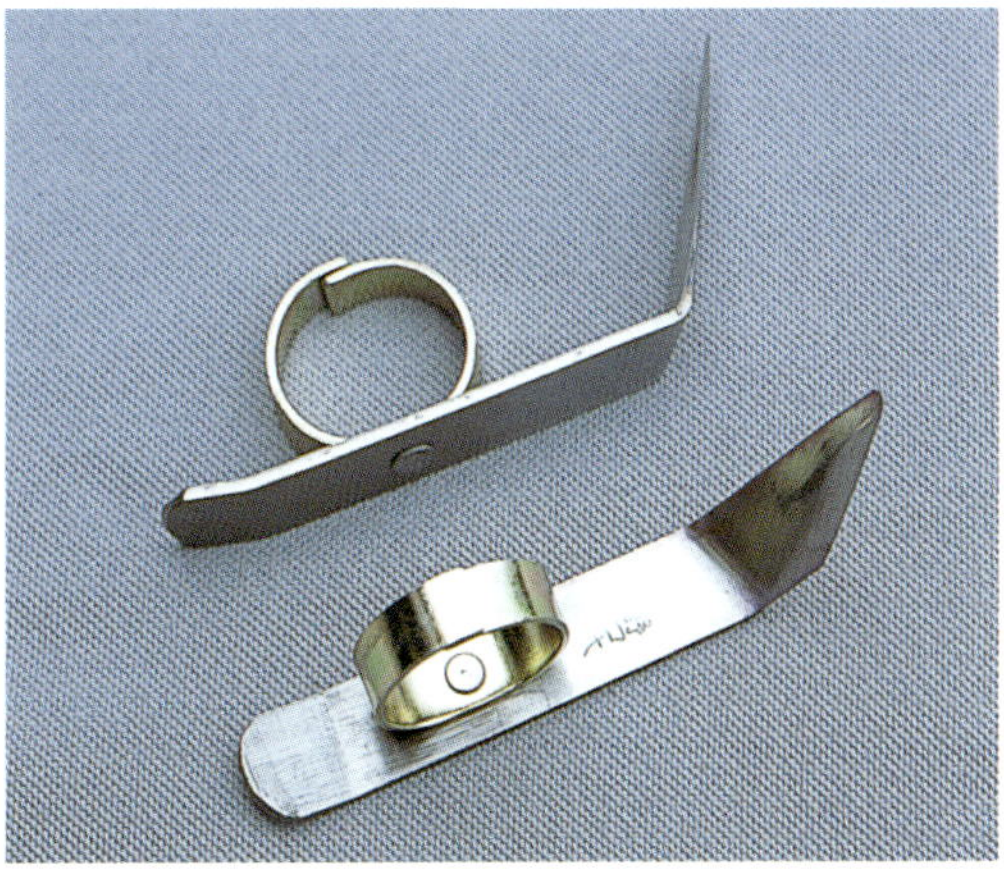

リングの大きさは指の太さにより調節可能。刃の部分は手打ち青二ハガネ付き。(野口鍛冶店)

ナバナ摘み用爪

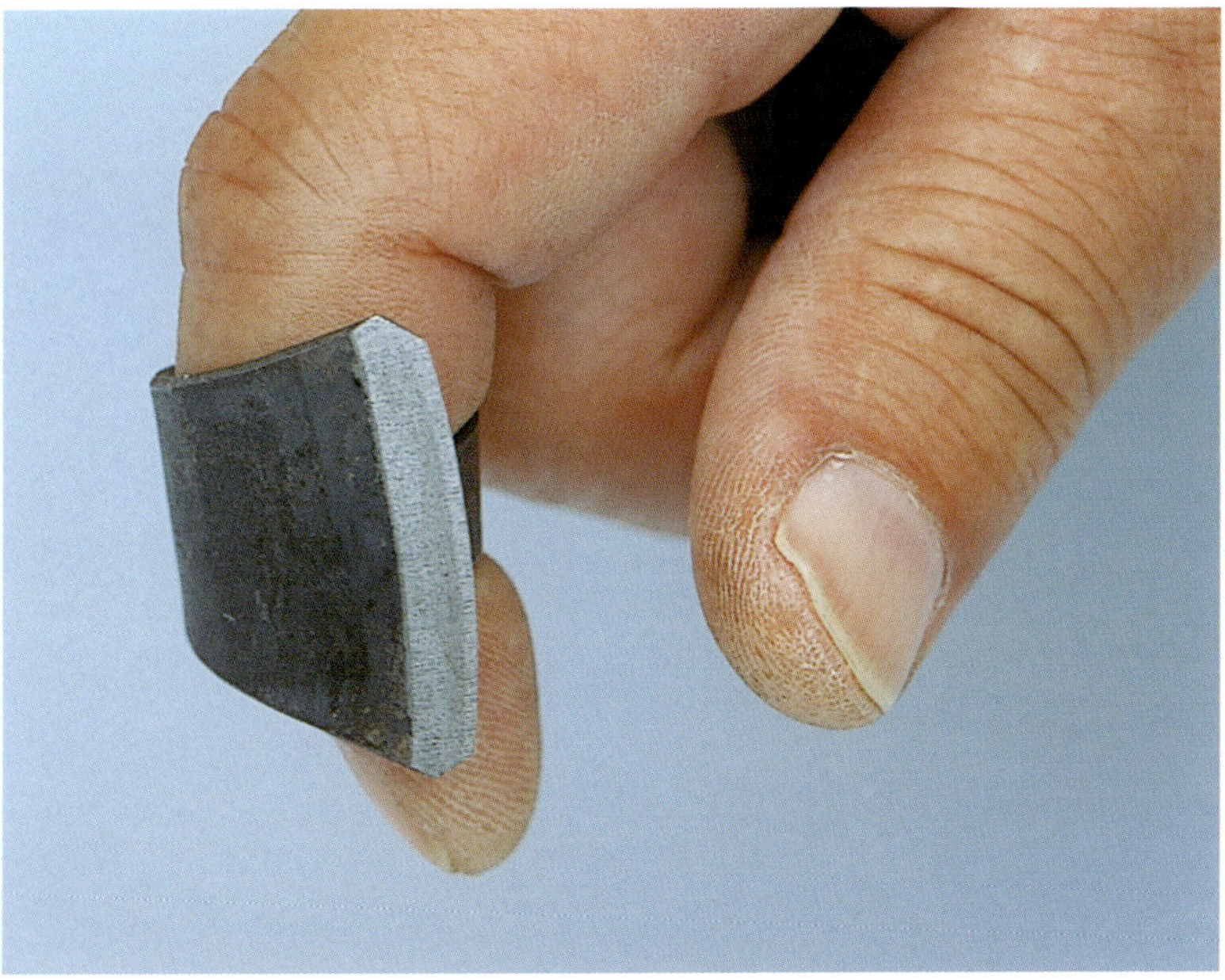

ナバナ以外にシュンギク、モロヘイヤも早く摘める。フリーサイズで指が痛くならない。
(田中惣一商店　TEL 0470-22-2088)
(撮影　松村昭宏)

夏でも快適　防暑の帽子・作業着

背中まで涼しい日よけ帽子

日よけ帽子「涼かちゃん」は後ろ半分の寒冷紗が背中を覆う。これをかぶってスイカの収穫
(174ページに記事)

すっぽりかぶればすべてOK 日よけ帽子

かぶるだけで全部OKの日よけ帽子。平ゴムと包帯を使って、ずれにくく、とめやすい(178ページに記事)

ずれないで快適手作りマスク

手作りマスクと帽子の組み合わせ。どちらも同じ布で作った。帽子のつばは視界が狭くならないように広くなっている。軽トラックの運転でもつばが邪魔にならない

(183ページに記事)

ゴムを使ってズレ落ち防止

手作りマスクを裏側から見たところ

不用品を活用したつなぎ服

不用の品を活用してつくった夏用のつなぎ服。ファスナーで腰の部分だけを出せる女性ならではの工夫も。これなら作業着のまま買い物にも行ける

（180ページに記事）

サマーハット、UVカットアームカバー、サマーエプロンの夏向き一揃いのファーマーズ・ウェア

サマーエプロンの後ろ姿

洗濯機で洗えるサマーハット

UVカット布のフード付き作業着

UVカットの布でこしらえたジャンパー

（182ページに記事）

快適作業の手袋・長靴
手荒れ・しもやけを防ぐ手袋

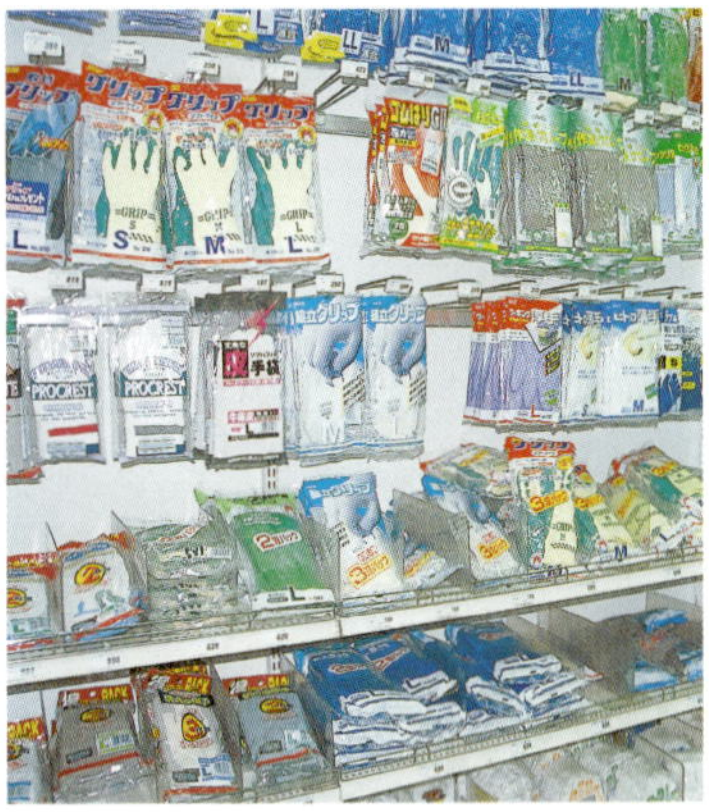

ホームセンターでも近頃にわかに手袋の売り場が充実してきた（以下、166ページに記事）

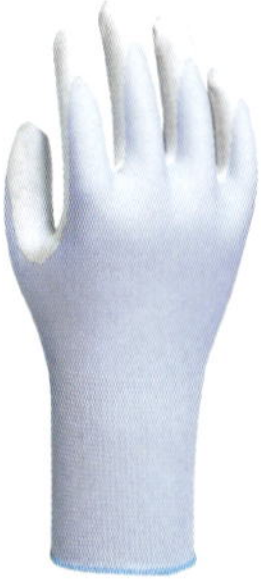

蒸れにくい背抜きタイプ。手の甲側に樹脂がコーティングされていない「ピッタリ背抜き」

油や薬品に強い背抜きタイプ。ニトリルゴムをコーティングしてある「組立グリップ」

天然ゴムで丈夫。「スーパーソフキャッチ」（手の平側）

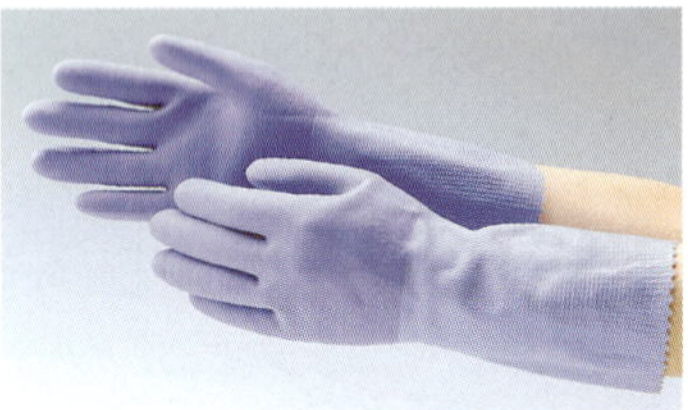

厚手のわりに細かい作業もできる「デジハンド」。内側に綿が編み込まれ保温性がある

腕抜きと一体型の手袋

枝にトゲがあるユズ。その収穫を快適にした一体型の手袋で作業（170ページに記事）

腕抜きと手袋のすき間にとげが当たる。そんな悩みを解決した一体型の手袋

さらっと快適ビニール手袋のなかに綿手袋

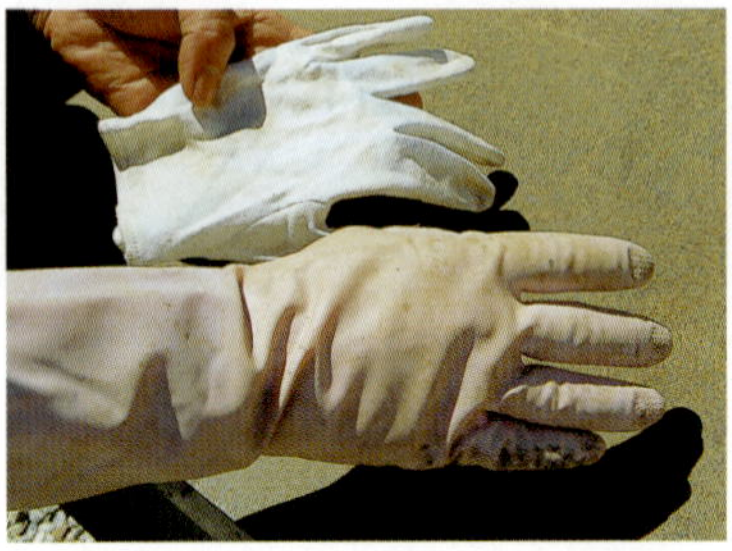

薄手のビニール手袋のなかの綿の手袋が汗をしっかり吸ってくれて、さらっと快適（172ページに記事）

ゴム手袋を脱ぐと、もう一つ、インナー手袋。綿素材でべとつかず、ゴム手袋との摩擦も小さく着脱が簡単（174ページに記事）

するっと脱げるソフト長靴

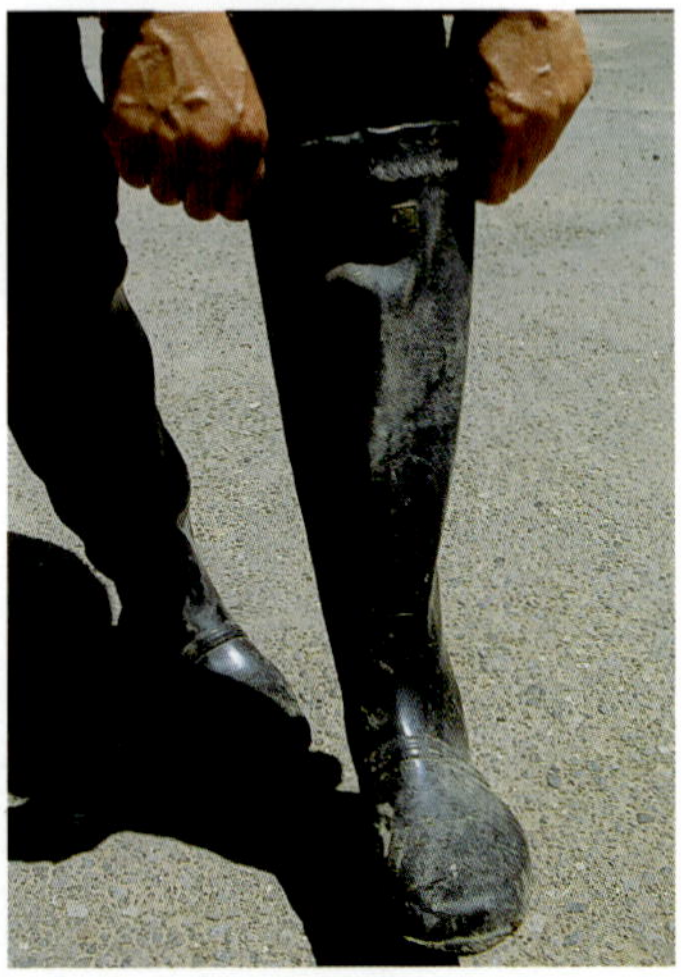

ソフト長靴なら足に吸い付かないで脱ぎやすい（172ページに記事）

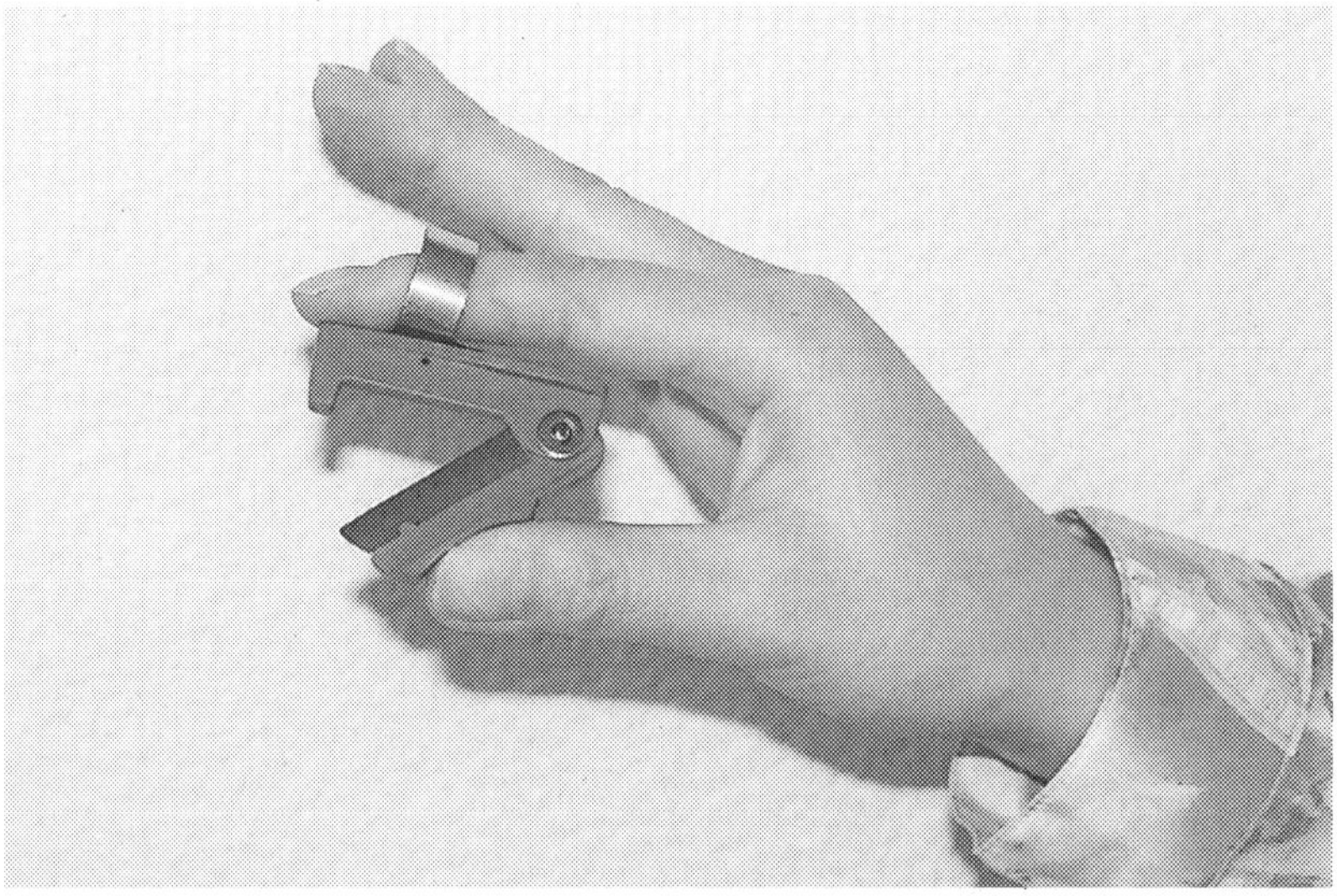

野菜づくりや果樹栽培がより楽しくなる、道具や農具との出会いと付き合い方のガイドブックをお届けします。

道具・農具は手の延長として、作業をより効率的に、また正確にするために作り、利用するものです。しかし、選択や使い方を誤ると、使いこなせないし、よい作物もできなくなります。体も疲れてしまったり、思わぬ事故にあったりすることもあります。

Ｐａｒｔ１では、いろんな農作業が楽になる、早くなる、安全で、いいものが作れるようになる、道具や農具の選択・使いこなし方をベテラン農家に学ぶことができます。

Ｐａｒｔ２では農具・道具を使いやすくするメンテナンスや保管の方法が詳しく解説されています。

Ｐａｒｔ３は手袋や暑さ対策グッズなど安全で快適に作業ができるためのグッズを紹介しています。

市販されているものは購入法も紹介しています。

目次

農家が教える便利な農具・道具たち

選び方・使い方から長持ちメンテナンス・入手法まで

〈カラー口絵〉

Part 1　作業の内容と道具の選択・使いこなし方

収録した農具の一覧

Part 2 いつでも快適に、長持ちさせるメンテナンス法

Part 3 手荒れ、暑さ、安全対策

『日本農書全集十五』収録の「農具便利論」（大蔵永常著）より抜粋

レイアウト・組版 ニシ工芸株式会社

作業にあった道具を選ぶ。
それが疲れずに気持ちよく
作業をすすめるコツ

福島県北塩原村の佐藤次幸さん

柄が短すぎると、すぐに腰が痛くなってしまう。自分にあったものを選ぶことが大事

土をつくる
耕す

ミニ鍬ふう移植ごて
首を曲げれば植え穴掘りが楽々

赤木歳通　岡山県岡山市

植え穴をたくさん掘るのがラク。首を90度曲げた移植ごて
（撮影は全て倉持正実）

埋め戻すときは横の面で押せばいい

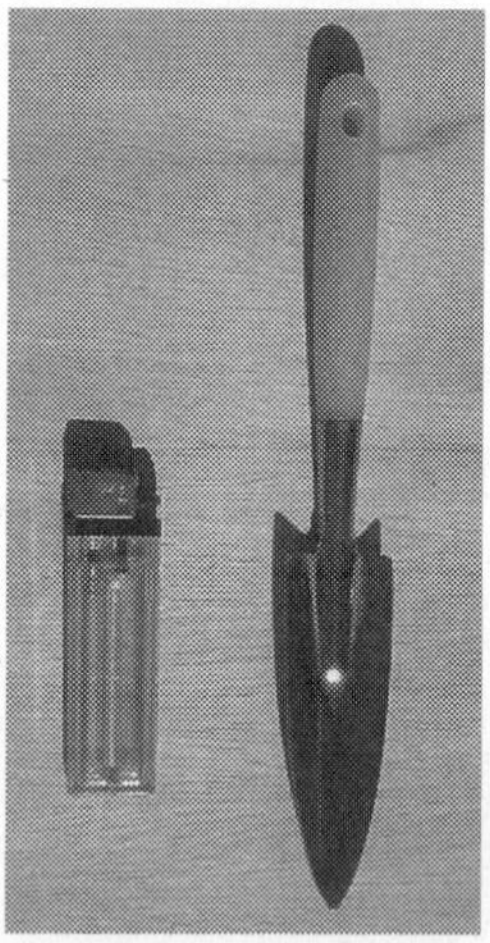
カブの間引き用の
細長スコップ

移植ごては通常、土をすくう部分と柄は平行になっている。手首を起こすように回転させて植え穴を掘る。一〇や二〇の穴ならいいんだが、二〇〇も三〇〇も穴あけをするときは手首が痛んでくる。

そこで鍬《くわ》の原理を応用してみた。すくい取り部と柄の間が鉄棒でできているものを買ってきて九〇度曲げ、木製の柄を取って四〇cm程度の長いものを取り付けた。ちょうどミニ鍬といった感じになった。ふつうの移植ごてのように「掘り取る」のではなくて、柔らかい畑の土に打ち立てて手前に引く。これだけで穴があくので手首への負担が軽減される。

ジャガイモの植え付けや、イモとイモの間に施肥するときなどに重宝していて、埋め戻すときは手前に引いた土を横の面で押せば終わる。

一〇〇円ショップで買ったミニごても重宝している。幅が二・五cmほどの細長タイプ。カブを間引きしてほかのウネに移植するとき、これを差し込んで土ごと引き抜く。細いから、隣の残すカブを傷つけない。引き抜いた苗は、あらかじめ開けておいた穴に土ごと落とし込めば完了。あとは水をたっぷりやるだけだ。

二〇〇五年十二月号　ザ・農具列伝　首を曲げたら植え穴掘りラクラク　ミニ鍬ふう移植ごて

土をつくる
耕す

労力軽減スコップ

柄を二つに増やせば腰を屈めなくてよい！

山田　衛　新潟県長岡市

スコップで穴を掘るときには、削った土をすくうために体を屈めないといけません。この体の曲げるのを緩和して疲労を軽減するために、写真のようなスコップを考案しました。

用意するのは、ネジ山のついた鋼棒一本とナット二個。どちらもホームセンターなどで手に入ります。

スコップの柄の元の部分に貫通穴をあけ、穴に鋼棒を挿入して抜けないようにナットをダブルで締めるだけ。

労力軽減スコップ。鋼棒の柄を取り付けることで、土をすくい上げるのがラクになった

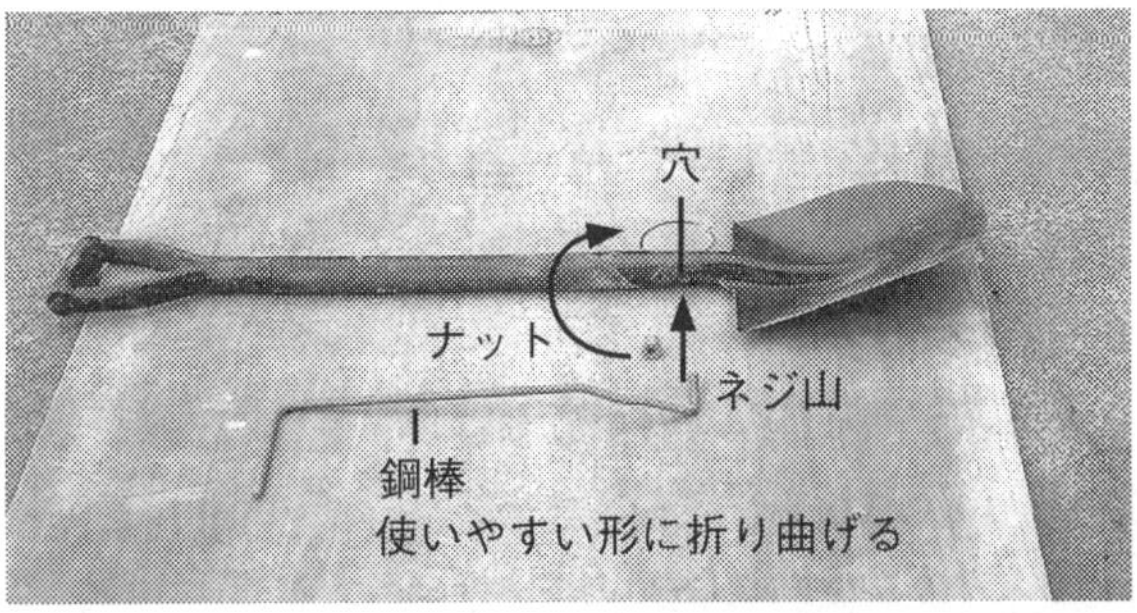

鋼棒がゆるんだり抜けたりしないように、ナットを2つ使って締める

使うときは、柄の取っ手の部分と取り付けた鋼棒柄（副柄）を握って作業します。掘削位置が足下より深くなるほど威力を発揮します。土をすくい上げるとき、鋼棒柄があるので腰を屈めなくてすむわけです。

二つの柄で持つと遠心力もつくようで、すくった土を遠くに飛ばすにも便利です。

二〇〇五年十二月号　ザ・農具列伝
柄を増やして　労力軽減スコップ

土をつくる
耕す

これが私の愛用・七つ道具

●アルミスコップ　●フォーク　●アメリカンレーキ
●立ち鍬（打ち鍬）　●三角鍬　●草取り鎌　●ダイヤモンド砥石

室井雅子
栃木県那須塩原市

ジャーン。私の七つ道具のうちの2つ、アルミスコップとフォークです

京都から栃木県の農家に嫁いで二十数年、私の「百姓七つ道具」を紹介します。

農作業はたいへん。だけど、その作業をラクにしてくれる優れものの道具に出合ったとき、とてもハッピーになれます。

アルミスコップ

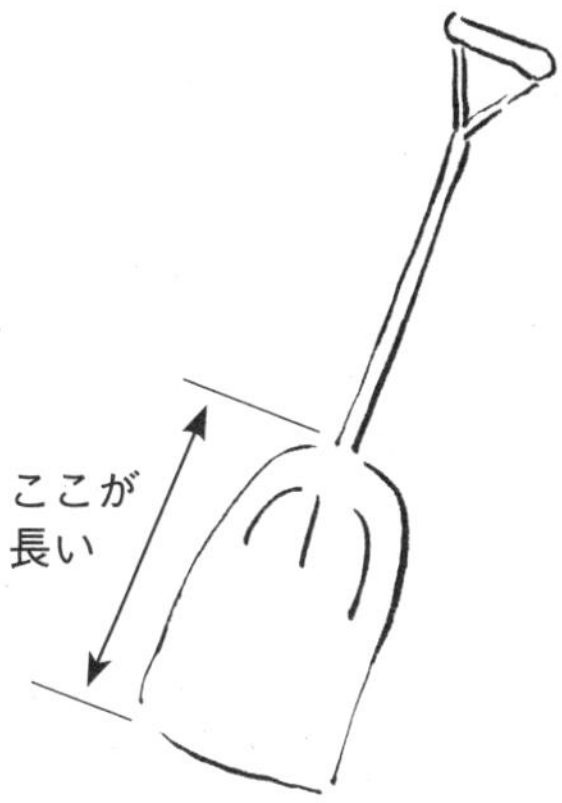
ここが長い

九八〇円くらいで手に入る。とにかく軽い！　初めてこの軽さに出合ったときの衝撃は忘れられません。おまけに土をいっぱいすくえる。ただし、土をたくさんすくうときは、管理機などで塊がなくなるくらいまでよくかき回してからにします。でないと、スコップがガツンと塊に当たったときの衝撃が五十肩にこたえます。

フォーク

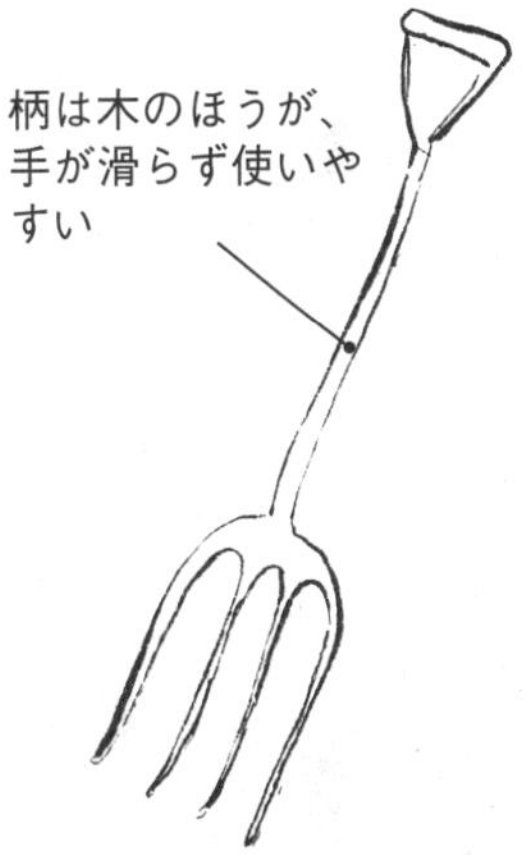
柄は木のほうが、手が滑らず使いやすい

フォークは、突き刺してすくうばかりの道具ではない。その裏技を紹介します。

▼その一、ものを均等に混ぜる

たとえば腐葉土と土を混ぜるとき。両方をいっしょに積み重ねた山にフォークを刺してすくい、ふるう。これである程度混ざったら、フォークを横に振りながら表面をなでて、山を平らにする。これを一度集めて山にして、もう一回同じ作業を繰り返したら終了。

▼その二、根菜類を掘る

サトイモやジャガイモ、ニンジンなどを掘るにもフォーク。イモを突き刺してしまわないよう、少し離れたところから斜めに差し込み、グイッと起こす。土がゆるんでとても穫りやすくなります。

アメリカンレーキ

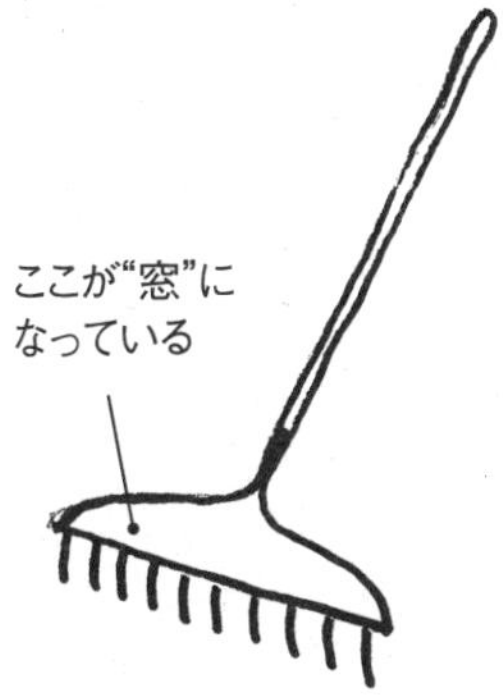
ここが“窓”になっている

このレーキ、乾いた土をならすだけが能ではない。

▼その一、土の塊だけを寄せる

土の表面を軽くなでると、塊だけを寄せることができます。

▼その二、田んぼの凸凹直し

田植え機が旋回してできる凸凹をならすのに使う。歯の部分である程度ならしたら、裏返して背の部分でもう一度。窓の部分から適当に泥が抜けるので、力がいらずきれいにならせる。多くの人が使うトンボでは、重くて振り回すのがたいへん。泥を引くとなおさら重労働。アメリカンレーキは幅も狭い（四五㎝くらい）し能率が悪そうだけれど、軽くて意外に簡単に田んぼをきれいにならすことができます。

こんなに大きなスコップ振りまわすなんて、重そうに見えるでしょうけど、すごく軽いんです

立ち鍬（打ち鍬）

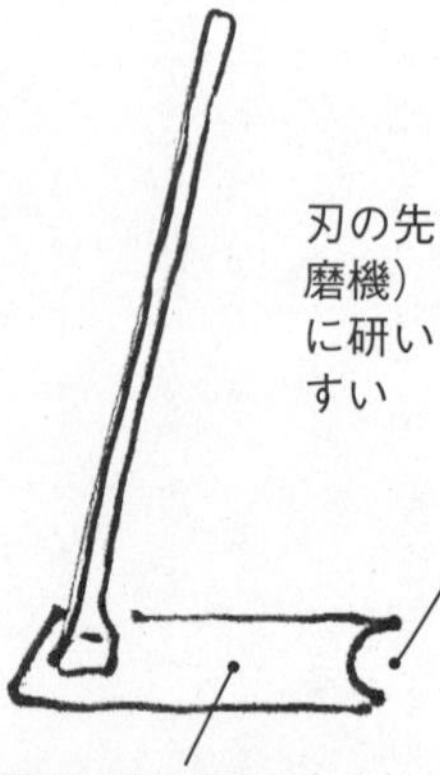
刃の先をサンダー（研磨機）などでスパスパに研いでおくと使いやすい
刃は45〜50㎝のものがいい

昔の鍬（引き鍬）は、土を大量にすくったり掘ったりできるけれど、とにかく腰を曲げないと使えないのが難点。その点、立ち鍬はずいぶんラクです。

使い慣れると、土を掘ったり混ぜたり、土の山を崩したりするのに便利。でも、これも基本的にはフォークと同じで、管理機でよく耕してから使います。でないと疲れるし、五十肩にひびくからです。

三角鍬

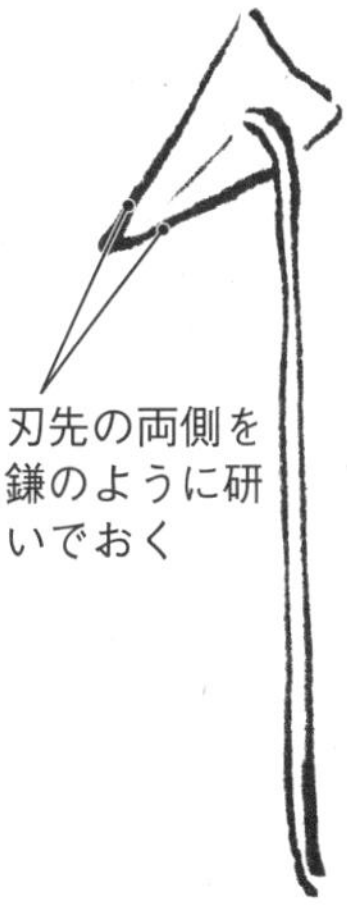
刃先の両側を
鎌のように研
いでおく

これがまた、とても便利。大量の土は動かせないけれど、タネを播く溝をつくったり、土寄せしたり、土の表面を削って草取りにも使えます。腰を曲げずに除草できるのはラクです。根の深い草は先の尖ったところで掘り起こす。刃の両側はスパスパに研いでおきましょう。

刃がギザギザになっているものもありますが、これはあちこち引っかかってばかりで使いにくかった。

草取り鎌

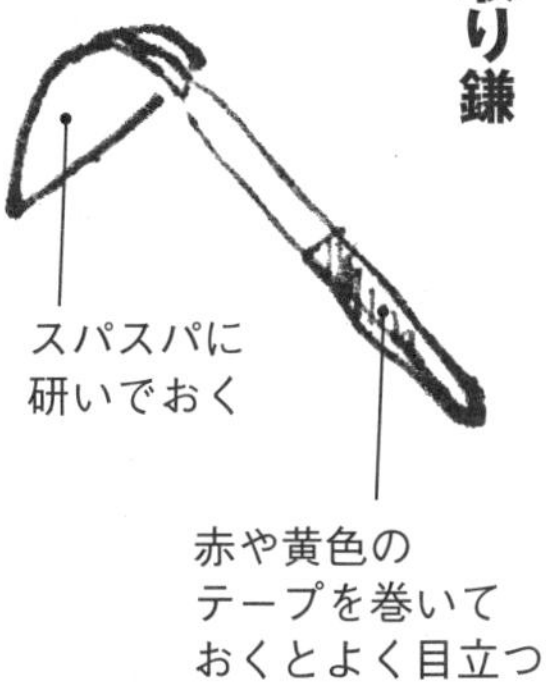
スパスパに
研いでおく
赤や黄色の
テープを巻いて
おくとよく目立つ

とにかく畑は草とのたたかいです。大きくならないうちにかき回しておくのがいちばん。

広いところは三角鍬にまかせて、細かいところや作物の根元は草取り鎌でかき回しておきます。

ただ、小さい道具なので、すぐにどこかに置き忘れてしまいます。柄の部分に赤や黄色のテープを巻いておくと目立つので探しやすいですよ。

ダイヤモンド砥石

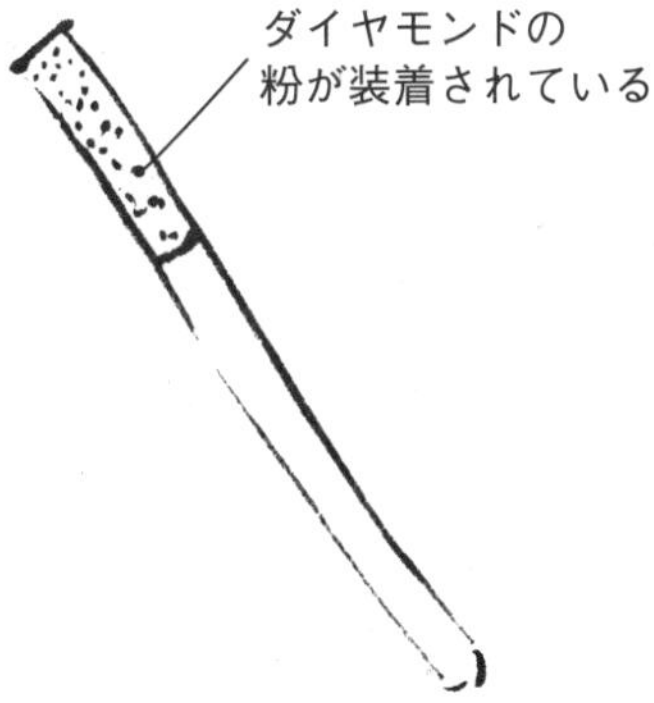
ダイヤモンドの
粉が装着されている

私は一四八〇円で買いましたが、とにかくすごーい優れもの。軽くなでるだけで、水なしでステンレスでもよく研げる。

包丁、鎌、鍬の先端など、なんでもスパスパに研げる。

鎌で草刈りするときは、ヒモを付けたダイヤモンド砥石を腰にぶら下げておくと便利（なくさないためでもあります）。

よく切れるようになっている道具は、使っていて気分最高！　仕事もはかどります。

あまりに刃がこぼれてしまったものの場合は、サンダーなどで粗く研いでからダイヤモンド砥石で仕上げます。

以上、私の愛用する七つ道具です。いかがでしたか？

優れものの道具をうまく使いこなして、楽しく百姓仕事をこなしていきたいものです。

二〇〇四年五月号　マイ農具　女だからこそ上手に使おう機械・道具（２）　アルミスコップほか私の七つ道具の巻

土をつくる
耕す

スコップ・フォーク
溝掘り用・深穴掘り用にと用途に合わせて改造

高奥　満　宮城県栗原市

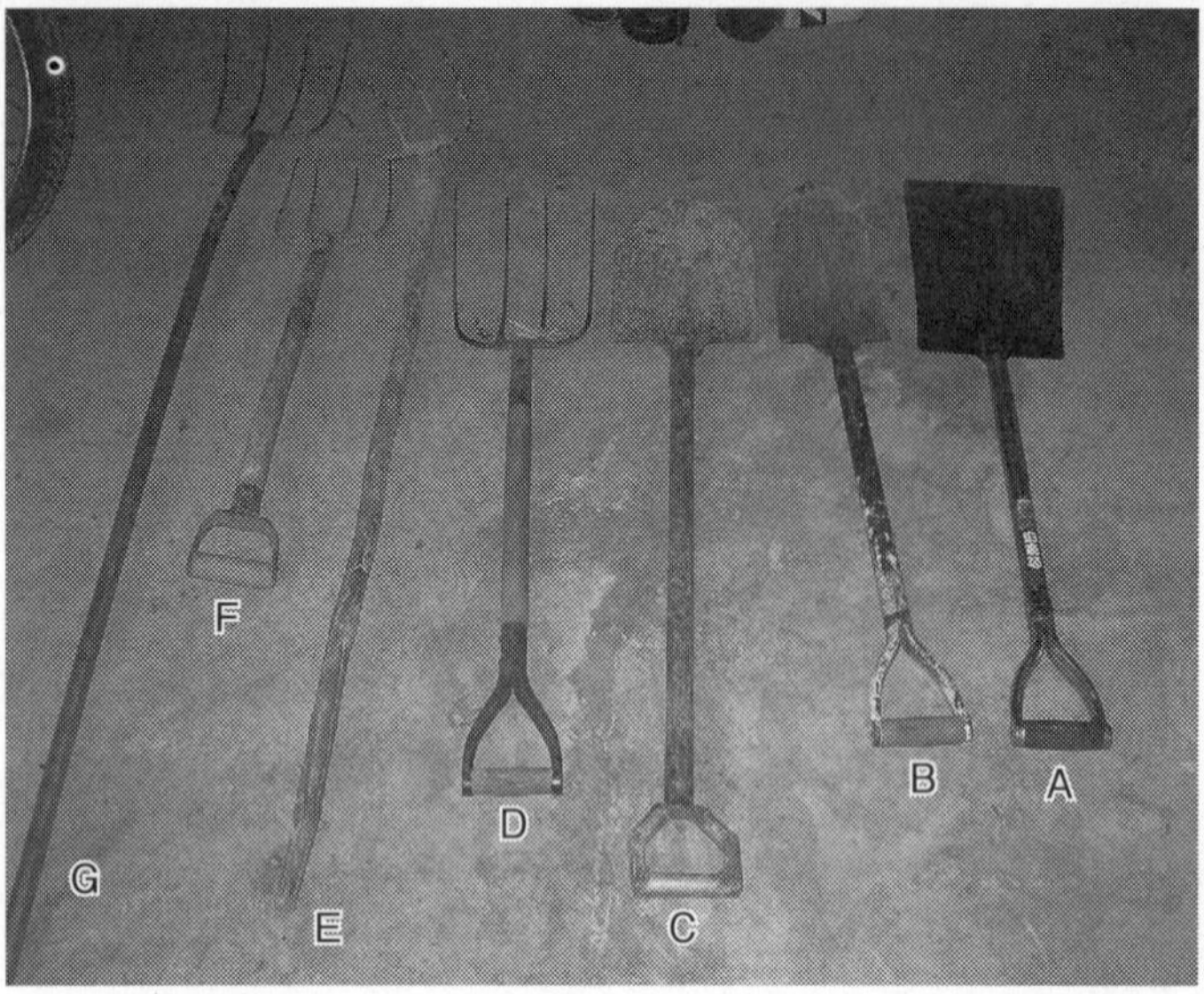

写真は、宮城県大崎市田尻の斉藤肇さんが使っているスコップとフォークの七種。それぞれ、利用方法に応じて改良を加えている。

Aは通常の角形スコップ。

Bは溝掘り用スコップ。これは、破損したスコップ板の両脇を切断して作った。スコップの板が狭く、溝掘りに余分な負荷が生じないので、効率的に作業できる。

Cは深穴掘り用スコップで、柄を長くした。柄が長いぶん深い穴を掘るのに便利。

Dは通常のフォーク。

Eは堆肥積み替え（切り返し）用フォーク。フォークの爪を短くしたうえ、柄と直角に折り曲げてあるのが特徴。爪を短くすることで、フォークに載る堆肥が減って、作業労力が軽減するのが利点のひとつ。それに、爪を柄と直角にしたことで、堆肥の積み替えをするのに手で柄を回す角度が小さくてすみ、ラクに効率的に作業できる。

Fは、壊れたフォークの柄を稲杭で補修したもので形はふつう。

Gは、見たとおりの長柄フォーク。柄が長いために作業範囲が広くなるのが利点。火を燃やしていて近づくと熱いとき、代かき後に浮いた田んぼのワラを上げるときなどに便利。

二〇〇五年十二月号　ザ・農具列伝　溝掘り用・深穴掘り用スコップ　用途に合わせて改造スコップ・フォーク

土をつくる
耕す

かがむ必要なし——楽チン石拾い棒

鴫谷幸彦

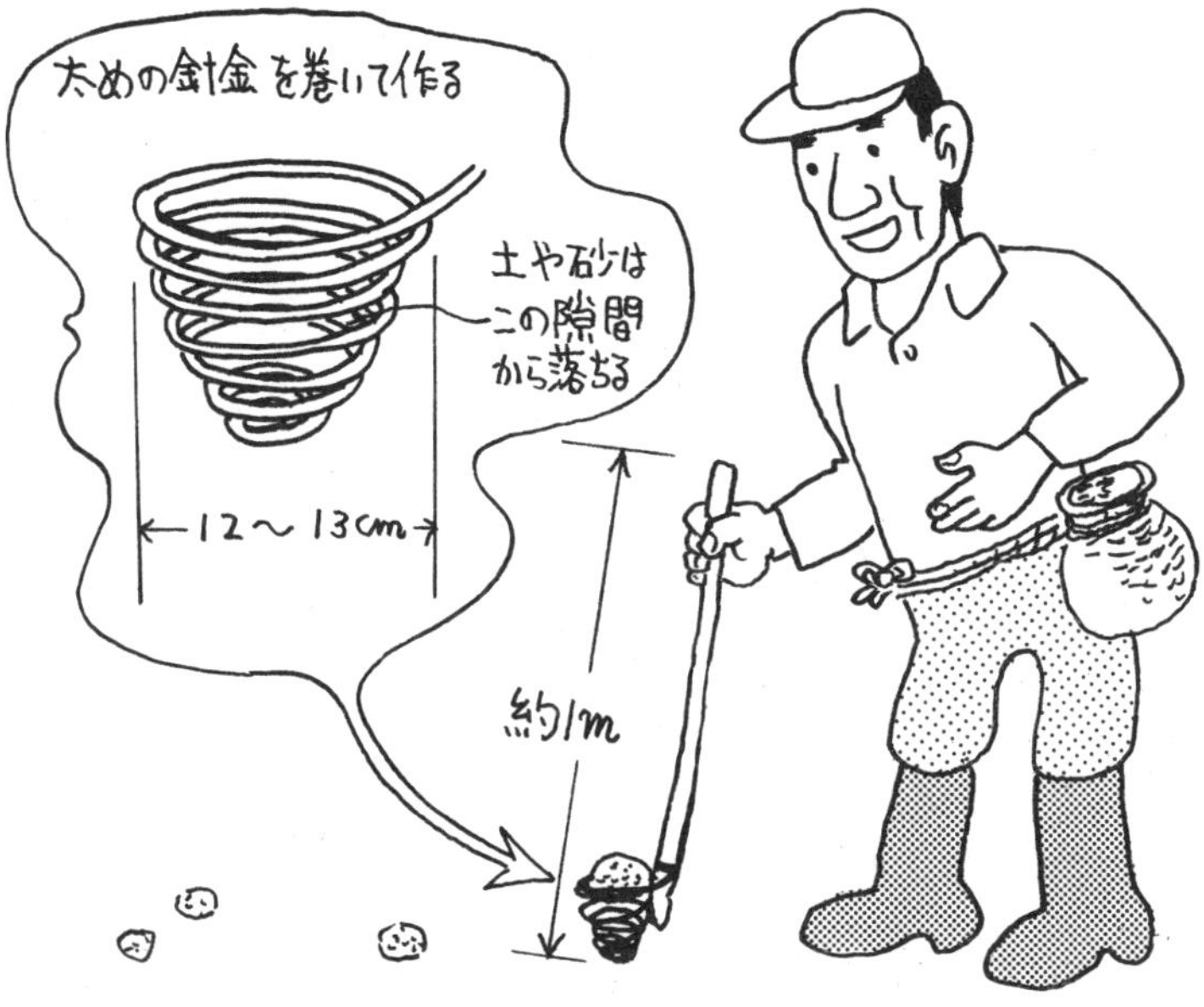

滋賀県長浜市の「アイデアじいさん」こと西村孝則さんの河岸の畑では石が多く、耕すたびに石拾いがお決まりの仕事です。

一回で五〇～六〇個もの石を拾うことも。以前はいちいちかがんで拾っていましたが、さすがに多すぎて腰を痛めかねません。

そこで思いついたのが「楽チン石拾い棒」です。

この棒、一mくらいの長さの棒（なるべく軽いパイプみたいなものがお勧め）の先端に、太めの針金を「蚊取り線香」のように巻いてすり鉢型にしたものを取り付けただけの、「柄の長いスプーン」みたいなものです。

畑の石をすくい上げれば、土や砂は針金の隙間から落ちるので石だけ拾えます。あとは石を腰袋に入れるだけ。

西村さんは、播種などのときこの棒を持って歩き、石を見つけるたびに気軽にヒョイと拾っています。

二〇〇八年二月号　かがむ必要なしの「楽チン石拾い棒」

土をつくる
耕す

今売れている菜園用管理機

耕耘もウネ立てもラクラク

青木敬典　農の会会員、JA勤務

ウネ立て

耕耘

1台で耕耘からウネ立てまで可能。女性でも片手で耕耘できる（クボタ陽菜、メーカーのカタログより）

家庭菜園用の管理機についてです。一口に家庭菜園といっても、プロ農家の高齢者やお嫁さんが自家用に作っている畑から、定年帰農や新規就農者の方々の取っ掛かりとしての畑、都市住民の市民菜園まで、こだわりや熱の入れ方はいろいろでしょう。

メーカーもそこのところは得意の市場調査を踏まえ、ひと昔前の管理機のラインナップとは違った新製品を出してきています。従来の車軸耕耘タイプ（ロータリが車軸を兼ねている）の管理機や、昔ながらの耕耘機の良さを取り入れて、より使いやすい製品となっています。

とくに売れ筋の「耕耘からウネ立てまで」できるタイプのものを紹介します。

各メーカーの名称と型式

クボタ　陽菜〈はるな〉　TR600－U
ヤンマー　うねたてポチ　MRT65UV
イセキ　Myペット　KCR65SDU
三菱　マイボーイMMR68UN

各メーカー共通の特徴

①力の弱い人でも簡単にエンジンが始動できる

各社「けいかるスタート」「iスタート」「楽リコイル」「ミラクルスタート」などと勝手な名前をつけて自慢していますが、七〇歳のおばあさんでも簡単に始動できました。

②取り回しが非常にラク

ロータリ一体設計で重心位置がタイヤ付近に集中しているため、取り回しが非常にラク。昔の耕耘機の取り回しの重さや、車軸耕耘タ

操作部

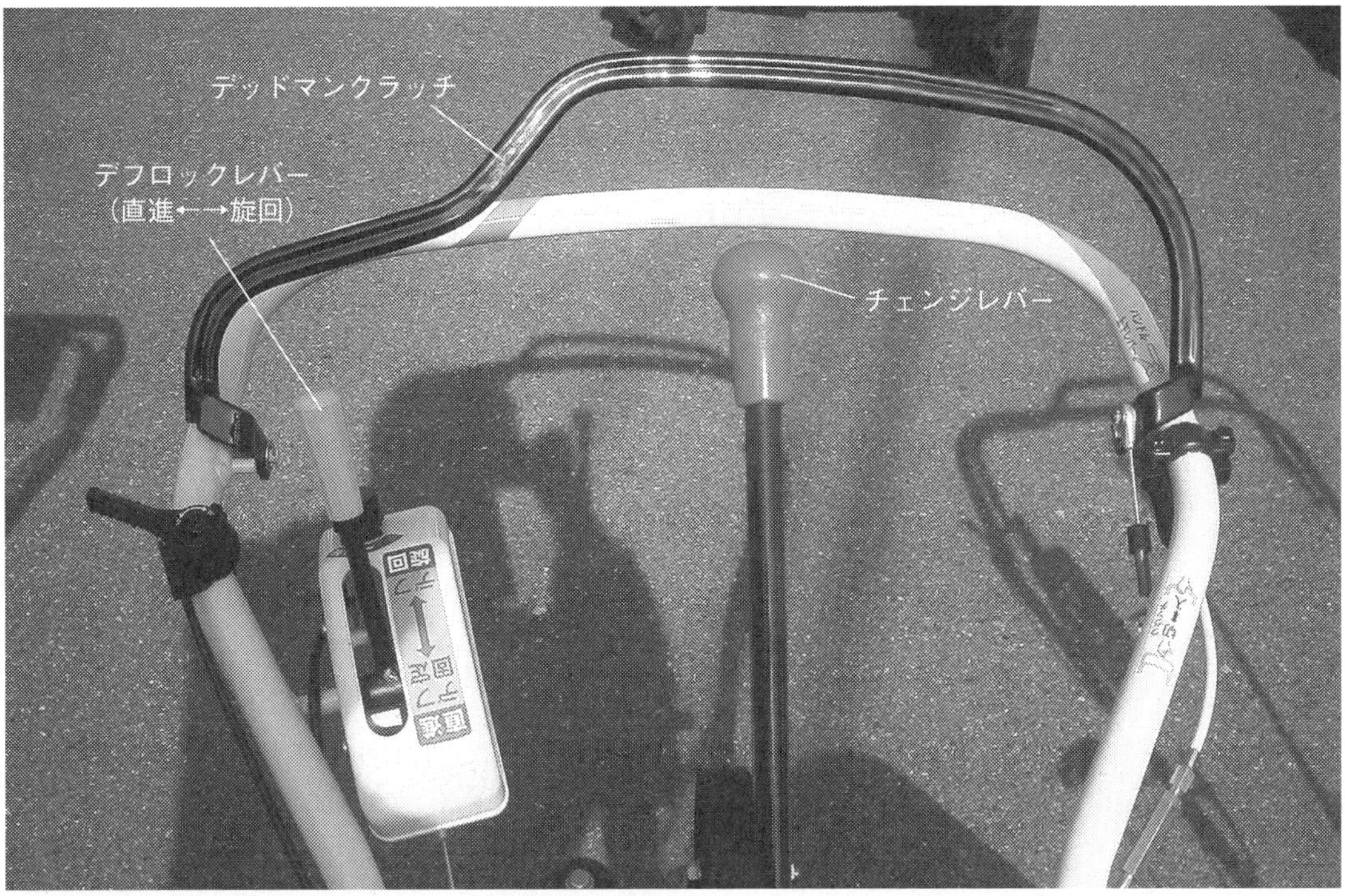

作業中の操作はこの3か所だけですむ（イセキKCR65SDU）

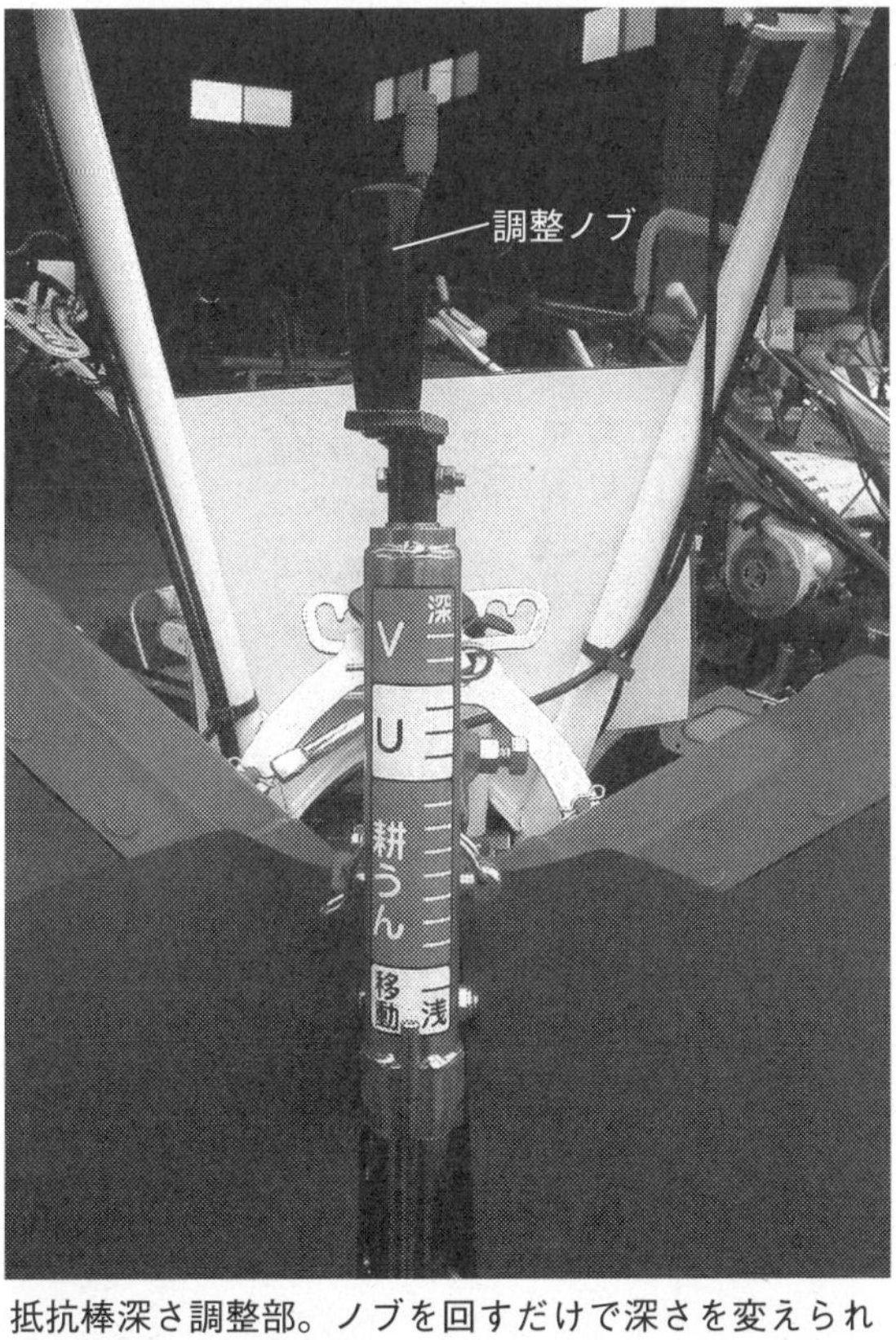

抵抗棒深さ調整部。ノブを回すだけで深さを変えられる（ヤンマーＭＲＴ65ＵＶ）

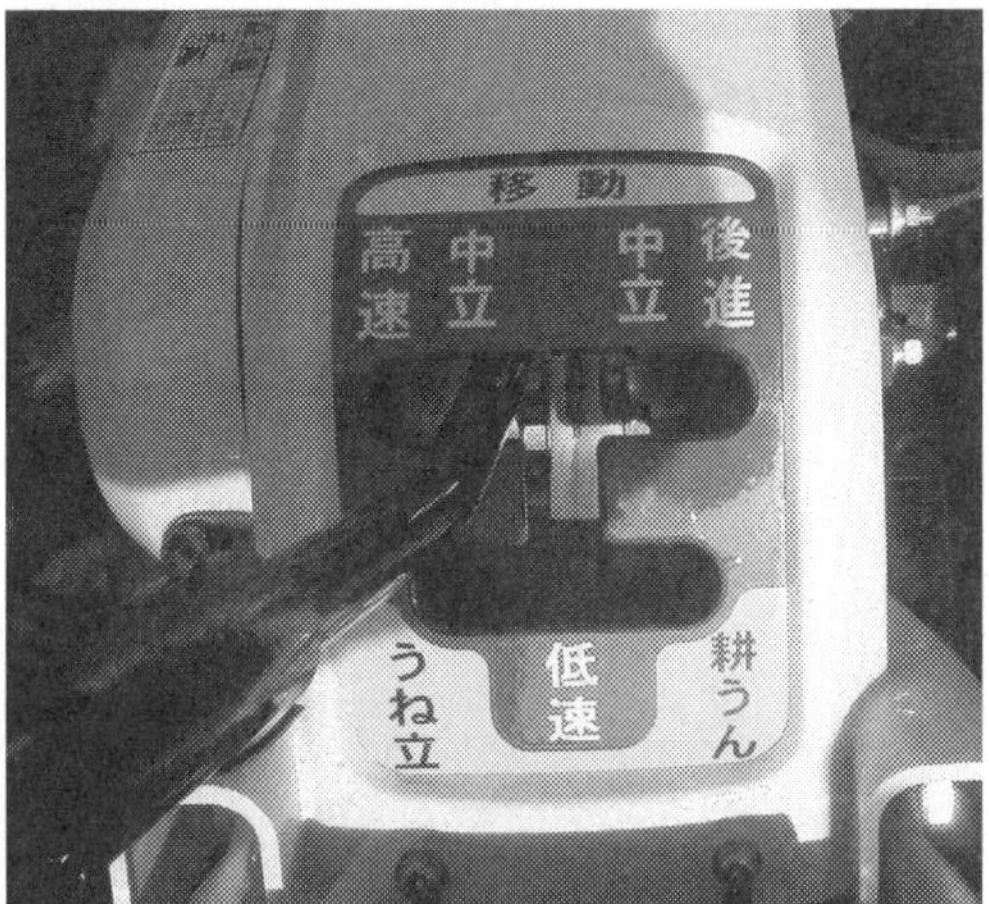

チェンジレバー。低速（耕耘・ウネ立て）のときのみロータリが回転するので安全

イプの管理機の場合の押さえつけなければならないわずらわしさがなく、ただ後をついていくだけで耕せてしまう。

③デッドマンクラッチとデフロックレバー装備

デッドマンクラッチは手を離せばすべての操作が解除されるので、初心者には安全な設計になっています。また、デフロックレバーにより旋回時のサイドクラッチ操作から解放されて、ハンドル操作に集中できるようになりました。

④前進一速（低速）のときのみロータリが回転

前進二速（高速）や後進時にはロータリが回転しないため、爪に巻き込まれてケガをする心配が少なくなりました。

⑤後進時のロータリの跳ね上げが少ない

畑専用に設計されているため、タイヤ径が小さく、後進時にロータリが跳ね上げられることが少なくなっています。念のため言っときますけど、これで水田の耕耘は無理です。また、雨が降った直後の畑の耕耘も、お勧めできません。最低地上高は低いため、タイヤがもぐったら作業になりません。

⑥耕耘・ウネ立て作業が手軽に行なえる（培土器不要）

ピンをはずして爪軸の向きを替えれば、後はレバー操作（逆転）だけでウネ立て作業ができます。また、本格的なナタ爪を採用しているので、耕耘・ウネ立ての能力もそこそこに優れています。

⑦耕耘幅・車輪幅を調節可能

耕耘幅（爪軸が二分割）・車輪幅を調節できるので、狭いウネ間の中耕や除草作業ができます。

コックを「排出」にするだけで燃料をほぼ完璧に抜けて便利（イセキKCR65SDU）

⑧疲れないで安定作業

タイヤの回転で耕耘の速さを、抵抗棒で耕耘の深さを決められます。疲れないで安定した作業ができます。

各メーカー自慢の特徴

各メーカー自慢の特徴をひとことずつ紹介してみましょう。

▼クボタTR600—U

基本性能は確保しつつ、シンプル装備で価格もいちばん安い。メーカー希望価格二〇万五八〇〇円。

▼ヤンマーMRT65UV

抵抗棒の深さがノブの回転で調整できるので使いやすく、表示も親切。

▼イセキKCR65SDU

長期保管時の鉄則である燃料抜きが、燃料コックを「排出」にするだけでほぼ完璧にできる。ハンドルの高さ調節レバーが手元にあるので、ワンタッチで体格や作業状態に合わせて変えられ、疲れずに作業できる。抵抗棒の深さがノブの回転で調整可能。

▼三菱MMR68UN

チョーク操作なしで簡単始動できるエンジンを搭載。女性には便利。止まったままでも耕せる「その場で耕す」変速がついている。

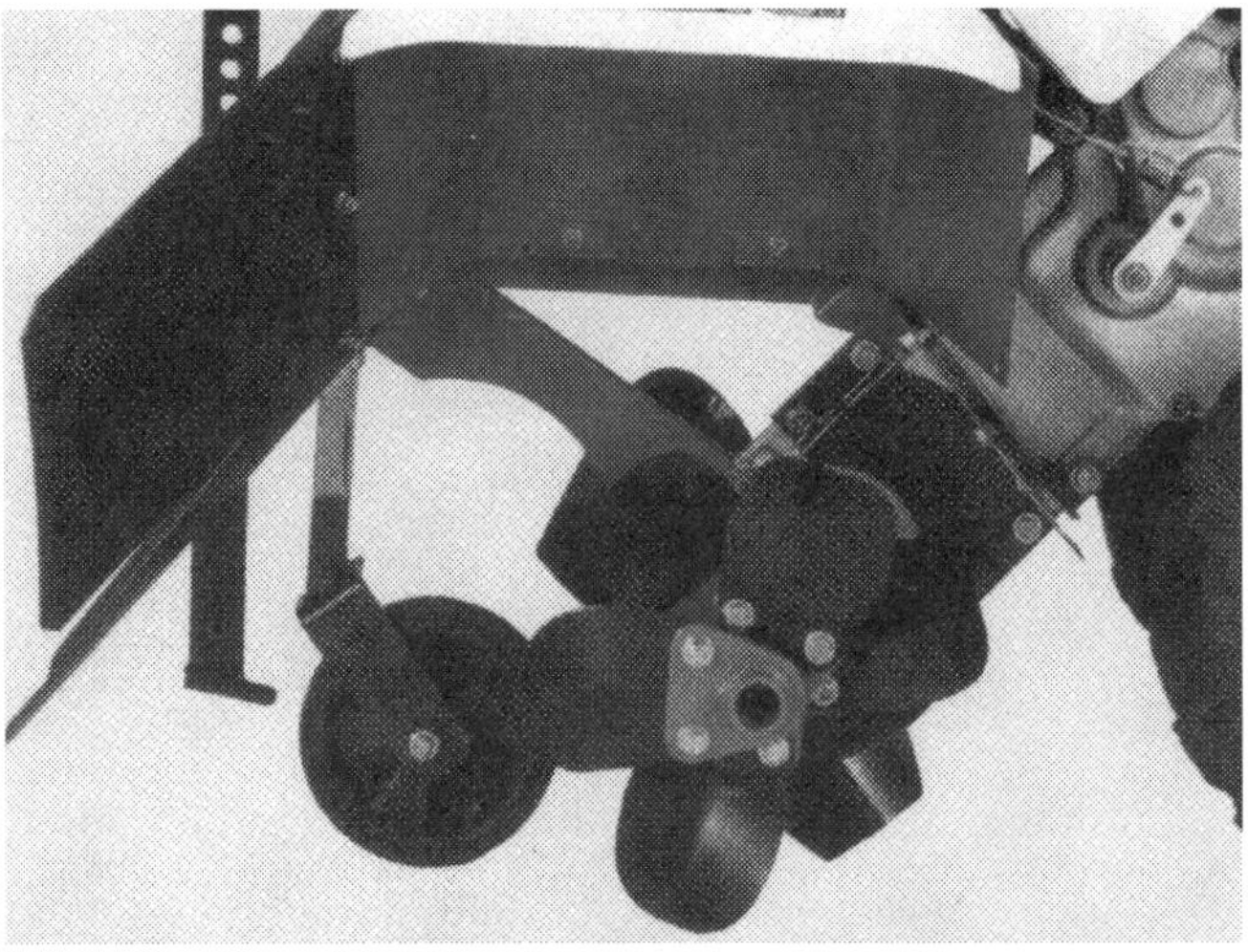

爪軸の付け替えなしに耕耘（正転）とウネ立て（逆転）が可能な「葉っぱ爪」（メーカーのカタログより）

ハンドルの高さ調整レバーが手元にある。

使い方はいたって簡単

いずれの管理機でも、エンジンを始動したら、チェンジレバー（変速レバー）を低速または高速に入れて畑まで移動します。

耕耘開始位置まで来たら、チェンジレバーを「耕耘（正転）」の位置に入れ、デフロックレバーを「直進（固定）」に入れ、デッドマンクラッチを握って耕耘開始。旋回するときは、デフロックレバーを「旋回（解除）」に入れ、ハンドルを軽く持ち上げてロータリを浮かせて旋回します。

バックするときは、チェンジレバーを「後進」に入れ、デッドマンクラッチを握りバックします。

耕耘・ウネ立てのとき以外はロータリは回転しないので安全です。

ウネ立てをしたいときは、エンジンを停止し、プライヤー等で爪軸付け根のRピンを抜いて、ピンをはずし、爪軸を引き抜いて一八〇度向きを変えます。ロータリカバーを上げて、チェンジレバーを「うね立（逆転）」にいれ、ウネ立て開始です。

抵抗棒の位置は、耕耘時は深めに、ウネ立て時は浅めにするとうまくいきます。土壌条件によって、あるいは二回目の耕耘時など、こまめに調整するとさらにうまくいきます。取扱説明書をよく読んで正しく使いましょう。

葉っぱ爪ならそのまま逆転でウネ立て

このようなロータリ専用設計のコンパクトタイプの管理機には、今回紹介したウネ立てまでできるもの以外にも、耕耘専用タイプや、爪軸の付け替えなしにウネ立て（逆転）ができる通称「葉っぱ爪（木の葉爪）」を採用したより使いやすいものなど、いろいろなバリエーションがあります。

また、エンジン出力も三馬力から七馬力までそろっています。

各メーカーとも使いやすさを追求した個性的な製品がそろっています。近くの農機センターや展示会等で実際にご覧になれば、使いやすさを実感できると思います。

毎日の食卓を、無農薬の健康野菜でかざってくれる農家のおばあさんやお嫁さんに、誕生日のプレゼントとして買ってあげてはいかがでしょうか。そのときはお近くのＪＡの農機センターをご利用ください。

（農の会会員、ＪＡ農業機械課勤務）

二〇〇七年七月号　トラクタ使いこなし入門（4）　耕耘もウネ立てもラクラク　最近売れている菜園用管理機

※青木敬典さんの単行本『農家の機械整備便利帳』（農文協・一九五〇円）もご覧ください。

肥料をやる

手づくりマルチ穴あけ器
水やり・施肥がラクラクのマルチに変身

三浦一郎　福島県二本松市

かん水の手間と資材代を減らすために

「今年は、雨が降らなかったので野菜がよくできなかった」とよくいわれるように、野菜作りでは、かん水設備を第一に考えなくてはなりません。

しかし一方で私は、マルチ掛けトンネル栽培を長年にわたって続けているうちに、手間と資材代がかかりすぎることに気づきました。一般的には、中高のウネの真ん中に野菜を植え、その両側にかん水チューブを一～二本通して上からマルチした状態になっています。このかん水チューブの敷設に手間と経費がかかるわけです。

これを改善するために私は、ウネの上面を平らにすることにしました。平らか、むしろ野菜（ピーマンなど）を植える中央を両側より低いくらいにします。

マルチ穴あけ器を手にした筆者

そして、ウネを覆うマルチの全面に、小さい穴を無数にあけるのです。すると、かん水チューブなど使わなくても、マルチの上からホースで水をまけば、マルチの下はジョウロで水をまいたようにうまい具合に土が湿ってきます。

雨が降ってもホースで水をまくのと同じことですから、かん水の回数も少なくてすむようになります。

マルチ穴あけ器の作り方と使い方

さて、そのマルチの穴あけ器、といっても簡単なものですが、厚さ二cmくらいの適当な大きさの板（三〇cm×二〇cmくらい）を用意。

立ったまま作業できるように、板の中央に穴をあけ、一mくらいの竹を打ち込んで握りとします。そして、板の上から長さ四cm（一寸五分）くらいの釘を数多く全面に打ち抜けばできあがり。

穴あけ器を使うのは、朝、涼しい時間帯が

マルチ穴あけ器の作り方と使い方

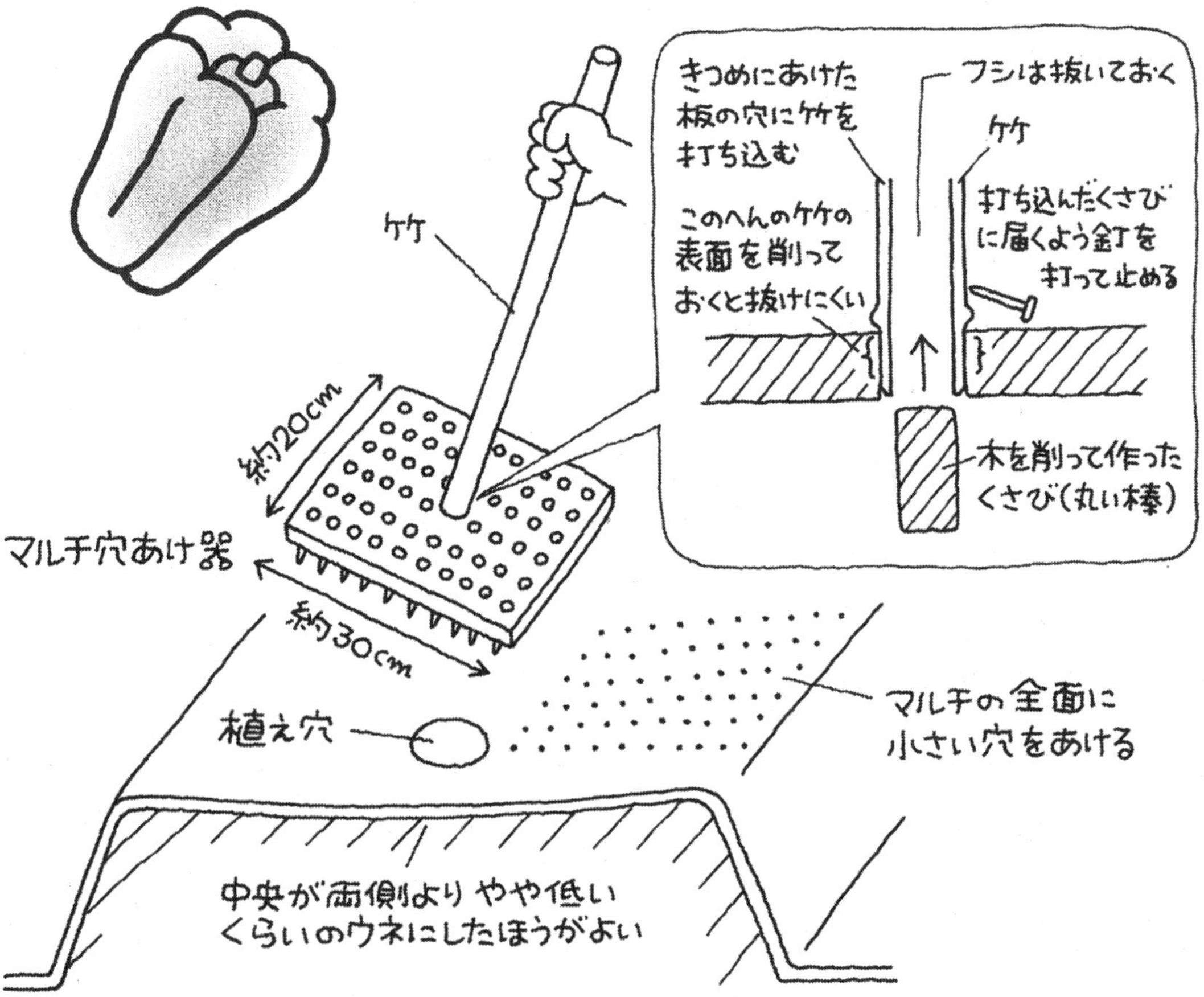
きつめにあけた
板の穴に竹を
打ち込む
フシは抜いておく
竹
このへんの竹の
表面を削って
おくと抜けにくい
打ち込んだくさびに届くよう釘を
打って止める
木を削って作った
くさび（丸い棒）
竹
約20cm
マルチ穴あけ器
約30cm
植え穴
マルチの全面に
小さい穴をあける
中央が両側よりやや低い
くらいのウネにしたほうがよい

よいでしょう。マルチが冷えていると、小さい穴がきれいにあきます。穴が大きすぎるとそこから雑草が生えるので大きくならないように。穴が足りないと思ったら、穴あけ器を反復させて穴の数を増やすことです。

マルチの上から追肥も自由自在

最後に、追肥のやり方。ウネ上面が平らなので、粒状の肥料ならマルチの上にバラまきしておけばいいでしょう。かん水を繰り返すあいだにとけて追肥になります。液肥の葉面散布をするときは、かん水分の水も加えて追肥とかん水の同時施用。雨の前の粒状肥料散布もおもしろいでしょう。

このマルチ穴あけ器は長年使っていますが、穴が小さいので温度が下がるようなことはありません。皆さんも試してみてください。

二〇〇八年四月号　ラクラク菜園　とっておきの道具自慢　水やり・施肥がラクラクのマルチに変身　マルチ穴あけ器

種をまく

波板カラートタンを使えばゴボウづくりが革命的に楽しくなる

長原とし子　静岡県浜松市

太すぎない、折れない、収穫がラク

ゴボウを収穫するのは、ふつうは耕土が深くて掘り起こすのがたいへんです。重労働なうえ、せっかく育てたゴボウが股になっていたり、太すぎたり、途中で折れてしまったことはありませんか。ここで紹介する方法は、少し手間はかかりますが、親指から小指大の太さの手頃なゴボウをラクに収穫できる方法です。

用意するものは、使い古したカラートタンの波板を数枚。カラートタンを使うのは、ふつうの波板トタンではさびが出て、ゴボウに黒い傷がついてしまうからです。必要な枚数は、ゴボウのタネを播く長さ（ウネの長さ）によります。そのほかに使うのは稲ワラと寒冷紗です。

畑は、できれば砂地で排水のよいところがよいでしょう。

ゴボウをつくるといっても畑を深耕する必要はありません。波板を使って斜めに床を作るからです。

作業の手順は次ページの図のとおり。当地では、タネ播きは五月下旬、収穫は九月下旬頃になります。

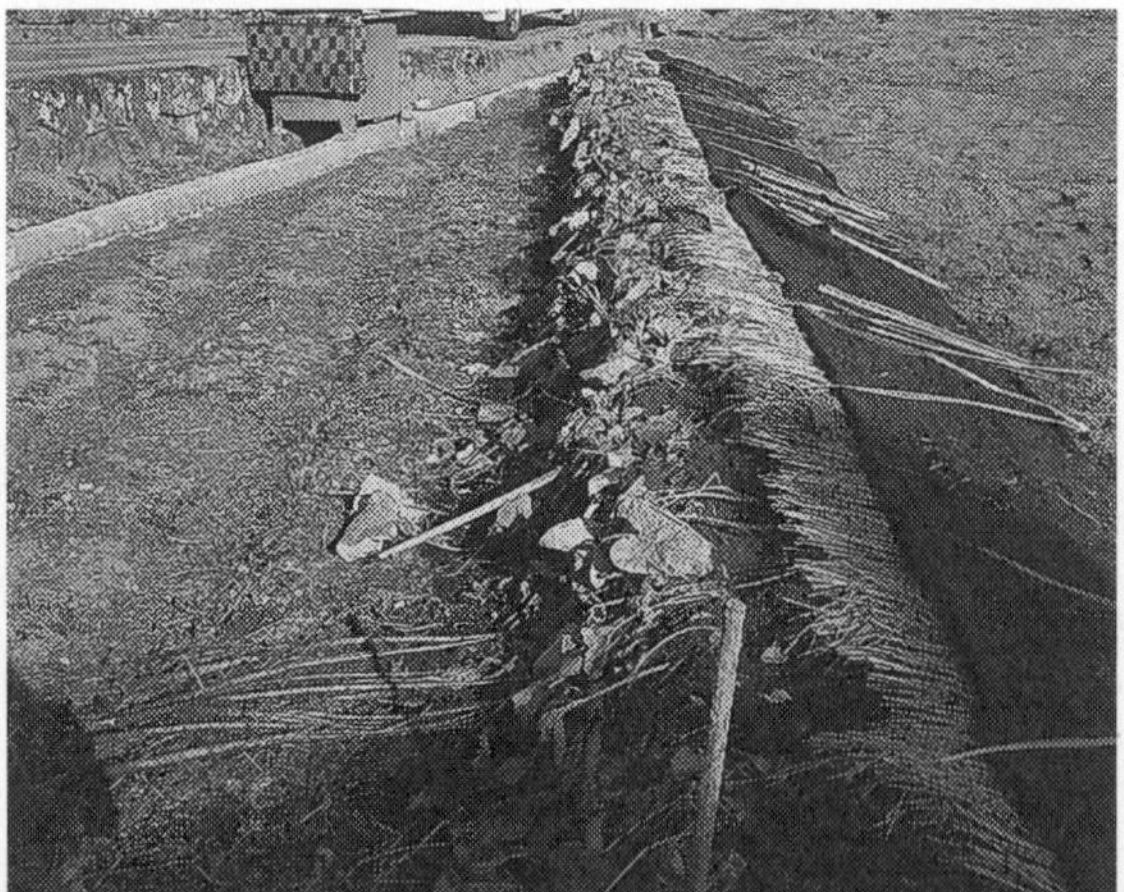

栽培中の様子

筆者

①まず、床づくり。傾斜を付けて土盛りをしたウネを東西方向に立てる。土を盛った側が北側になるように。これは、タネを播いたところに直射日光が当たらないようにするため。

②傾斜を付けたウネに、90㎝から1mくらいの幅に切った波板を置く。重ね代はひと山かふた山分。

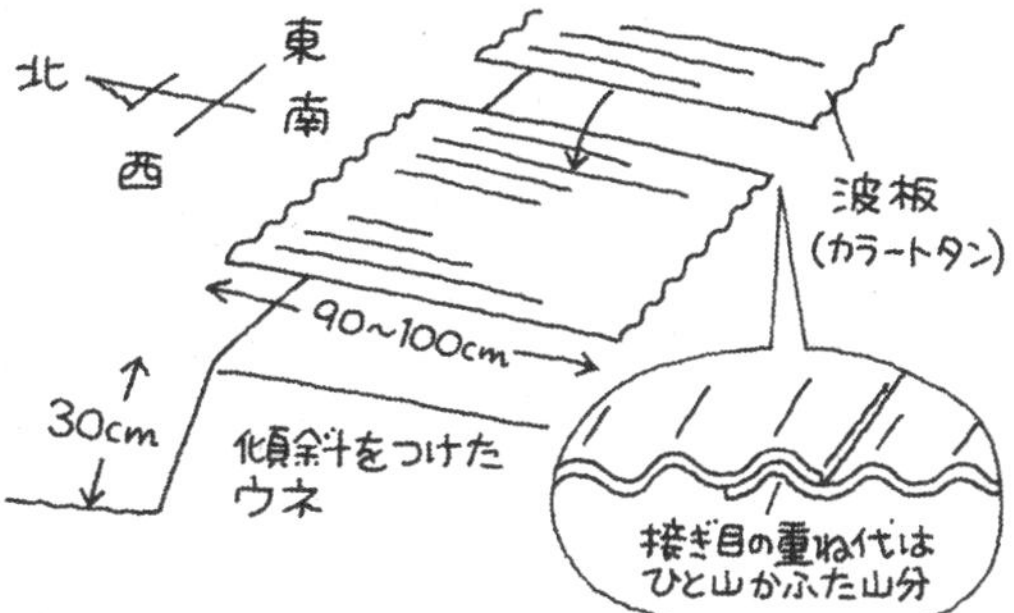

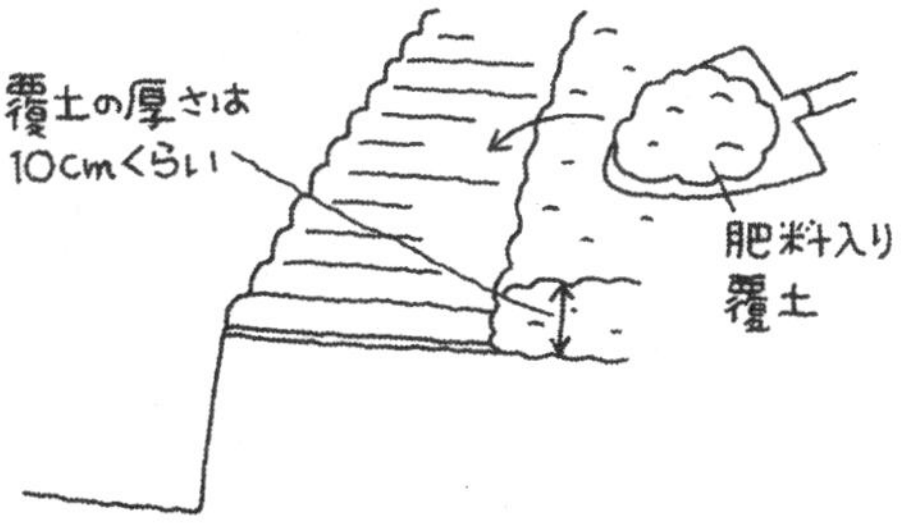

③覆土の準備。小石などの混じっていない土に、石灰と肥料（私は有機10号、園芸用ＩＢＳ1号などを使う）を適当によく混ぜる。

④波板の上に、肥料を混ぜた覆土を10㎝くらいの厚さに均等に盛る。

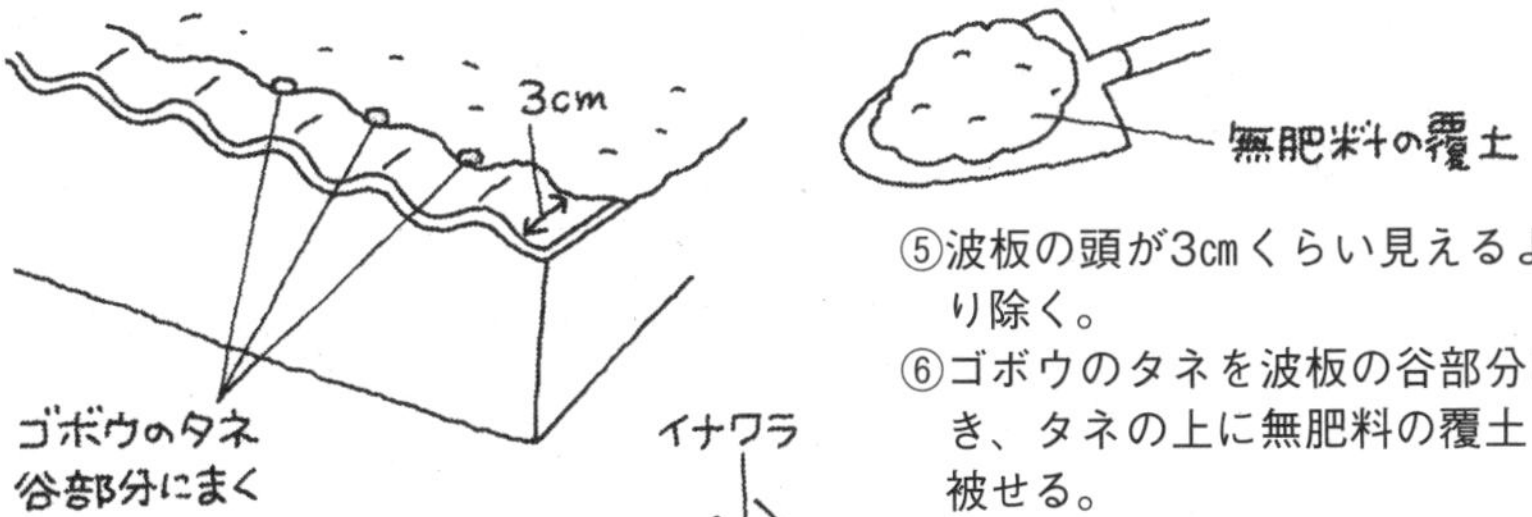

⑤波板の頭が3㎝くらい見えるように土を取り除く。

⑥ゴボウのタネを波板の谷部分に1粒ずつ播き、タネの上に無肥料の覆土を2㎝くらい被せる。

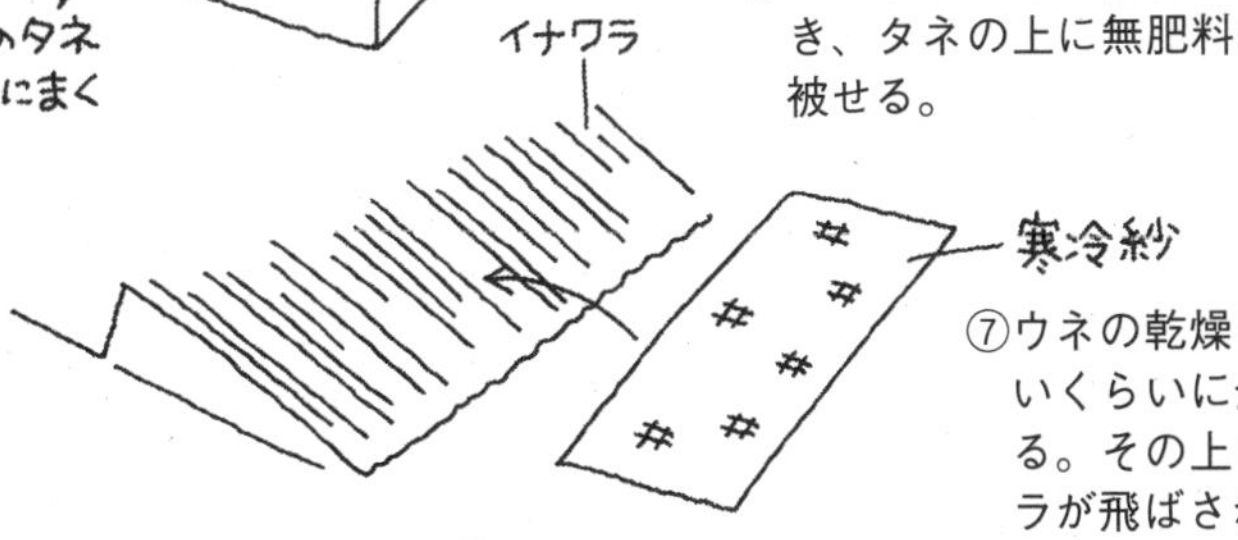

⑦ウネの乾燥を防ぐため、土が見えないくらいに全体に稲ワラを敷き詰める。その上を寒冷紗で覆い、風でワラが飛ばされないように。

⑧かん水。ウネ全体に水をたっぷりかけ、発芽まで乾燥させないようにする。発芽後も乾燥を嫌うのでときどき水をかける。

手で簡単に収穫できる

ゴボウは波板に沿って伸びるので、長いものは一mくらいになります。太さも適当で、スも入りません。これで最適なゴボウができます。

収穫は、覆土を取り除き、波板を上下に揺すれば手で簡単に取り出せます。

波板より長く伸びたものは、波板の長さのところで折れてしまいますが、これはしかたありません。

自分の畑で収穫したゴボウは市販のものより新鮮で、香りも味も最高です。皆さんも、ぜひお試しください。

二〇〇八年四月号　ラクラク菜園　とっておきの道具自慢　ゴボウづくりが革命的に楽しくなる　波板カラートタン

種をまく

セルトレイ用播種器

掃除機を利用すれば　小さな種子も確実に播種できる

長井利幸　愛媛県今治市

わたしは愛媛県今治市で、切り花一八aを経営するほか、両親のカンキツ類二四〇aなどの手伝いをしています。切り花はトルコギキョウとデルフィニウムです。

花の苗は高価なので、自分で育苗しています。しかし種子は一mmにも満たない小さなものが多いので、たいへん手間がかかります。その作業を省力化するのを目的に、掃除機の吸引力を利用したトルコギキョウ用のタネ播き器を自作しました。

トルコギキョウに限らず、セルトレイを利用するものなら、ほかの花や野菜でも同じこと。トレイの穴の数に合わせて箱に穴を開ければ、それぞれの播種器を自作できます。

同様のしくみの市販品もありますが、十万円台から数百万円と高価なので自作しました。

以前は、半分に折ったハガキにタネを載せ、耳かきを使って一粒ずつ播いていました。そのころとくらべると、作業時間もロスも減らしてラクに作業できるようになりました。

全体は手作りのアクリル製の箱でできています。側面の一か所に、長さ一五cm、直径三cmの塩ビ製パイプを通しました。このパイプの直径は掃除機のホースに合わせてあり、ここにつないだ掃除機で空気を吸引します。

箱の上面（播くときは下側になる）には、四方に三cm程度の高さの壁（縁）を設けてあります。そして面全体に、トルコギキョウのペレット種子（裸種子は不可）に合わせて、一mm針のドリルで穴を開けます。箱全体の大きさはセルトレイに合わせてあり、そのトレイの穴の位置に合うように、箱の小さな穴も全部で四〇六個です。

側面のパイプに掃除機のホースをつないだら、箱の上面に適量のタネをばらまきます。次に掃除機の電源を入れる。箱の中の空気を吸引すると、タネが一つずつ穴に固定されるので、その状態で箱を傾け、余ったタネを箱上面の一角に集め、別の皿などに移して回収。最後に、タネを固定したまま箱を反転させてセルトレイに被せ、掃除機の電源を切ると、タネがトレイの穴に落ちてタネ播き終了というしくみです。

播種器の構造（単位：cm）

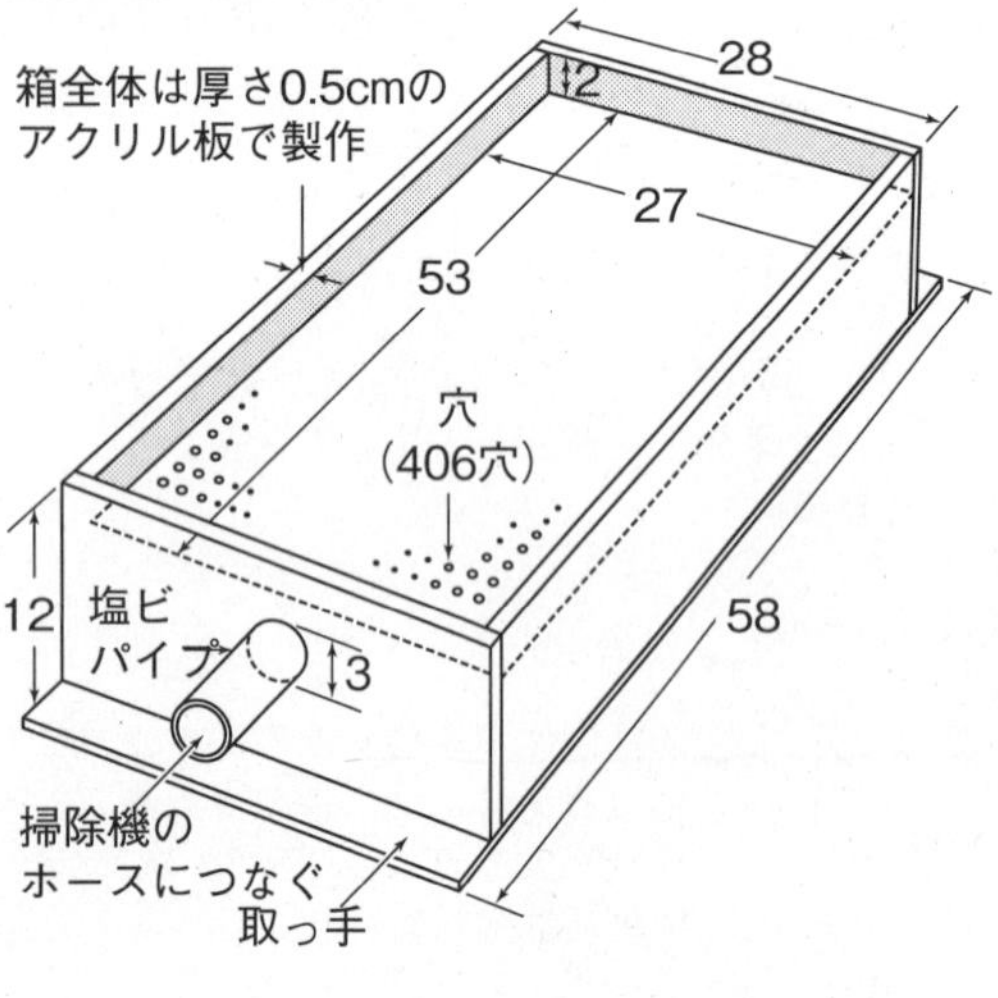
箱全体は厚さ0.5cmのアクリル板で製作
28
2
27
53
穴（406穴）
12
塩ビパイプ
3
58
掃除機のホースにつなぐ
取っ手

1mmの針のドリルで穴を開けた面（上面）
セルトレイ

トルコギキョウのセルトレイ用播種器

運　ぶ

片手でも押せる自在車付き一輪車

山田　衛　新潟県長岡市

Uボルト
ボルト
自在車
(タイヤに
空気が入る)
L形鋼
自在車を付けて3輪になった一輪車

一輪車に自在車を二個取り付けて、三輪車を作りました。

人力で支える労力が減り、安定して前後進、一点旋回が可能になります。片手で運ぶことも可能です。

用意するのは、①L形鋼二本、②Uボルトとボルトを四本ずつ、③自在車二個です。

L形鋼に穴を開け、写真のように荷台の支持脚部にUボルトで取り付けます。さらに、このL形鋼の後方に自在車をボルトで取り付けて完成。

自在車は、ホームセンターなどでいろいろなサイズのものが売られています。タイヤはゴムを付けただけのものもありますが、中に空気を入れるタイプのものを選んだほうが、砂利道などを押すには振動が少なくてラクかと思います。

取り付ける位置は、自分の体に合わせて。取っ手を持ったときに、やや前かがみになるくらいの高さが押しやすいようです。

自在車が不要なときはワンタッチで取り外せるようにすると、さらに便利になると思います。

片手でも押せる。両手で持ったとき、やや前かがみになるくらいの高さに調節

二〇〇六年三月号　こんなのつくったアイデア農機具(16)　片手でも押せる　自在車付き一輪車

堆肥づくり

落ち葉堆肥づくり
熊手・人の手・竹カゴに勝るものはない

早川光男さん・横山　進さん　埼玉県三富新田　編集部

研究グループの横山進さん。300年以上、いもを連作できるのも落ち葉のおかげ

早川光男さん。「富のいも」に落ち葉は欠かせない

　昔のように落ち葉をかく農家は少なくなったが、ここ三富新田《さんとめ》では今でも「サツマイモ畑一〇a当たりに林一〇a分の落ち葉」を目安に毎年欠かさず利用している。

　フワフワとかさばり、サラサラとつかみどころのない落ち葉を効率よく集めるにはどうすればいい…？江戸時代から続く「落ち葉産地」で聞くと、どうやら「しっかり集めるためのコツ」があるようだ。

結局、昔ながらのやり方が一番いい

　三富新田の上富《かみとめ》地区・早川光男さんのサツマイモは、冬に集めた落ち葉を苗床（温床）に使い、一年寝かせた落ち葉堆肥を春、本畑に使う。落ち葉以外に肥料分を一切使わないやり方で、どこの産地にも負けない「味」を作ってきた。

　光男さんは落ち葉の集め方をお父さんの宏さんから教わったが、おそらく何代にもわたって改良を施されて編み出されたやり方なのだろう。竹の熊手、人の手、竹カゴは、傍目には時代遅れに見えても、落ち葉の向きが揃って空気が抜けるので、実はもっとも合理的な方法だ。

　光男さんは七年前から仲間四人で落ち葉野菜研究グループを作り、毎年、体験落ち葉かきに取り組んでいる。落ち葉かきは平地林一・二haを家族四人が、残りの五〇aはボランティア三〇人が担う。家族分は五日間かかるが、ボランティア分は二時間で済む。光男さんは「初心者向きのシートを使った簡易な

落ち葉の集め方
―向きを揃えて空気を抜くのがコツ

▼熊手でスジ状に集める

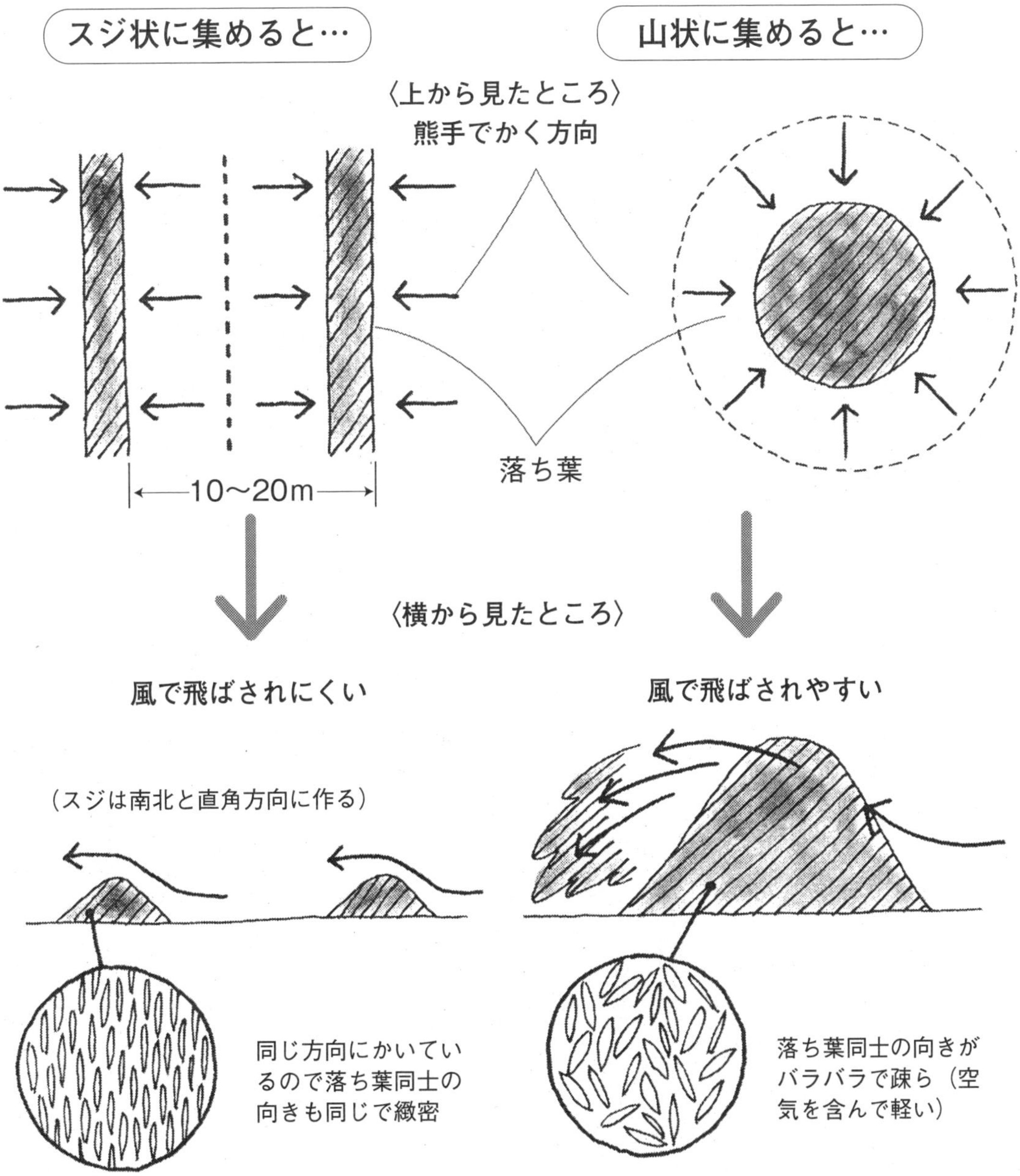

スジ状に集めると…
山状に集めると…
〈上から見たところ〉
熊手でかく方向
10〜20m
落ち葉
〈横から見たところ〉
風で飛ばされにくい
風で飛ばされやすい
（スジは南北と直角方向に作る）
同じ方向にかいているので落ち葉同士の向きも同じで緻密
落ち葉同士の向きがバラバラで疎ら（空気を含んで軽い）

やり方もあるけれど、慣れれば昔ながらのやり方のほうがラクで早い。それに参加者の評判もいい」という。

竹のしなやかさ、人手の細やかさがいい

金属製の熊手はコシが弱いとすぐ伸びてしまうし、コシが強いと引っかかり過ぎて抜けなくなる。竹の熊手はかくと落ち葉を適度につかみつつ、力を抜くと引っかかることなくスッと落ちる。先が二股になっているので、細い木の周りの落ち葉もかきとれる。裏側を使って、トントンと落ち葉を落ち着かせることもできる。

落ち葉を詰めて運ぶカゴ「はちほん」も竹製だ。落ち葉を入れれば入れるほどに安定し、転がしても口から漏れ出ない構造になっており、一カゴに八〇kgくらい入る。

そして、この竹カゴに落ち葉を押し詰めるには、靴ではなく、足の指の力が活かせる地下足袋がいい。

（協力　犬井　正・獨協大学）

二〇〇四年十一月号　落ち葉　いまどきの活用術　かさばる落ち葉を上手に集めるには？
道具・機械、集め方の工夫

▼左右交互に手でまとめる

右手で同じ方向に落ち葉を寄せる
落ち葉の固まり
それを左手で逆方向に落ち葉を寄せる
左右繰り返すうちに固まりが大きくなっていく
向きがそろって緻密な固まりのできあがり

▼転がして運ぶ

締まっているので口からほとんど出ない
ゴロゴロと軽トラのところまで

▼回しながら出す

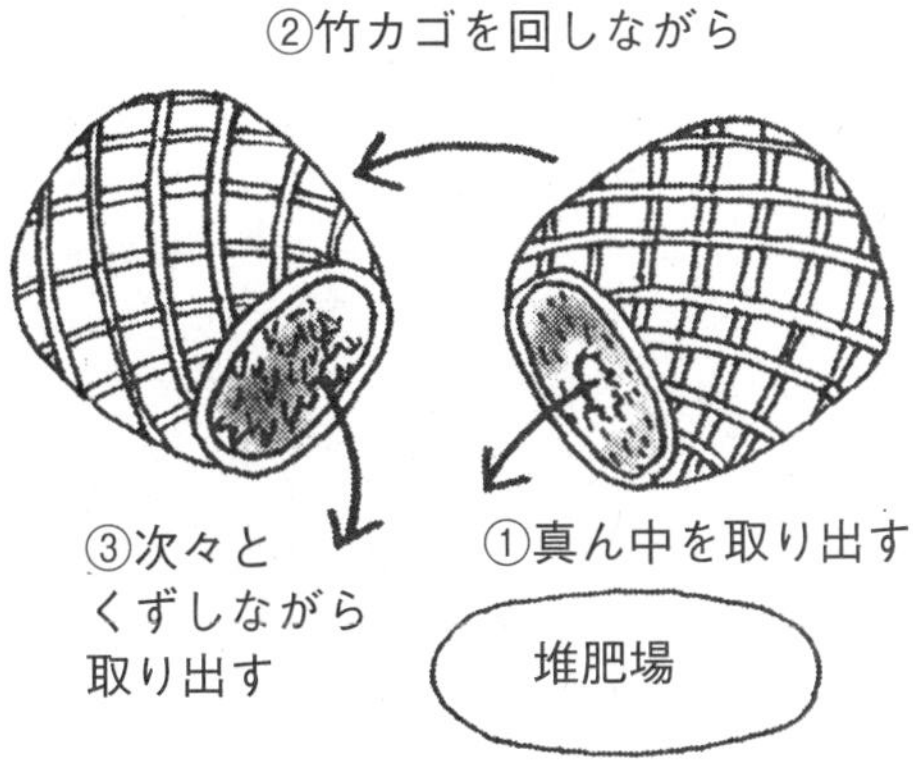
②竹カゴを回しながら
③次々とくずしながら取り出す
①真ん中を取り出す
堆肥場

●もっと簡単なやり方
（能率は落ちるけど初心者向き）

その①
軽トラに板で側壁を作る
足で踏みながら積む

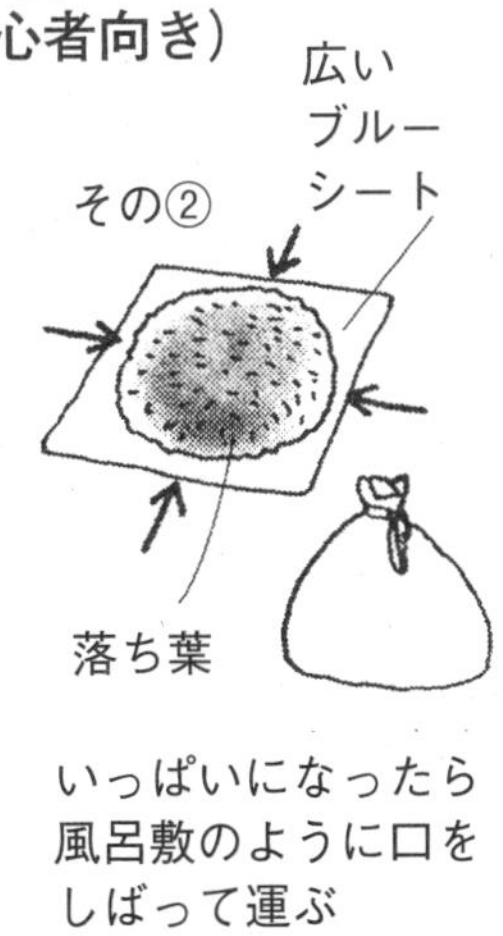
その②
広いブルーシート
落ち葉
いっぱいになったら風呂敷のように口をしばって運ぶ

▼竹カゴに詰める

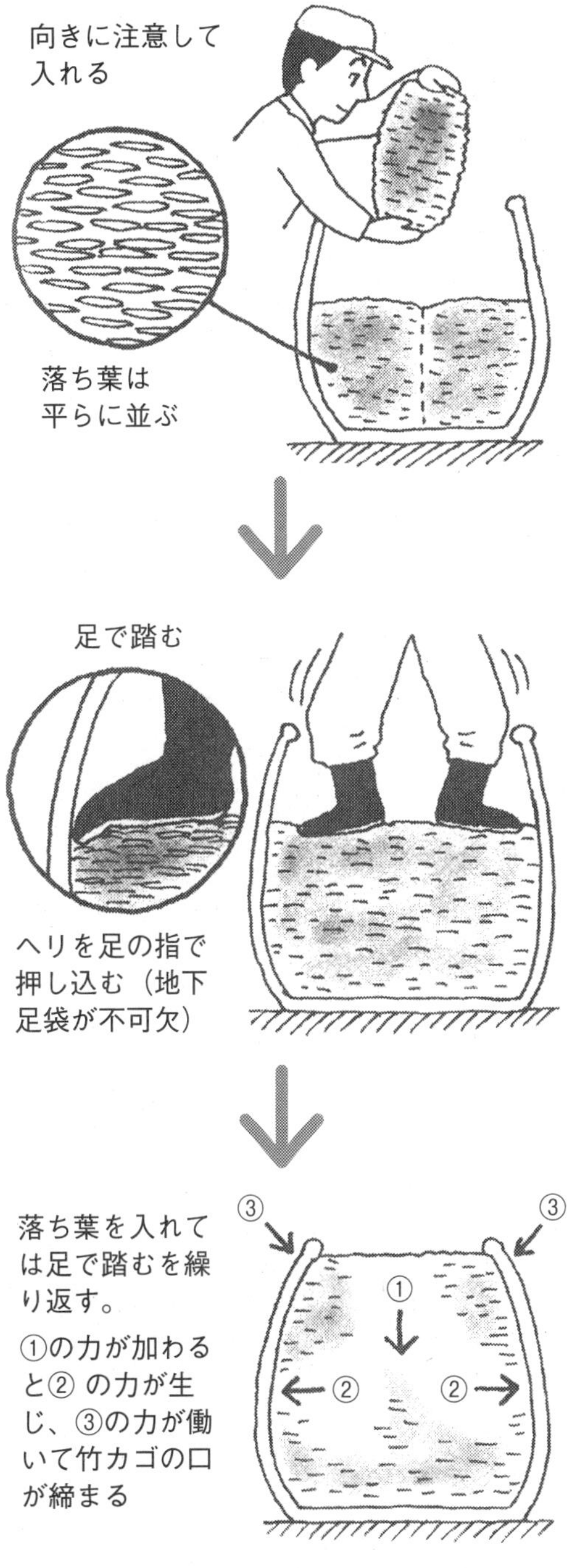
向きに注意して入れる
落ち葉は平らに並ぶ
足で踏む
ヘリを足の指で押し込む（地下足袋が不可欠）
③
③
①
②
②
落ち葉を入れては足で踏むを繰り返す。
①の力が加わると② の力が生じ、③の力が働いて竹カゴの口が締まる

堆肥づくり

簡単！完璧！生ゴミ堆肥化法

プラスチックケースとスタンドバッグを利用

橋本力男　堆肥・育土研究所

大嫌いだった生ゴミの堆肥でおいしい野菜ができた！

私は日本ザルの奇形問題や「沈黙の春」が動機となって、一九七七年から有機農法による野菜作りを始めました。

現在は三軒の農家で、四五軒の家庭やレストラン、お店などに野菜を届けています。ほかに堆肥、果菜苗、生ゴミ処理ケースなどを販売しています。農家や企業、行政、ＮＰＯを対象に、生ゴミリサイクルや堆肥化技術の講演、コンサルティングもするようになりました。

父はダンプの運転手であり、高校は工業機械科だったので、異分野から「農業のもっている可能性」を自由にとらえてきました。私のテーマは「農業と公共性」で、農業を通して何かパブリックな働きかけはできないか、農を基点とした地域開発は……と思いながら歩んできました。

「生ゴミ」との出会いは一九九七年で、津市内に住む主婦から生ゴミの堆肥づくりを依頼されたことによります。当時、私は生ゴミに関心がなく、その印象は「汚ない、汁が出る、くさい、ウジがわく」。まして誰ののかわからない生ゴミは不衛生で大嫌いでした。

そんなわけでイヤイヤ取り組み始めたのですが、意外な事実に出くわしました。

生ゴミ堆肥で育てた野菜は節間が詰まり、丈夫に育ち、花がよく咲き、味がとても良かったのです。

私たちの毎日の食生活は、田や畑のものはもちろん、海のものから山のものまで多種多様な食材によって作られています。

そこから出てくる生ゴミも多種多様で、堆肥の材料としてはなかなかバランスの取れた良い材料であることにも気づかされました。生ゴミがなぜ腐りやすいのか、についても考えるようになりました。

それまで落ち葉堆肥・土ボカシ・草質堆肥・バーク堆肥・モミガラ堆肥・培養土などを作ってきた経験をもとに、こうして生ゴミの堆肥化、リサイクルに取り組むことになったわけです。

初めにコンサルタントとして、電気を使う業務用の高価な「電動生ゴミ処理機」の開発にかかわった反動で、太陽や落ち葉、微生物などの自然エネルギーをできるだけ利用した生ゴミ堆肥化を考えるようになりました。そのなかから生まれたのが、これから紹介する衣装ケースあるいは道具ケースによる生ゴミ処理です。

水分が多いから腐りやすい

生ゴミというとくさいイメージが強いのですが、生ゴミは最初から腐っているわけではありません。

調理するときに腐敗した食材を使うわけがありませんよね。ところが調理クズや食べ残しは、時間とともに、とくに温度の高い夏場は早く腐敗してしまいます。

生ゴミが腐りやすい理由は、「水分が多い」うえ「栄養分が多い」からです。腐敗した生ゴミから良質の堆肥（肥料）はできないので、腐らせないようにすることが必要です。

生ゴミの1次処理装置を製作している様子

プラスチックケースで一次処理、スタンドバッグで二次処理

家庭や給食センターなど生ゴミが出た場所で、腐らせないように減量・処理することを一次処理といいます。

一次処理の技術にはいくつかの方法がありますが、それに衣装ケースなどのプラスチックケースを利用し、二次処理には後述するようにスタンドバッグを使います。

スタンドバッグとは、造園業者などが落ち葉や草を集めるのに使うポリプロピレン製の袋で、大きさは一六〇〜三〇〇Lくらいまであります。

三重県内には、プラスチックケース方式で生ゴミ処理をする家庭が約二〇〇〇軒（平成十九年）あります。衣装ケースは一五〇〇〜二〇〇〇円程度の物を使うのですが、透明のPP（ポリプロピレン）製は紫外線に弱く一年半くらいで壊れてしまう欠点があります。

この問題を解決したのが次の写真のような

１次処理装置

通気孔・排水口の穴を開け、ともに防虫ネットを張るだけ。加工は簡単だが、紫外線で劣化しやすいのが弱点

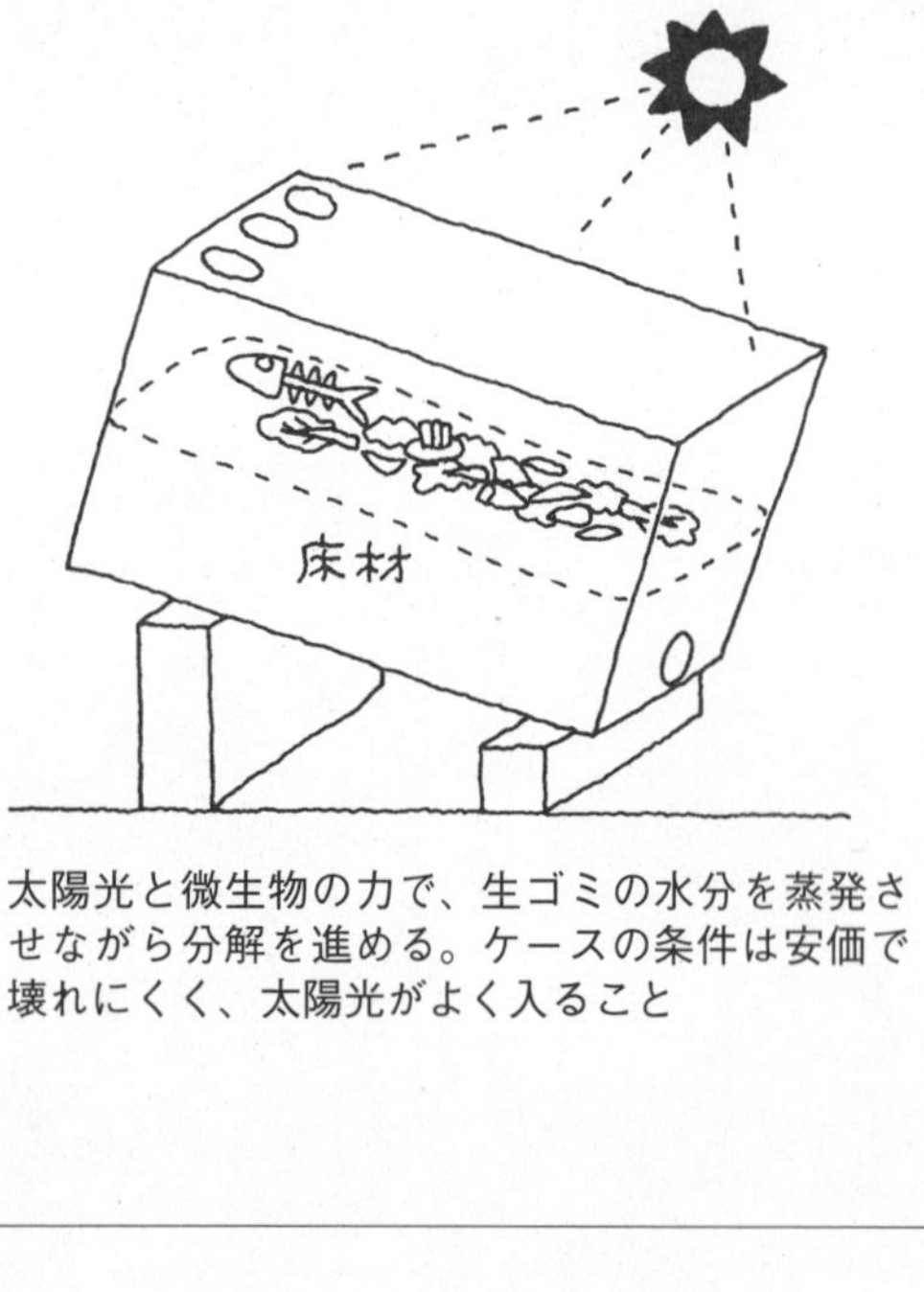

太陽光と微生物の力で、生ゴミの水分を蒸発させながら分解を進める。ケースの条件は安価で壊れにくく、太陽光がよく入ること

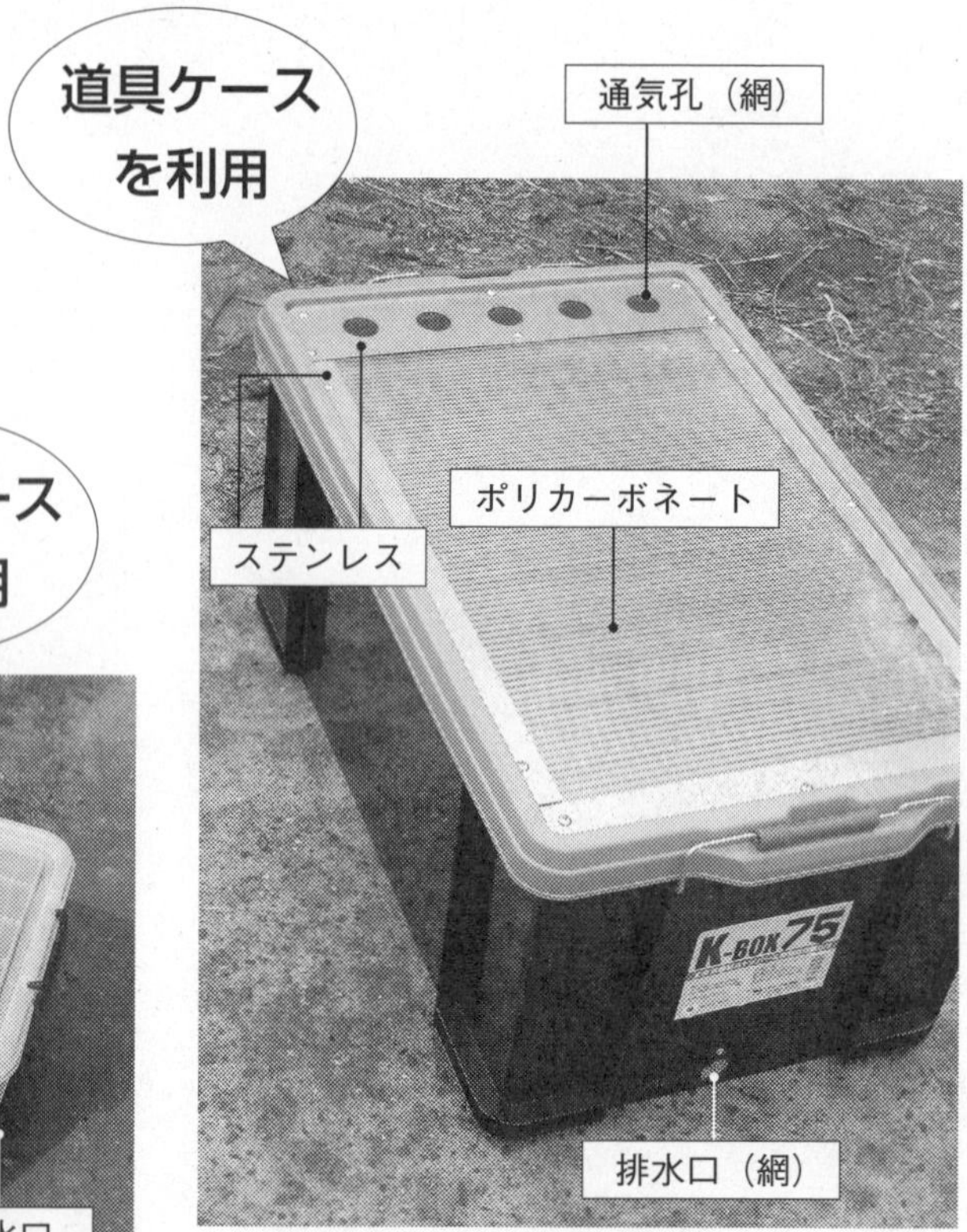

ふたは、元のふたの縁部分を残してくり抜いて、透明のポリカーボネート板を張り付けてある。周囲はステンレス板で補強

雨のとき排水口から水が入らないよう、ブロックなどの上に傾けて載せる

床材の作り方

①コンクリートなどの上で、下の表の材料を下から軽い順にモミガラ、落ち葉、米ヌカ、土と積み重ねる。
②スコップで2回混合。
③混ぜた材料の中から、バケツや一輪車に1杯分ほど取り出してよく攪拌。さらにすりつぶして水分をなじませてから手で握って水分を見る。不足していれば、水を加えて40%に調整。水分40%は、両手で強く握っても塊ができないで壊れてしまうが、手のひらにモミガラなどが少しつく程度。塊ができるようだと50%以上。
④③を目安に残りの材料にも水分を加え、もう一度混合してから山積み。カバーなどは必要ない。
⑤1～2日間で60℃を超えるくらい温度が上がることが重要。
⑥2～3日ごとに切り返しを行なう。水分が10～20%程度に下がるまで発酵を続けると、このまま保存可能となる。
※床材の発酵は堆肥づくりではなくて、病原菌やハエの卵などを死滅させて良質な微生物を増やすことにあります。このため60℃以上に発酵分解をさせる必要があります。

床材材料の比率と役割

材料	比率	状態	役割
モミガラ	8	乾燥している	分解されにくく、空隙を与える
米ヌカ	1～2	新鮮である	発酵を促進して、良質な微生物を増加させる
落ち葉	1～2	広葉樹の落ち葉	広葉樹：針葉樹＝8：2ぐらいがよい
かべ土または赤玉土の細粒	1	瓦屋根のかべ土	放線菌の繁殖、ミネラルの補給、養分の吸着

水分の目安

水分率	塊の程度
30%	塊がすぐに壊れる。手に材料がつかない。
40%	塊が壊れる。手に材料が少しくっつく。
50%	塊は壊れないが、手をゆするとヒビが入り壊れる。
60%	塊は壊れないが、指で軽く押すと壊れる。
70%	塊を握った時に、指の間から水がにじむ。

道具ケースを使う方法で、ふたの部分にはツインパネルというポリカーボネート（一〇年間の耐久性）とステンレス製の止め板を使用しました。

生ゴミの処理能力は、六〇Lのケースで、一日に三角コーナー軽く一杯程度です。この量で続ければ二～三か月間減量（一次処理）できます。

プラスチックケース利用の一次処理法

画期的な自然エネルギー乾燥法

一次処理に必要なのは、衣装ケース・道具ケースなどのプラスチックケースと床材です。プラスチックケースを使うのは、無限のエネルギーである太陽熱・光でケースの中を温めて、生ゴミの水分を水蒸気として通気口から出すためです。電気や化石燃料を使わない画期的な装置です。

▼床材は落ち葉・モミガラ・米ヌカ

床材とは発酵ベッドのことで、地方であればどこでも入手しやすい落ち葉やモミガラ、米ヌカなどの材料を選択しました。

特定の微生物資材は必要ありません。多種類の落ち葉を利用します。床材には、生ゴミを乾燥させる役割と、そこにすむ微生物によって生ゴミを分解する母体としての役割があります。床材は、生ゴミを減量させるための副資材。良質微生物のすみかです。

▼深く混ぜず、表層で乾燥、分解

この生ゴミ処理法では、悪いにおいがしてきたら管理が間違っていると考えます。生ゴミはくさいものととらえるのではなく、人間が腐らせるような管理をしているからくさくなるのです。このことは家畜糞尿にもいえます。

多くの生ゴミ処理機では、生ゴミと床材を底から全体に混ぜて発酵を進めようとしますが、プラスチックケース利用の生ゴミ処理では、生ゴミと床材を表層で軽くまぶす程度にすることが大切です。

これは、草地や森の枯れ草とか落ち葉が、微生物や昆虫やミミズなどによって表層から順次腐植化して土になってゆく原理を応用しています。底からかき混ぜると、生ゴミが嫌気的になり腐敗してしまいます。

毎日の生ゴミの入れ方

では次に、プラスチックケースを利用して生ゴミを処理するときの毎日の管理について説明します。

生ゴミの堆肥化でもっとも重要なことは「腐った生ゴミからは良質な堆肥はできない」ということです。できるだけフレッシュな生ゴミをケースの中に入れるようにします。そして乾燥気味に管理すれば、腐らずに悪臭もなく、コウカアブ（ベンジョバチ）やハエも寄ってきません。

▼ケースを置く場所

ケースは、日当たりのよい南側、または朝日が早く当たる場所に置きます。冬は強風が当たらないところに置くと、ケースがよく温まります。場所は、水はけのよい土の上かコンクリートの上。ただし、土の上に直接置くと雨のとき排水口から水が入るので、ブロックなどを利用して地面から離します。

▼生ゴミの水分をよく切る

床材は、生ゴミを入れる前に、ケースの約四〇％くらいになる量を入れておきます。生ゴミを混ぜるにはステンレスのコテなどを利用します。

生ゴミは、夜寝る前、流しでザルなどに移しかえて、できるだけ水切りして乾燥させること。なお、このザルの上にもネットやザルを被せて、ハエなどが産卵しないように注意します。ケース方式に取り組んでいる方のなかには、生ゴミを乾いた新聞紙に包んで水切りする人や、腐らないように冷蔵庫に入れておく人もいます。

▼午前中に、三角水切り一杯分

太陽熱を利用して乾燥するので、投入時間は午前中がよいでしょう。夕方や夜になると腐敗しやすくなります。生ゴミの量は、六〇～七五Lのケースを使う場合で、一度に三角の水切り容器一杯分、四〇〇～五〇〇gです。これをケースの床材の上に入れ、床材と軽くまぶしながら全体に広げます。太陽熱で乾燥させるためにも、床材を底からかき上げて生ゴミを深く混ぜ込んではいけません。

目安としては、一ケースで三～四人分。家

族が多い場合や生ゴミがたくさん出る場合は、二ケース用意して交互に利用します。

▼ベタベタになったら床材を加える

生ゴミを毎日入れてゆくと水分が多くなり、表面がベタベタになってきます。そのまま入れ続けると腐敗してしまうので、早めに床材をどんぶり一～二杯分入れて、表面で軽くかき混ぜて水分調整。すると生ゴミは腐らず微生物によって分解されていきます。

床材はケースの40％くらいまで入れておく

このとき床材の代わりに乾燥した落ち葉を入れても効果があります。二～三日は生ゴミを入れるのをやめて、乾燥してきたらふたたび入れるようにしましょう。

▼九分目までたまったら二次処理へ

この作業を毎日繰り返して、ケースがいっぱいになれば二次処理に移ります。生ゴミはケースの七分目までは早くたまっていきますが、そこからは微生物分解が盛んになるのでなかなか増えません。それでもやがて九分目までたまったら二次処理に移りましょう。

一次処理品のまま保存するには、肥料袋や土のう袋、紙袋に入れて、雨の当たらない場所に置きます。ポリ袋の場合は口は強く縛らないで空気が通るようにします。

雨が続くときに、魚の生ゴミを入れるときは…

梅雨時や秋雨前線が居座って雨が降り続くときは、生ゴミ投入をやめることも大切です。腐敗させるよりよいので、このときはごみ収集に出します。

天気の良い日に、ふたを開けて乾燥させる人がいますが、突然の雨で水が入ったり、猫やカラスに荒らされたり、ハエやコウカアブが産卵したりします。それに、フタをしたほうが熱上昇で水分が蒸発してよく乾燥します。

動物性の生ゴミ、すなわち魚やイカの頭、はらわたを入れるときは、最初は小魚や焼魚、骨などを入れて、魚の好きな微生物を増やしておきます。その後は、はらわたも入れることができますが、四～五日間は少しにおいます。そんなときは魚の上から床材をかけてください。また生魚は、一度熱湯を通してから入れるとにおいが少なくなります。

スタンドバッグで二次処理

二次処理の高温で大腸菌、種子類、ウジやダニも死滅

一次処理した生ゴミを堆肥化するのが二次処理です。堆肥化は、微生物の働きで六〇～八〇℃の高温にして生ゴミなどを発酵分解する技術です。

このとき、高温によって大腸菌や病原菌、種子類、ウジムシやダニなどの害虫が死滅します。また、水分が二〇％くらいまで下がって扱いやすくなります。二次処理の期間は、発酵・熟成するまで三～四か月です。次の

ような基本的な堆肥技術をマスターすれば、このときも高価な微生物資材は必要なくなると思います。私は土着菌がいっぱいの広葉樹の落ち葉を使います。

完熟堆肥の判定法

完成した堆肥は悪臭がなくなり、よいにおいがします。畑に入れてからタネを播いたり定植したりすることができます。

完熟したかどうか判定するには、生ゴミ堆肥を空きビンに半分入れ、水をその表面より一～二cm上のところまで注ぎます。ふたを確実に閉め、室内に一〇日ほど置いてから開けてみましょう。悪臭がなければ完熟とみなします。

悪臭がする場合は、米ヌカを五％ほど混合し、五〇％の水分に調整して発酵。その後、切り返しを行なって発酵・熟成させます。

（堆肥・育土研究所　三重県津市白山町川口六五八三－一）

二〇〇七年十月号　肥料代高騰　タダのものを活かせ！　簡単！　完璧！　生ゴミ堆肥化法　プラスチックケースとスタンドバッグを利用

1次処理―よくある質問Q＆A

Q.悪臭がする。

A.ケース内の水分が多いことが原因。乾燥した床材や落ち葉を入れてください。また生ゴミを入れる量が多いのかもしれません。2～3日間投入を休んでからふたたび入れてください。

Q.ウジムシがわく。

A.ウジムシには、ハエやコウカアブ、ショウジョウバエなどの幼虫がいます。産卵しなければウジムシはわきません。台所で産卵しないようにします。フタの呼吸口に網（ネット）を張り、乾燥気味に管理すると、ウジムシは入らないし、生きられません。

Q.ふたが割れてしまった。

A.衣装ケースのポリプロピレンのふたは紫外線に弱く割れやすい。ふたが割れたときは、透明のPC（ポリカーボネート）などを利用します。10年間補償です。なお、道具ケースは耐光性があり、4～5年間は壊れません。

Q.ケースの横側に緑色のものが生えてきた。白い粉のようなものがいっぱいいて動く。

A.これは緑藻といって、光を利用しながら生ゴミの養分を分解するものなので問題ありません。粉のように小さくて動くのは白や灰色のダニです。人体には影響ありませんが、口や鼻から吸わないようにしてください。

Q.生ゴミの分解が遅い。

A.キャベツやハクサイなど大きな生ゴミは、小さく切って入れると早く分解します。夏ミカンやハッサクなどのカンキツ類は、腐敗を防ぎ、良い香りで悪臭を隠してくれます。

Q.スイカの生ゴミが大量に出た。

A.スイカは水分と糖分が多いので分解が悪く腐りやすい。少量の場合以外はゴミ収集に出すか、小さく切って乾燥してから入れてください。

Q.1次処理した生ゴミを、そのまま畑に使いたい。

A.1次処理だけでは病原菌・大腸菌などがいるので、より安全にするために2次処理で高温発酵させることが大切です。1次処理しただけのものは堆肥でも肥料でもありません。

生ゴミ堆肥作り（2次処理のしかた）

▼用意するもの

スタンドバッグ（大きいほうが発酵熱が長続きするので200～300Lのものがおすすめ）、スコップ、フェルトやカーペット（堆肥のカバー）、パレット（木製またプラスチック）、防水シート

▼材料と配合比率（バケツなどで量る）

1次処理した生ゴミ10杯、米ヌカ2杯、かべ土（または赤玉土の細粒）1杯

▼作り方

①1次処理した生ゴミの上に米ヌカ、土を重ね、スコップで2回、全体を切り返す。混ぜすぎると空隙が減って発酵がよくないので2回程度とする。

1次処理した生ゴミと米ヌカ、土を混ぜる

②バケツ1杯分を取り出して水分を見て、全体を50～60％に調整。

③スタンドバッグを直接土の上におくと結露や雨のとき水分過多になり腐敗しやすいので、スノコやパレットを敷くとよい。場所は、南向きの軒下など雨に当たらないところが望ましいが、戸外でやる場合は雨水が入らないよう防水シートをかける。

④混合した材料をスタンドバッグに投入。山型に盛ると発酵温度がよく上がる。材料の上にはフェルトやカーペットを直接かけておく（バッグの大きさに切る）と保温や保湿によい。

混ぜた材料は、スタンドバッグの中に山型になるように入れると温度が上がりやすい

⑤温度は2日目には60℃以上に上がるのが望ましい（中央の深さ25cm程度のところで測定）。切り返しながら20～30日間、60℃以上が続くとよく分解して良質堆肥ができる。切り返しは、7～10日ごとにスタンドバッグのヒモを引っ張って材料を外に出し、混ぜ合わせてからふたたび入れればよい。3回目の切り返しまでは、水分が少ないときは60％に調整。カバーはいつも掛けておく。

発酵中はフェルトやカーペットで覆って軒下に置くとよい

切り返しは7～10日ごとに

⑥温度が40℃までしか上がらなくなったら、熟成のために雨の当たらないところでそのまま放置する。

苗を植える

セル苗の定植に便利なミニ移植ごて

深沢豊和　神奈川県三浦市

指にはさんで使うミニ移植ごて

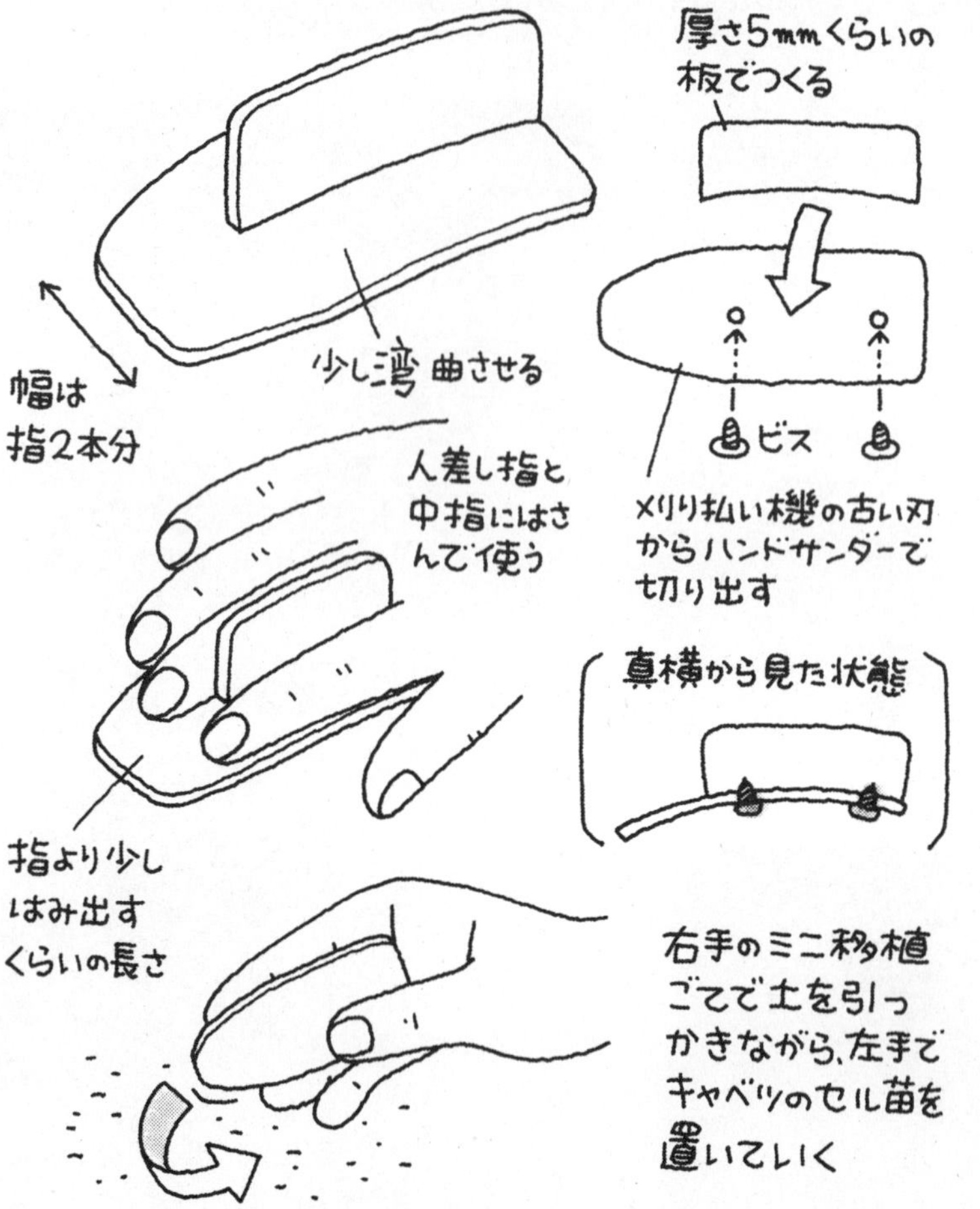
厚さ5mmくらいの板でつくる
幅は指2本分
少し湾曲させる
ビス
メリり払い機の古い刃からハンドサンダーで切り出す
人差し指と中指にはさんで使う
真横から見た状態
指より少しはみ出すくらいの長さ
右手のミニ移植ごてで土を引っかきながら、左手でキャベツのセル苗を置いていく

私は、指にはさんで使うミニ移植ごてを作りました。キャベツのセル苗を定植するときに使っています。作り方は上図のとおり。

土をすくう部分は刈り払い機の古い刃をハンドサンダーで切って作ります。たき火に入れて叩いて少し曲がりをつけたら、その角度に合わせて切った板をビス止めするだけです。

使うときは、板の部分を人差し指と中指にはさんで使います。以前は、苗を定植するところの土を指で引っかいていたのですが、だんだん痛くなってきます。ミニ移植ごてが、その指の代わりになるわけです。親指はあいているので、これを指にはさんだままほかの作業もできて重宝しています。

二〇〇五年十二月号　ザ・農具列伝　セル苗の定植に便利　ミニ移植ごて

苗を植える

植穴掘り機「モグ太郎」
刈払い機の動力利用でラクに播く・植える

（株）共栄製作所

植穴掘り機「モグ太郎」㈱共栄製作所

刈払い機の動力を生かして、200個の穴が8分程度で掘れる（マルチ自体の穴は別の道具であらかじめ開けておく）

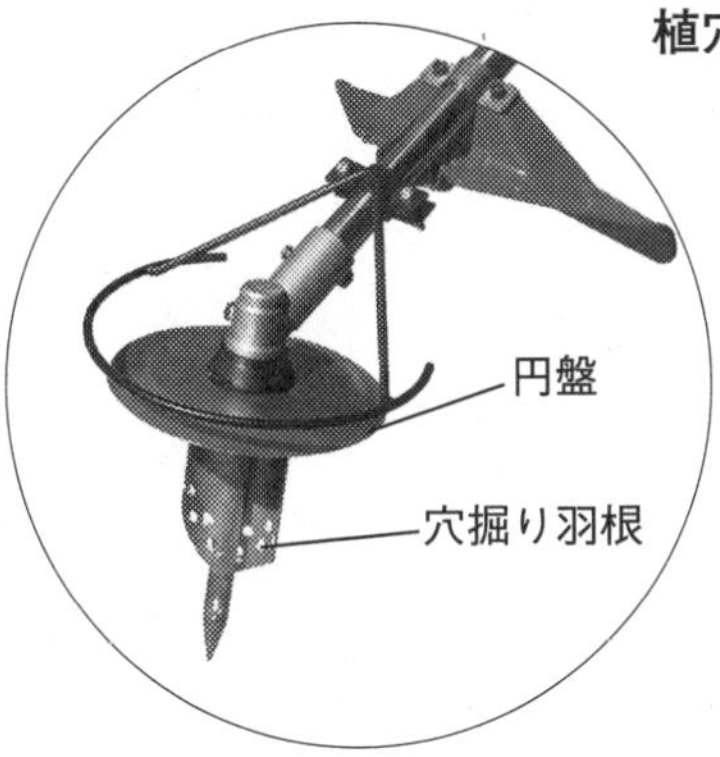

穴径は9cmと14cmの2タイプある

トマトをはじめとする野菜、果物、花などの苗植え用の穴掘りは、農家にとって重労働である。高年齢化が進むとなおさらのことだ。

専用の穴掘りスコップや足で踏むタイプの器具もあるが、中腰で時間もかかる作業はやはりきつい。そんな農家の苦労話を聞いて開発したのが「モグ太郎」である。

羽根で土をさらいながら穴を掘る

「モグ太郎」は市販の刈払い機の先端の刃を外して取り付ける（取り付けはＭ８左ネジ）。飛散や深掘りを防ぐ円盤とシャフト、それに二枚の硬い羽根が付いた構造で、この羽根で土をさらいながら穴を掘る。刈払い機の動力を利用するため、アクセルで回転速度も調整できる。穴径は九cmと一四cmの二タイプがある。不耕起栽培が盛んだが、耕さない状態の畑にもラクラク穴が開けられる。およそ二〇〇個の穴が八分程度で掘れる。

最近サトイモの定植仕様機も開発。経済産業省、農林水産省の事業にも認定されている。特許出願中。

（岐阜県高山市松之木町一六八八―八二　ＴＥＬ〇五七七―三三―〇九五〇）

二〇〇二年十二月号　作業をラクに、安く　自慢の機械・器具アイデア集　刈払い機の動力を利用　植穴掘り機「モグ太郎」　ラクに、安く　播く・植える

軽くて丈夫なプラスチック製移植ごて

盛山治美　鹿児島県鹿児島市

プラスチック製移植ごて

小さな子供にも安心して手渡せる

量販店や園芸店で出回っているプラスチック製の移植ごて。私はこれを便利に使っています。

値段は、三五〇円くらい、だったでしょうか。

これが意外と使い勝手がよく、小さな苗の根も傷つけず移植できますし、軽くて思ったより丈夫です。

かれこれ、この一本を五年ほど使っていますが、ヒビひとつ入りません。

使用後の手入れも簡単で、洗えば他の用途に使いまわしできます。

発酵飼料の簡単な撹拌や堆肥の取り分けなど、五十肩になって重いものを持って作業することが苦手な私でもラクラク作業がはかどります。

また、移植ごての先が鋭利でないので、小さな子供にも安心して手渡すことができる道具です。

二〇〇五年十二月号　ザ・農具列伝　軽くて丈夫　プラスチック製移植ごて

諸国鍬の図

摂州（摂津の国）西成郡のあたりで壌土に使う鍬（右）

同所で砂地に用いる鍬（左）

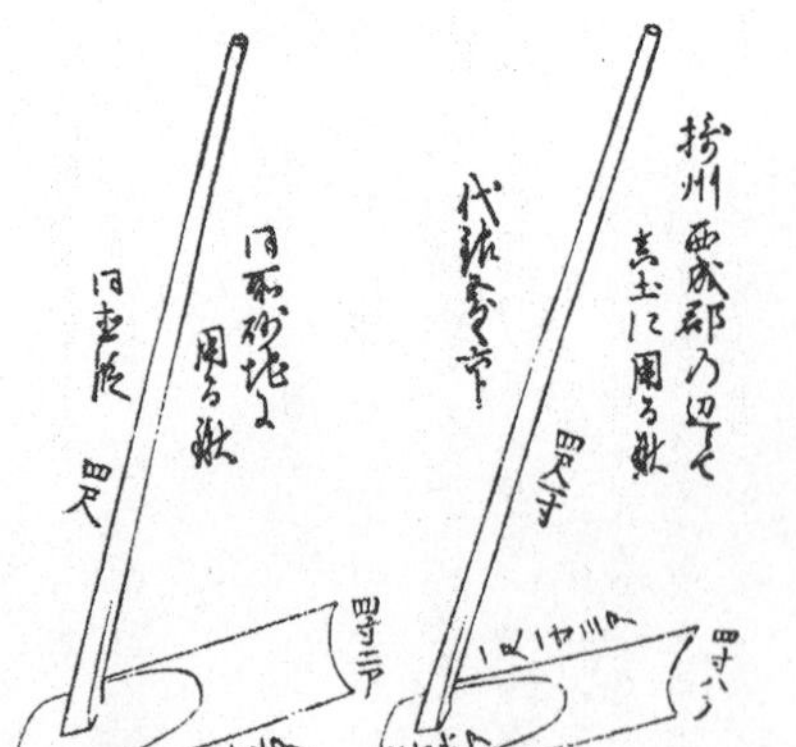

昭和五十二（一九七七）年、農文協発行の『日本農書全集十五』収録の「農具便利論」（大蔵永常著、文政五（一八二二）年発刊）から近世の農具を収録しました。

土を寄せる

八〇歳の母のお気に入り 狐と馬と雉…多機能鍬

大木義男　千葉県八日市場市

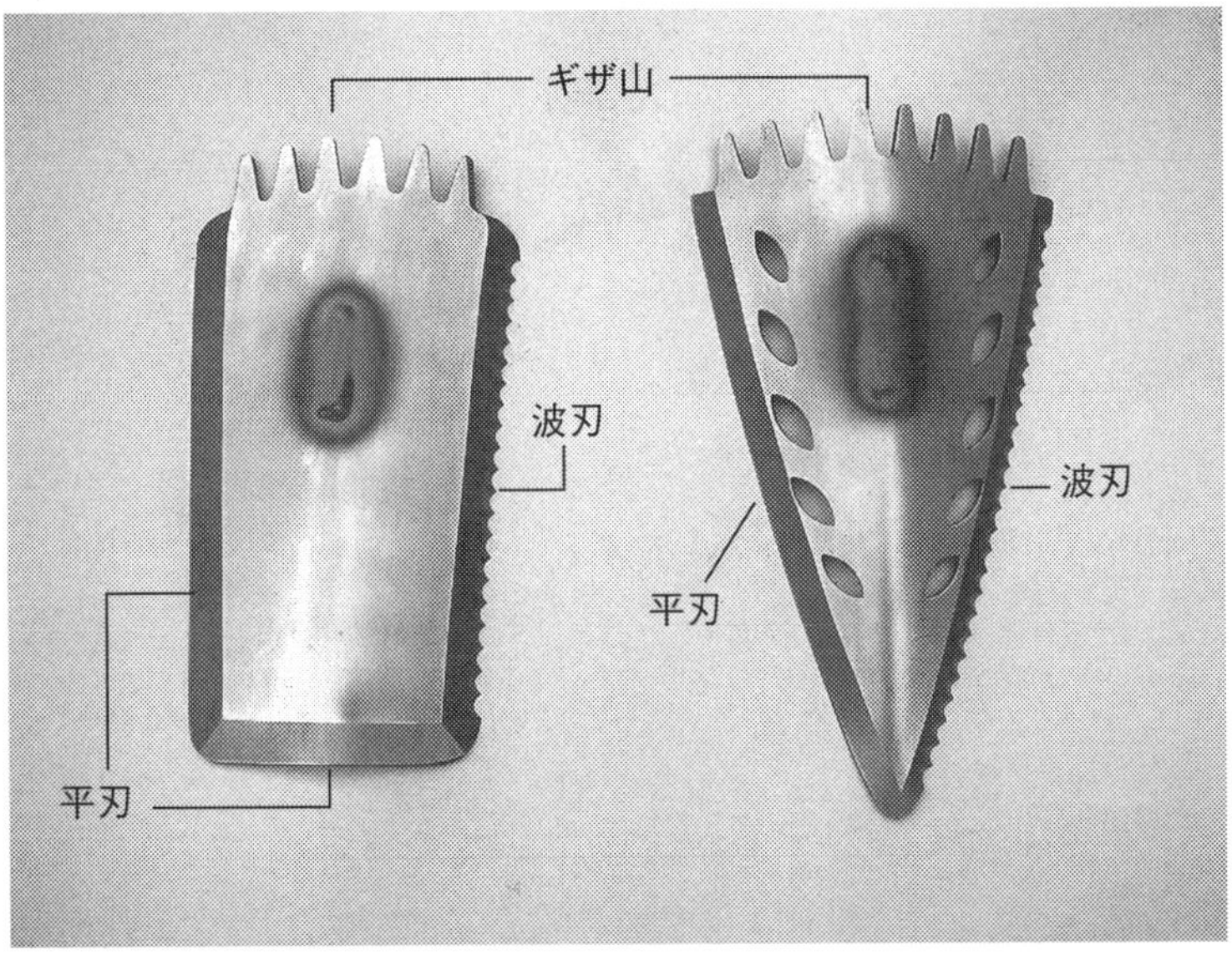

馬鍬（左）と狐鍬の刃。

私のお気に入りの農具は次の三点セットです。畑の管理作業に便利で、なくてはならない農具です。

狐鍬〈きつねくわ〉

先が三角形にとがっているため、細かい作業に使っている。私は「大」のサイズを、妻は「小」のサイズを使っています。

そのほか使ってよい点は、

①波刃が雑草の根を切るのに便利。

②平刃は、土をならすのと土寄せなどに使う。

③頭のギザギザは、草集め、中耕、土の塊ほぐしなどにもってこい。

④刃がステンレス、柄がアルミなのでさびにくい。畑に置き去りにしても平気。

⑤柄が長く、腰を曲げなくてもすむ。

馬鍬〈うまくわ〉

従来の日本鍬は先しか使わないが、この馬鍬は四面を有効に利用できてたいへん便利です。

狐鍬であげた①～⑤の特徴は、馬鍬にもあてはまります。

馬鍬一丁でも管理作業には十分に足りるのですが、使い慣れた狐鍬ともども愛用しています。

私は「大」サイズで、妻は「中」サイズ、母は「小」サイズと家族で使い分けています。母（八〇歳）は、馬鍬を使うようになってから畑に行く回数が増えました。

「農業は草との闘いだ。畑は雑草の固まりであり、耕すたびに雑草は芽を出す機会をうかがっている。『草を取る』という考え方では雑草は退治できない。雑草が芽を出す前にこらしめるのがいちばん。

それには、播種や定植のあとの雨上がりの晴天に、雑草がなくても地面をガリガリこするのがコツ」

これが母の口癖で、いつも聞かされています。そのおかげでわが家の畑には草が一本もありません。「義男。この鍬は良いのう」と、今日も畑へ出かけました。

雉爪。価格は5,000円くらい

雉爪〈きじつめ〉

最近、雑草退治専用の道具ができたと、近くの種苗店から見せられたのがこの雉爪です。さっそく購入してテストしてみました。通路などは狐鍬や馬鍬で用が足りますが、作物が植えてあるところは狭くて鍬では難しい。

その点、雉爪は人間の手のような形をしているので、細かいところまでガリガリこすれます。爪先は鋭く斜めにカットしてあるので、雑草の根を切るのにも便利です。

当然、この雉爪も母のものとなり、「義男。最近、人使いが荒くなった」といいながら、近くの農産物産直センターに野菜も出しています。

＊狐鍬・馬鍬・雉爪の製造販売元＝（株）槍木産業　千葉県山武市横田一〇六九―三二一　TEL〇四七五―八九―一四四四

二〇〇五年十二月号　ザ・農具列伝　狐と馬と雉…多機能鍬　80歳の母のお気に入り

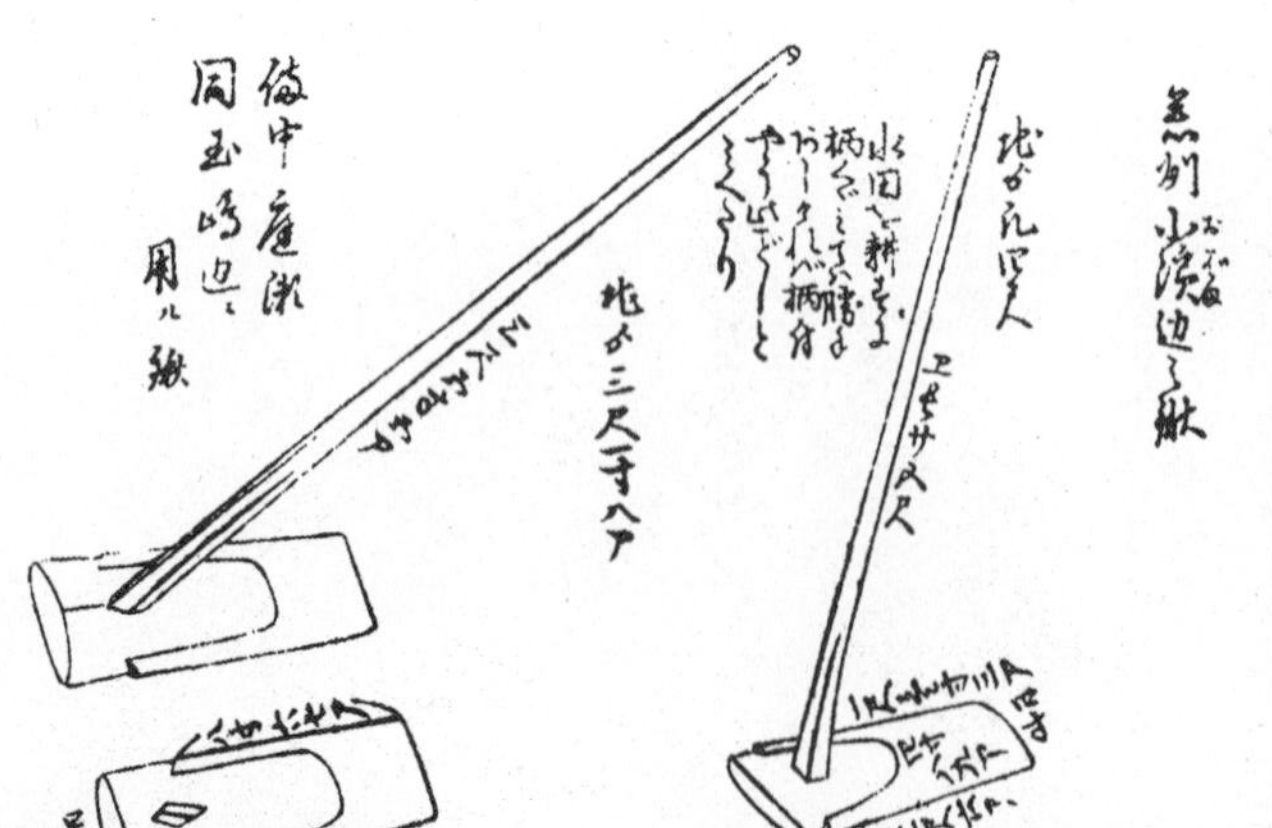

若州（若狭国）小浜辺の鍬。水田を耕すのに柄がぐくんでいては使いにくいので、柄の付け方をこのようにしたと思われる（右）。備中庭瀬、同じく玉島付近で用いられる鍬（左）

草を取る

草刈り・草取り 名人になる！
ベテラン農家おすすめの便利道具

山下正範　兵庫県姫路市

筆者（撮影　倉持正実）

「中農」の上くらいにはなったかな？

中国の古い言葉に「田んぼの草は水をもって制し、畑の草は火をもって制す」というのがあるそうです。また「上農は草を見ずして草を取り、中農は草を見て草を取り、下農は草を見て草を取らず」という言葉は有名ですね。

脱サラで百姓を始めて一五年、雑草とのつきあい方がだいぶ上手になったかなと思っています。

かけ出しのころはひどいものでした。雑草がまだ小さいうちは目に入らず、目に入っても見えていないんですね。そして、気づいたときには手に負えなくなっている。たとえば冬の雑草。根の張りが浅いうちに削っておけば苦労もないのに、春先になって大きくなり始めてから格闘しはじめることがよくありました。そのころになると根はしっかり深く張っていて、何倍も労力がかかるわけです。

夏の雑草も、梅雨前に処理しておけば、梅雨の晴れ間に表面の草を動かす程度ですみますが、それを怠るとひどい目にあいます。何度もジャングルのようにしてしまいました。下農の見本みたいなものです。

「それを思えば、中農の上くらいになっているかも」と自画自賛していると、後ろから奥方の声。

「うちくらい雑草の多い畑もめずらしいわ

よ。作物が健全に育てばいいので、草を目の敵にすることはないけどね」

秋作ニンジン・タマネギは太陽熱処理を組み合わせる

さて、そんなところに「現代農業」編集部から「除草道具について具体的に書きなさい」との注文です。

トウモロコシやダイズ、ジャガイモ、サトイモなどのように、初期生育が早かったり、土寄せが必要な作物は比較的簡単です。一輪管理機を走らせるとか、トンボや鋤簾〈じょれん〉、谷上げ鍬、三角鍬などで、ウネの肩や谷を削りながら土寄せして雑草を埋め込んでいけばいいのですから。

苦労するのは、ニンジンやネギ類のように、初期生育が遅く、油断すると雑草に負けてしまう作物です。

秋作のニンジンやタマネギ苗は、梅雨明けに太陽熱処理をして、雑草のタネを殺したウネに播種しています。元肥を入れて播種床を作り、透明のポリマルチをはって二〇日以上おくやりかたですが、ほとんど雑草は生えてきません。

ネギの場合は、一二八穴のセルトレイに、一穴約一〇粒ずつくらい適当にタネを落として育苗し、それを定植。トラクタのロータリで雑草をたたいたあとに植えるので、中耕除草器「たがやす」をコロコロ押してやるだけで、ふつうの年はいけます。

一月下旬播きニンジン専用の除草道具

ただ、一月下旬播きのトンネル栽培のニンジンは苦労します。岡山県総社市の香西達夫さんというニンジン作りのプロは、下の写真のような除草道具を考案しています。ペレット種子をすじ播きするので、条間をこの道具で削り、株元の雑草はその角の部分で削る。刃物のように毎日研ぐのでスパッと切れるそうです。

ぼくもニンジンは播種器で播きますが、モミガラ堆肥で二〇〇倍くらいに増量して、適当に散らばってくれという播き方なので整列していません。ウネ間をうまく削るというわけにはいかないのです。

香西さんに言わせると、ニンジンは発芽するが雑草は発芽しないという微妙な土の水分状態があるそうですが、トンネルの中はぬくぬくと湿りもたっぷりあるので、雑草がわんさと生えてきます。

そこで使っているのが、カッターナ

香西さんのニンジン除草器

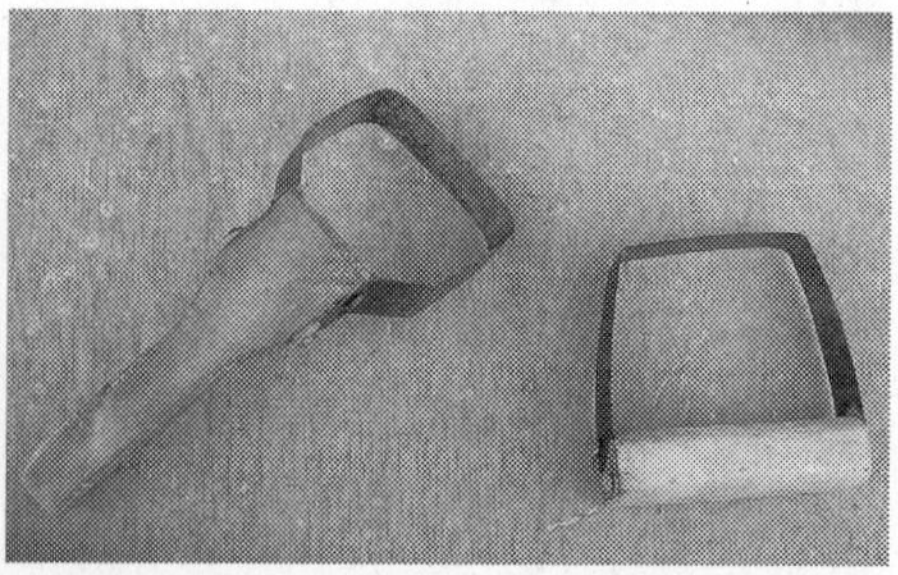

穴あきホーのような形に曲げた金属刃に木の取っ手を付けてある。条間は平らな部分で、株元は角の部分で削るニンジンの除草に利用

イフのオルファ社が売っている「スクレーパー」。これを手の爪代わりに、雑草を削り取っていきます。

このころの雑草は、トンネルの中でひ弱に育っており、根の張りも弱いので、土の表面を削るだけで、おもしろいように切れていきます。

ふだん愛用の除草道具、三種類

さてここからは、ぼくがふだん愛用している三種類の除草道具の説明になります。

一つは三角鍬。これはいちばん応用範囲が広いですね。中耕除草もできるし、株元の小さな雑草も削り取れる。溝切りも、土寄せもできます。その気になれば、これ一本でほとんどの用が足せるともいえます。この道具は皆さんなじみがあるので、くだくだしい説明はいらないでしょう。

残りの二つは、さきほどちょっと話題にした中耕除草器「たがやす」と穴あきホーです。三角鍬も含めて、これらを作物の生育状態や土の状態、お天気の具合、ぼくの気分などによって使い分けます。

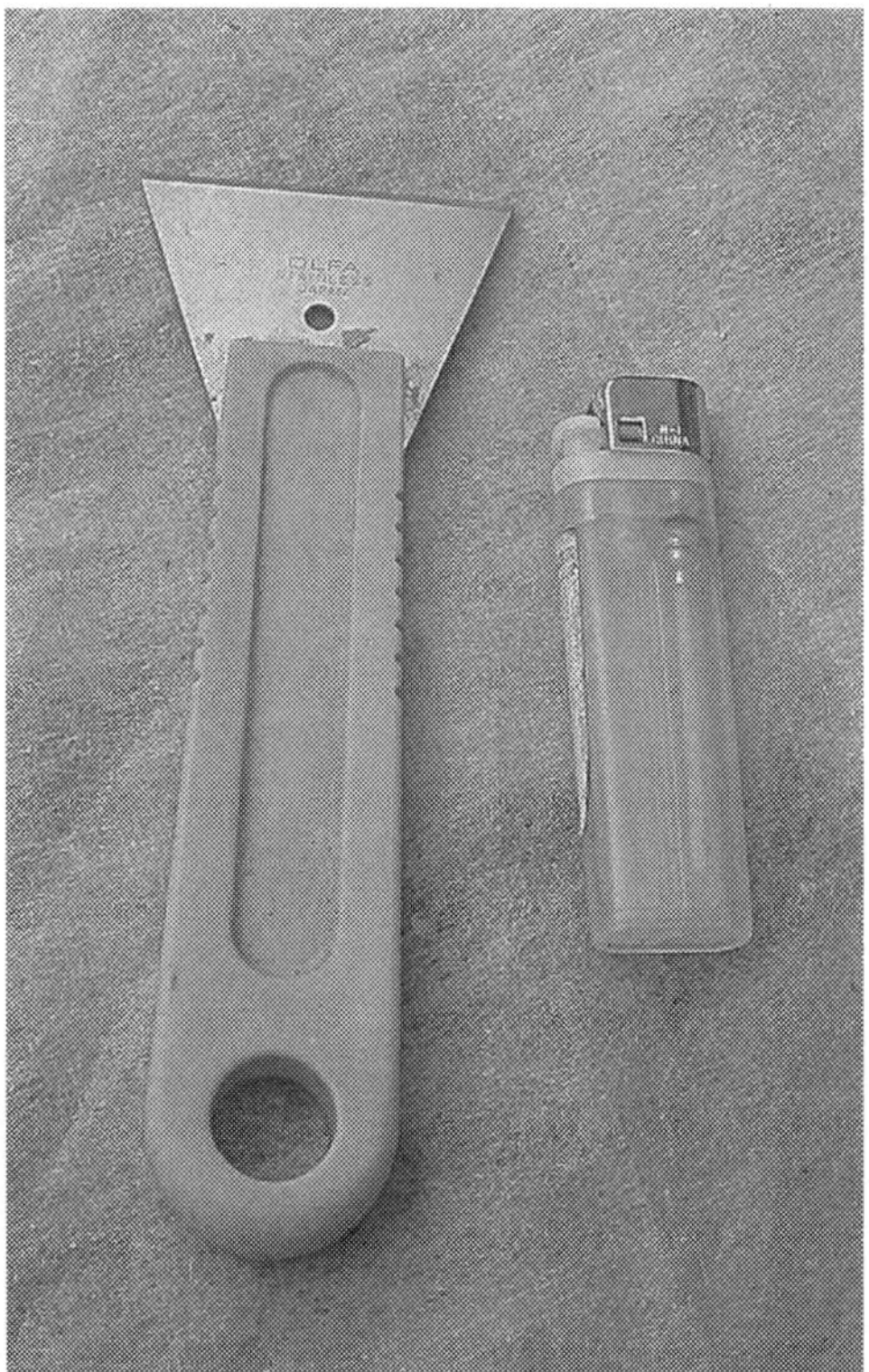

本来は汚れ落としなどに使うスクレーパーを利用

中耕も土寄せも可能―畑用中耕除草器

「たがやす」から解説してみましょう。

ダイコンやホウレンソウなどのタネをまいて、本葉一～二枚ごろになったら（あるいは、雑草が芽を切り始めたら）、株際に沿って「たがやす」を押します。

歯車のような形をした回転爪が土を攪拌し、芽を切ったばかりの雑草をたたき、土の表面を乾かします。

後部に小さな培土板がついているので、これを立てれば土寄せもできます。ダイコンなどは、この培土板で土寄せして、株元の小さな雑草を埋め込むことを期待することもあります。

また、施肥溝を作ったり、播種溝を切ったりすることもできます。

ただ、石が多い畑では、回転爪のあいだに石を噛んでロックしてしまうことが多いので、あまりおすすめできないかな。

土の表面を乾かして草を生やさない―穴あきホー

次に、中耕除草に一押しの優れもの「穴あきホー」です。故井原豊さんが、手作りで似

筆者愛用の除草道具のひとつ、穴あきホー（商品名けずっ太郎）。刃物のように雑草を根際から削り取り、土の表面が乾くので、草を生えにくくする効果もある。土を動かさないのでラクに使える ㈱ドウカン提供）

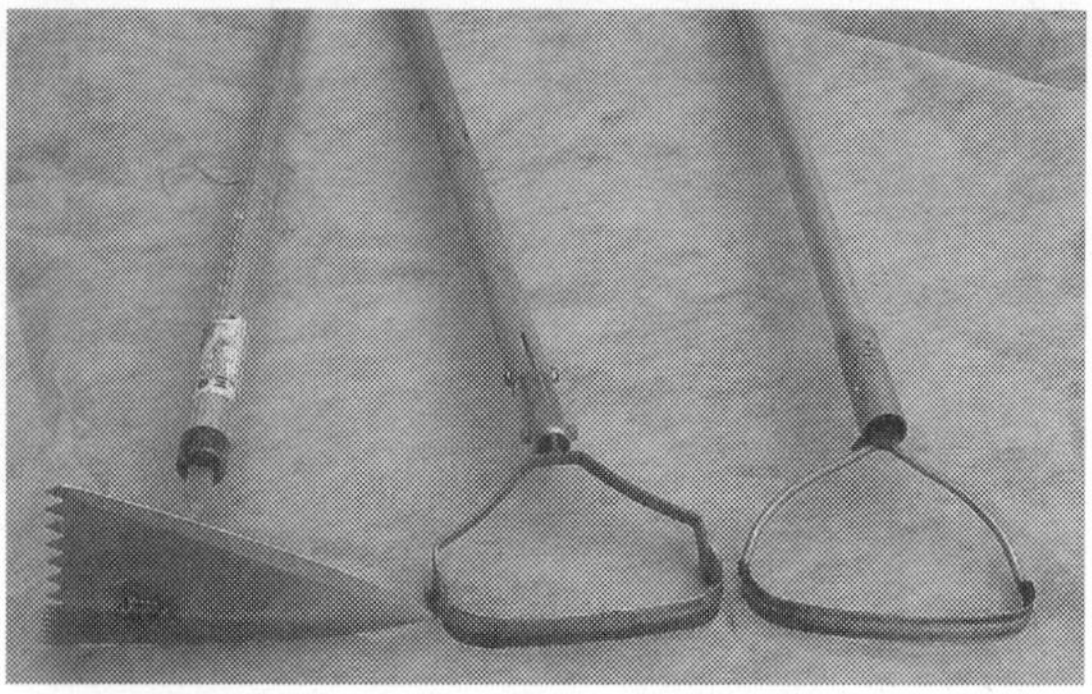

左から三角鍬、けずっ太郎（㈱ドウカン TEL 0794-82-5349）、Qホー（㈱キュウホー TEL 01562-5-5806）

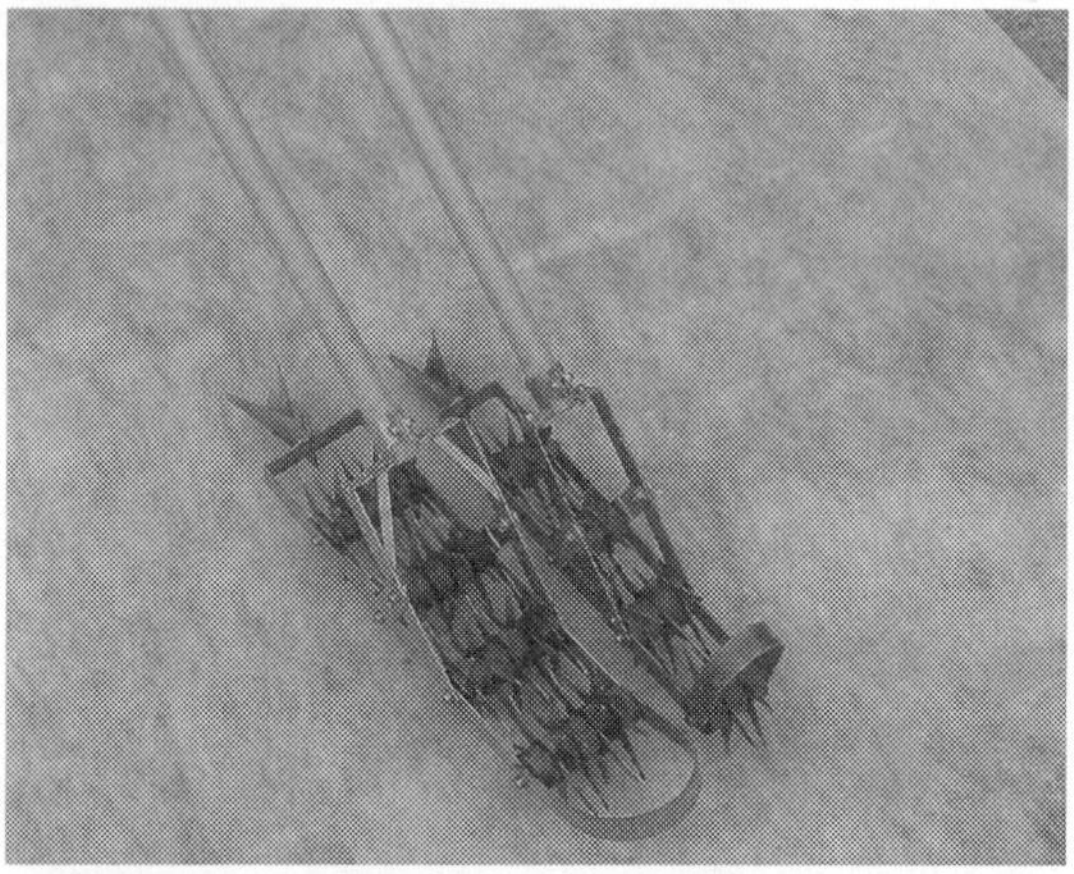

中耕除草器「たがやす」。横幅が8.6cm、10.8cm、13cmの3タイプあるうちの2つ。販売元は㈱向井工業 TEL 0729-99-2222

たような道具を使っていましたが（著書『家庭菜園びっくり教室』参照）、北海道の（株）キュウホーが同じ機能の道具「Qホー」を作っていると聞いて取り寄せました。また、その後、地元兵庫県の刃物メーカー（株）ドウカンが、同じような機能の「けずっ太郎」を発売したので、両方愛用しています。

この穴あきホーは、果菜・根菜・葉茎菜、ほとんどあらゆる作物の中耕除草に使っています。

土の表面を薄く削り取っていくような感じで使います。よく研いであれば、刃物に近い感じで雑草を根際から削り取っていく。

両端はアール（カーブ）になっているので、作物を傷めることも比較的少なくてすみます。

他の鍬類と違い、土を動かさないというのもこの道具の魅力のひとつです。土を動かさないので、力がいりません。表層を削ることによって、地下水との縁を切るので土の表面が乾き、雑草が生えにくくなります。

冒頭の「畑の草は火で制す」というのは、畑の草は土を乾かせば発芽しないということに通ずるんだなと、ぼくなりに理解しています。

けずっ太郎は一五cm幅くらいのひとサイ

ズのみですが、ＱホーにはＬＭＳの三サイズがあるので作物によって使い分けることができます。ただＱホーは付属の柄が軟らかくて、力を入れるとしなってしまい、疲れます。

刃だけ取り寄せて、柄はホームセンターなどで二二㎜のアルミパイプを購入して、自分で取りつけたほうがいいように思いました。

三つの道具の使い分け方

▼十二月播き不織布がけホウレンソウの株元は三角鍬で

では、以上三つの道具をどんなふうに使い分けるか。

たとえば十二月播きで三月に収穫するホウレンソウ。冬のあいだは小さな雑草（ホトケノザやハコベなど）に見えても、不織布をかけると収穫時期にはホウレンソウと競争するくらいになってしまいます。

播種器ですじ播きしてあるので、三角鍬の尖った刃を生かして株際までねらって除草。不織布をかけると、温度と湿りが確保されるからでしょう。雑草に勢いが出てくるように感じます。

▼地上部の生育が早い作物・作型は中耕除草器・穴あきホーでＯＫ

一方、十月播きのホウレンソウやコマツナなどは、雑草よりホウレンソウのほうが生育が早くて、収穫にもあまり邪魔になりません。そこでホウレンソウが小さいころに「たがやす」を株際にそって押し、条間は穴あきホーで処理することが多いです。

秋播きダイコンの場合も少しくらい根元に雑草が残っても、ダイコンの葉っぱの日陰になるので抑えられます。やっぱり、「たがやす」と穴あきホーの組み合わせでいきます。

キャベツ・ハクサイも冬に向かう作物で、雑草の勢いが落ちてくる時期に生育するので、穴あきホーで株間、条間を削って〝掃除〟すれば大丈夫。

昨秋のように雨続きだと困りますが、ふつうの天気だと土の表面が乾いてくる時期でもあるので、穴あきホー一回の処理ですむように思います。

同じように、レタス・サニーレタス・チンゲンサイなど上に大きくなる作物は、株際・根際の雑草がよほど多くて気になることがなければ、穴あきホー一本でいくことが多いですね。

気になる場所だけ、三角鍬を持ち出して処理します。

▼田んぼの除草にも穴あきホー

また、穴あきホーは、最近は田んぼでも使っているんです。除草剤を使わないイネ作りをしているので、田んぼによっては拾い草に入らないといけません。以前は、ヒエやオモダカを見つけたら、そこまで歩いていって抜き取っていたのですが、穴あきホーを如意棒のごとく二m四方に伸ばして雑草をかき取ります。

アゼ際から夜這い草（キシュウスズメノヒエ）が伸びて困ることも多いのですが、これにも穴あきホー。田んぼに入って手で引き抜かなくても、アゼの上から切り取って引き上げられるようになりました。

夏のウネ間除草にゴムシート

最後にもうひとつ、蛇足のおまけ。夏の果菜類は栽培期間が長いし、雑草の勢いがいちばん盛んな時期です。

黒マルチで被覆しますが、谷間にはびっしり草が生えて困ります。そこでぼくは、五〇㎝×一〇ｍの厚手のゴムシートを谷間に置いています。

直射日光の熱を吸収したゴムシートの下

の雑草は、一〇日ほどでとろけて消えてしまいます。草が消えたらゴムシートをずるずる引きずって、隣の場所に移す。夏のあいだ中、八枚のゴムシートをずるずる引っ張り回しています。

最近では防草シートがあるので、それを張っておいてもいいですね。

（兵庫県姫路市　http://www.geocities.jp/yamasitanouen/）

二〇〇五年五月号　草刈り・草取り名人になる！　畑の除草におすすめ便利道具と使い方　野菜畑の草と上手につきあう

草を取る

「中耕くわ」作物を傷つけない門型の除草具

編集部

下刃を使っている状態

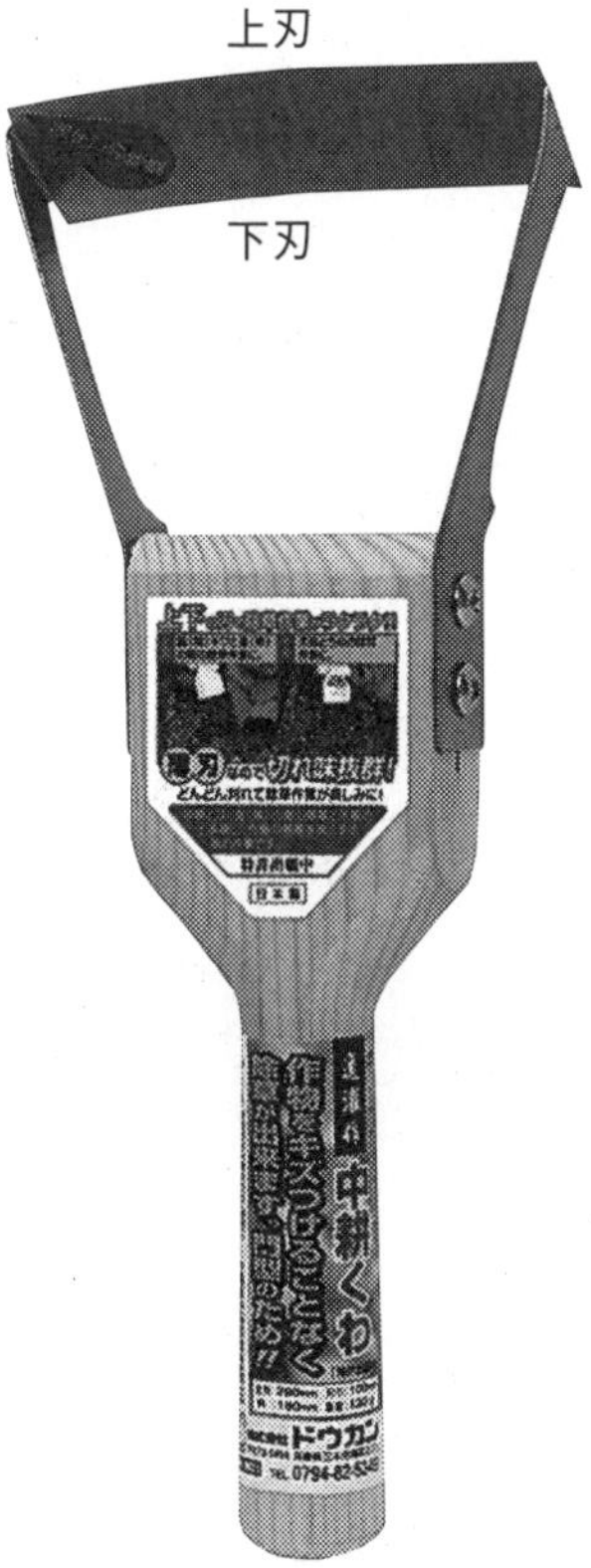

中耕くわ

作物を傷つけることなく除草できる門型の除草具「中耕くわ」。刃と取っ手だけのシンプルな構造だ。

上刃で株際と株のあいだの除草、下刃でウネの除草作業や中耕をする、というように使い分ける。

刃部は、刃物用特殊鋼を全身焼き入れ加工してあり丈夫で長もちする。全長二六〇㎜、刃幅一〇〇㎜、刃厚一㎜、重量一三〇g。

（製造販売：（株）ドウカン　兵庫県三木市鳥町二七一　TEL〇七九四—八二—五三四九）

二〇〇八年四月号　生涯現役の味方　小さい田畑で役立つ便利農機具　新タイプ除草具

草を取る

草取りカギカマ
漁具製造の知恵をいかして根ごと取る

熊谷鈴男　熊谷鉄工所

わたしの本業は漁具を製造する鍛冶屋です。おもにアワビカギやカキむき用のナイフを製造しています。アワビカギもカキナイフも、折れないこと、曲がらないこと、さらにカキナイフは切れ味も兼ね備えないと利用者に背を向けられることになります。焼き入れがほかの刃物より極端に難しいのです。

この「草取りカギカマ」には、こうしたわたしのこれまでの仕事の経験が大きく役立っ

草取りカギカマ。切れ味が良いうえ、独特の波目刃によって草を根ごと引き抜くことも可能。（特許申請中）

石垣の際の草も取れる

草取りカギカマの使い方

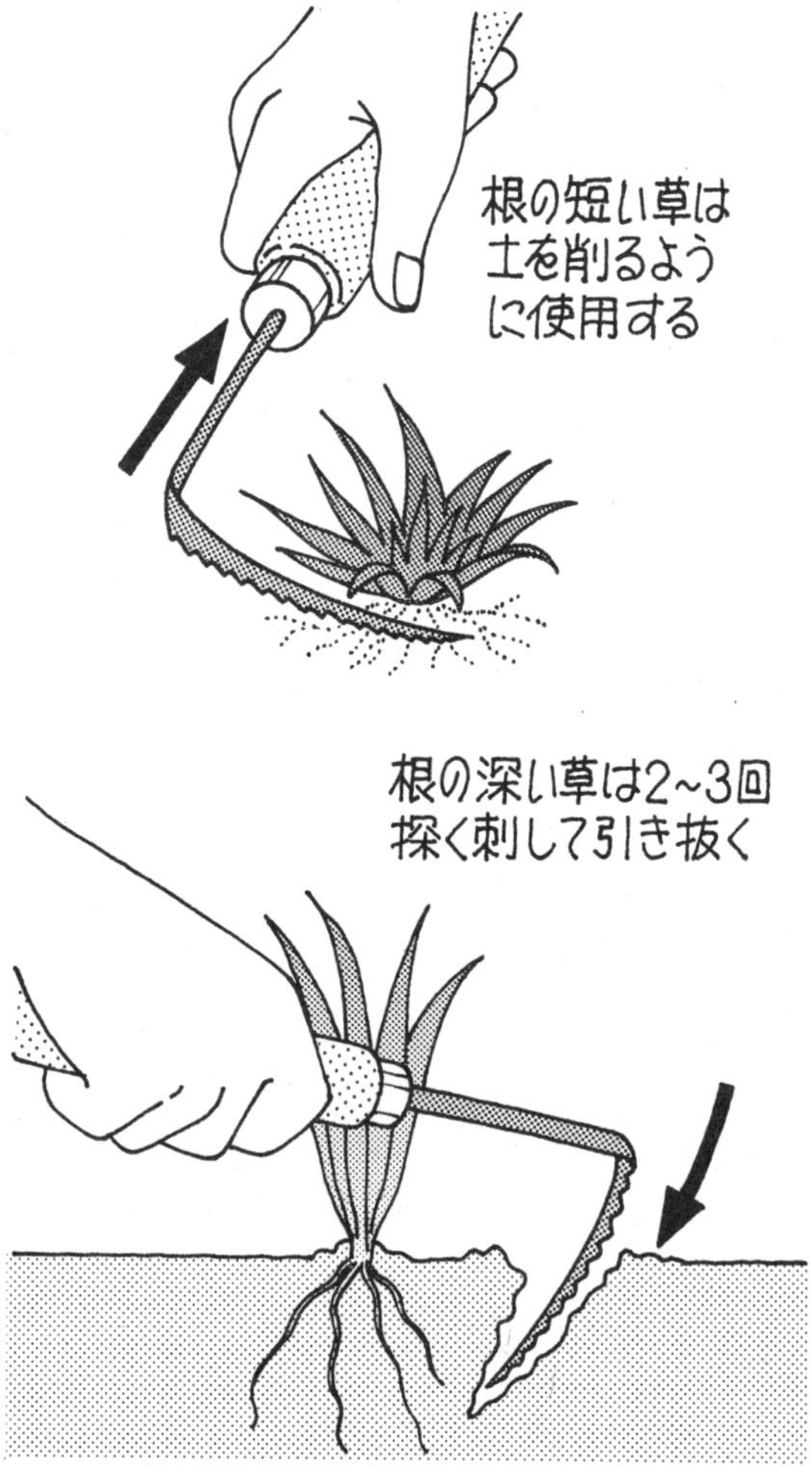

ています。

ほかの草取り鎌との最大の違いは、刃板部が狭く湾曲し、窓付きの波目刃であることです。そのため、土への刺さりが抜群で、根の深い草も簡単に取ることができます。

根の短い草は、土を削るように使うと根が浮き上がっておもしろいように草が取れます。根の深い草は、二〜三回深く刺して引き抜くと、波目刃が草の根に食い込むようになるので簡単に抜けます。

ほかの鎌は草の根を切ってしまい、根が土のなかに残るので、そこからふたたび草が生えてきます。その点、わたしの鎌は根ごと取ることを目的に考案したものなので心配ありません。

石垣の際や溝、砂利のあいだなどの狭いところに生えた草にも対応できます。一度使った方は、ほかの鎌は使えないと言っています。

（岩手県大船渡市三陸町綾里字大明神一三
ＴＥＬ・ＦＡＸ〇一九二―四二―三〇七六）

二〇〇五年三月号　畑の草取り　ラクにする機械・道具　草取りカギカマ

草を取る

野口式万能両刃鎌

立って作業、左右の刃を自在に使う

野口廣男・(有)野口鍛冶店　埼玉県菖蒲町

柄の長さは120cm。立ったまま作業できる。ちょっとした鍬の代わりにもなる

除草剤が普及していなかった昭和三十年代の末、農家から相談を受けた先代・三代目社長の野口孝一は、「ラクにも能率的に草削りができる道具を作りたい」との執念で日々努力を重ね、この両刃鎌の開発に取り組みました。

鍬の全面に鋼をつけて先端を尖らせ、内側に浅い折れ目をつけるのは難しい作業です。熱膨張率の違う金属どうしが張り合わされるので、鋼に焼きを入れる際にどうしてもひずみ、ゆがみが出ます。それを解決する技術を開発するのは容易なことではありませんでした。

そして試行錯誤の末、完全焼き入れ、焼き戻しを実現し、鋼の切れ味、粘りをもたせることに成功しました。「野口式万能両刃鎌」の誕生です。

長年、愛用のナシ農家の感想です。

「ふつうの草削りだと、ただ刃を手前に引くだけ。ところがこの両刃鎌だと、先が尖っているから細かいところまで手が届く。二つの刃を交互に使えて長持ちする。ちょっとした鍬代わりにもなる。それに、なんといっても切れ味抜群。除草剤をいっさい使わないわが家としては、両刃鎌が頼りになります」

それまでなかった画期的な道具であるだけ

に、類似品も多く出回るようになりました。しかし三〇年以上たった今も他の追随を許さず、農家の皆様に愛用いただいています。

（埼玉県南埼玉郡菖蒲町三箇七六〇―一　TEL〇四八〇―八五―〇四二二　FAX〇四八〇―八五―〇四二二　http://www.noguchi-kajiten.co.jp/）

二〇〇五年三月号　畑の草取り　ラクにする機械・道具　野口式万能両刃鎌

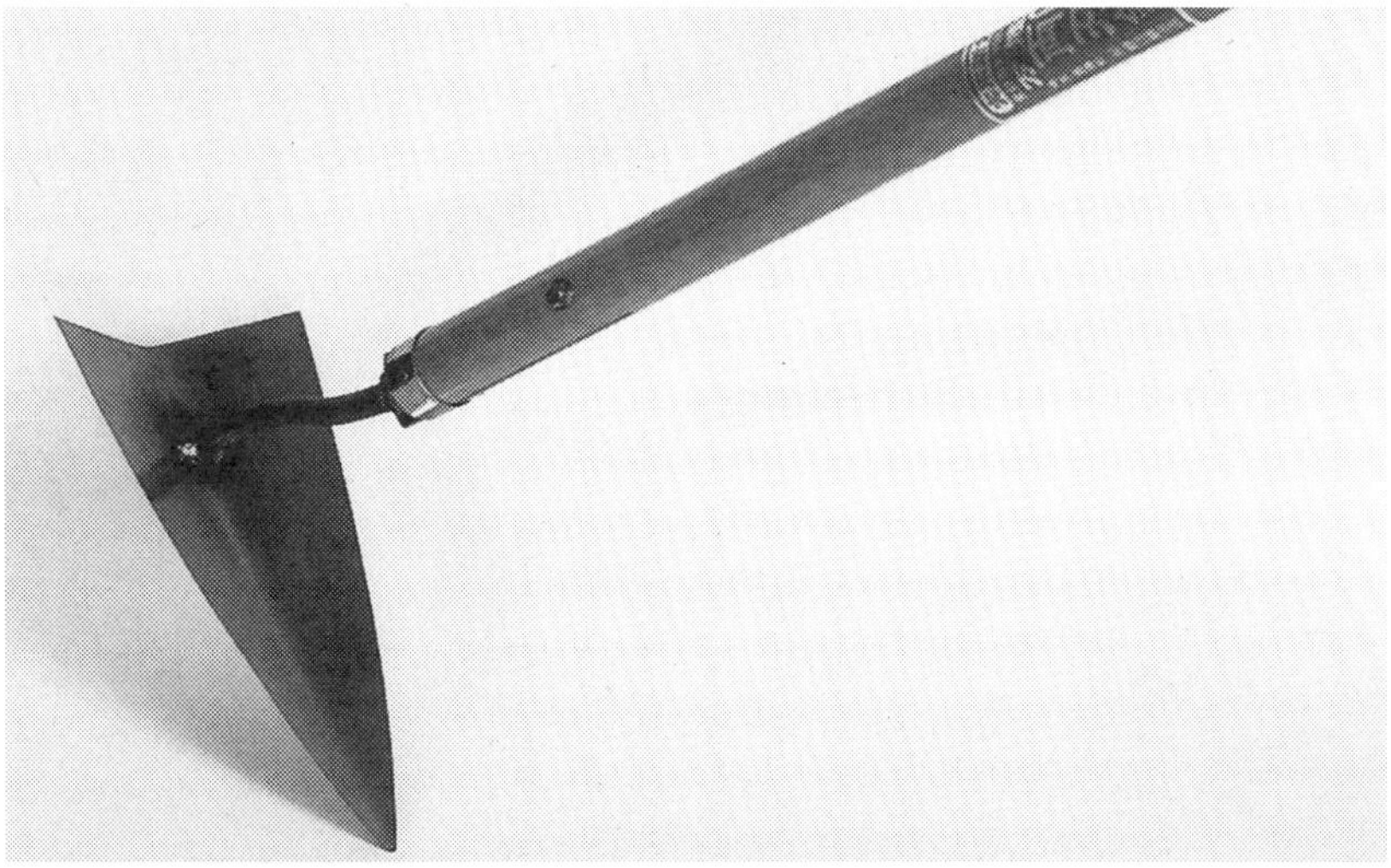

刃を斜めに引くように使うと、よりラクに切れる

野口式万能両刃鎌。両側に刃がついているので左右自在に使える。
（実用新案登録）

備中鍬と総称されるもの。田を耕起するための道具。「備中」といわれているもの、国によって形がちがう。それぞれ図示した。

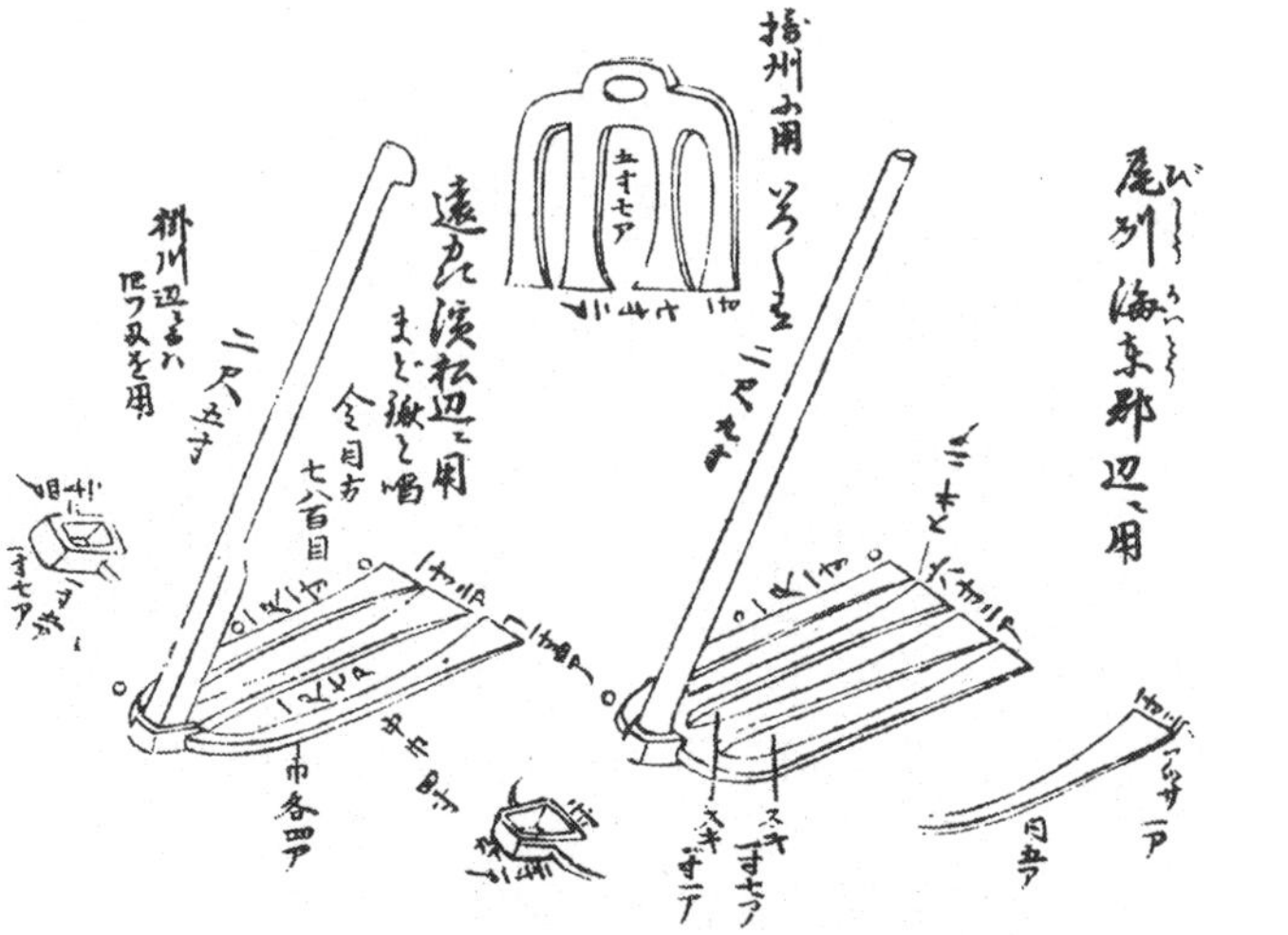

尾州海東郡の辺りで用いられる（右）。摂州で用いられる（中上）。遠州浜松辺で用いられる。窓鍬という（左）。

草を取る

除草道具「けずっ太郎」マルチや農作物を傷つけずに除草

岡島正造　兵庫県三木市

金物の町「三木」で生まれた弊社製品の「けずっ太郎」は、茨城県のある農家の方にアイデアをいただき、畑の除草道具として開発しました。ハサミ製造メーカーである弊社の特徴を生かした軽くてよく切れる除草鍬です。

最近は、除草剤を使わない無農薬栽培に取り組む農家が増えています。しかし一方では、農家の高齢化が進んでおり、とくに暑い夏場の除草作業はたいへんです。除草の重労働を少しでもラクにできる道具、そして、畑のウネを覆うマルチや農作物を傷つけずに除草できる道具を目標にしてきました。

開発の過程では、最適な柄部角度の研究や、レーキ代わりに付ける鋸刃、薄い刃物をゆがめずに行なう熱処理工程、丈夫で軽量かつ曲がっていない木柄の確保、薄く刃付けをするための機械の開発などの課題が山積していました。多くの方々の助言をいただきながら、課題をひとつひとつ解決してきました。

こうして生まれた「けずっ太郎」は、使えば使うほど手になじむ除草鍬です。汗をかいても滑りにくいよう、天然素材の木柄を付けました。また、経済性を考慮して替刃式を採用しています。

全長一四六cm（柄一三五cm）、刃幅一七cmで重量は七七〇g。ほかに刃幅の狭いスリムタイプもあります。ご使用いただいたお客様からは、使いやすさ、切れ味のよさがたいへん好評です。

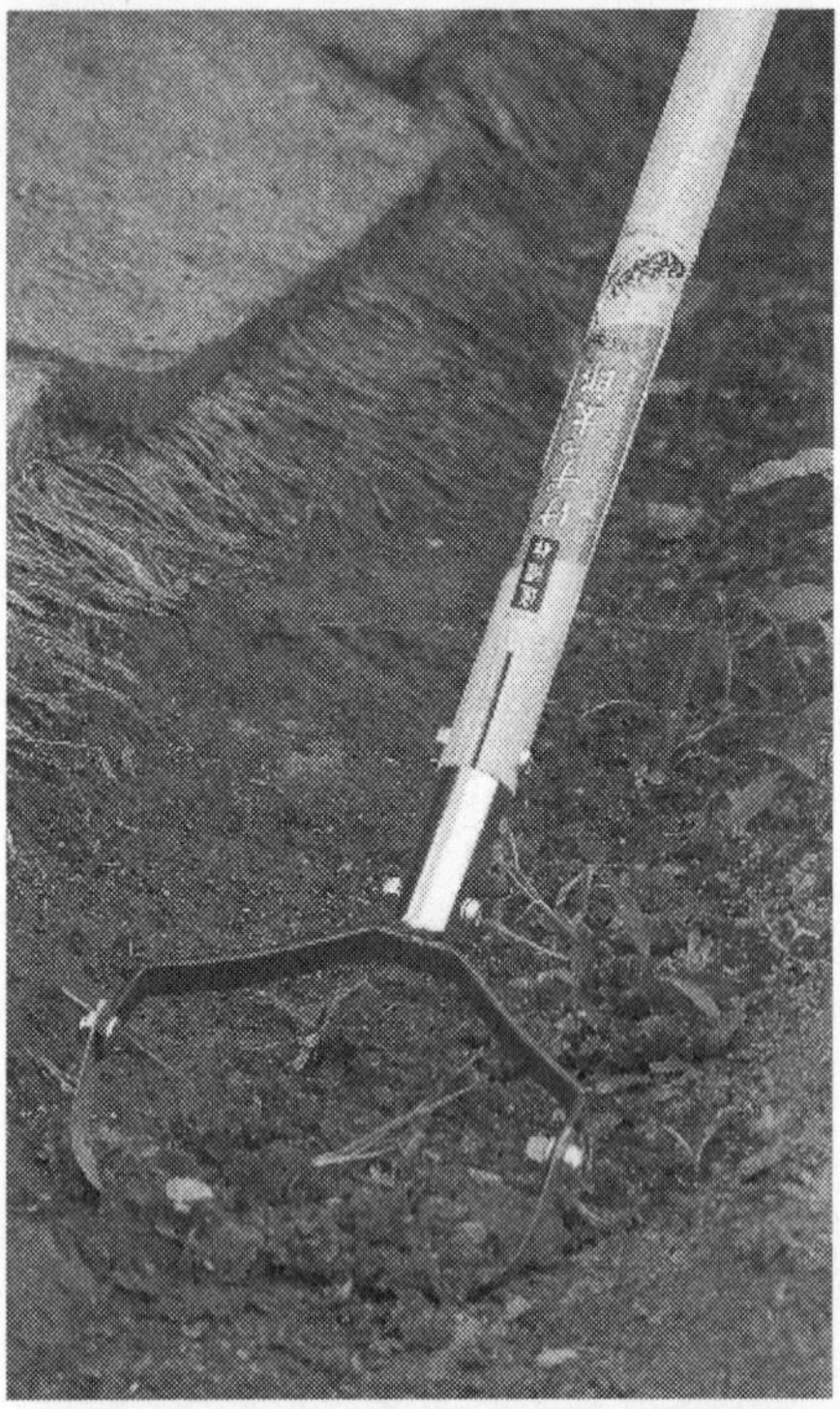

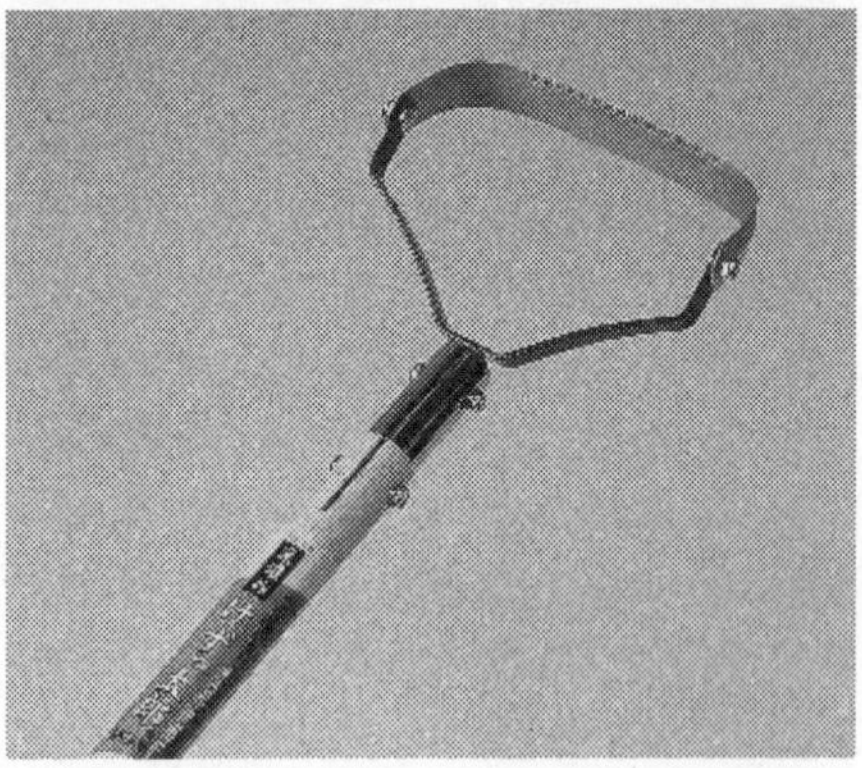

けずっ太郎。マルチや農作物を傷つけない、角が丸みをおびた「アール刃」が特徴。片側がノコギリ刃になっている。（意匠登録済）

二〇〇五年三月号　畑の草取り　ラクにする機械・道具　けずっ太郎

草を取る

大鎌で草刈り　刈り払い機より速い！　安全！　気持ちいい

小川　光　福島県喜多方市

（撮影　赤松富仁、以下も）

刈り払い機より速い!?

私は草刈りに、刈り払い機（草刈り機）ではなく、大鎌を使っています。

これは、ハウス周囲の草を刈る時、

・らせん杭にぶつかる
・マイカ線を切る
・針金がからみつく

といった事故を防ぐためです。

そのほかに、

・大嫌いな排気ガスを吸い込みたくない
・石を跳ね飛ばして失明したくない
・ガソリンやオイルを入れるのが面倒だし金もかかる
・冬季の保管が悪いと、使うときに修理しないと使えない
・音がうるさい
・高い所のクズや枝落としがやりにくい

など、いろいろな理由があります。

こうして大鎌を使って来ましたが、私は野球でいえば「右投げ左打ち」のため、普通の使い方ではどうしてもうまく刈れず、刃を外側に払うような刈り方を続けてきました。

この方法でも、慣れれば力も入りますし、速さでは負けません。

ある年、集会場一杯に生えたヒメジョオンを、刈り払い機の人と同時に刈り始めたら、終わった時には私が七割以上を刈っていました。

左利き用の大鎌、感激の使いやすさ

昨年八月、村人足の帰りにぼんやりして大鎌を紛失してしまったため、新たなものを買おうと金物屋に行ったら、偶然にも左用大鎌（刃が反対向きについている）が倉庫にありました。

刃を包んでいる新聞紙は何と「昭和六十一年」。桑田が巨人新入団選手として紹介されています。二一年間も倉庫に眠っていたのです！

さっそく使ってみると、これはすごい！地際からきれいに刈れるし、疲れない。

それまで右利き用を使っていたときは、細かい作業、たとえばハウス際でらせん杭を避けながら刈るとか、土手に咲いているヤマユリを残して刈りたいときなどは神経が要りました。それに、地際から刈れずに切り株が高くなってしまいがちでした。

そんなことも、もうありません。こんないいものがあるのに、みんなはなぜ刈り払い機を使っているのか理解に苦しむ……と思いました。

左打ち、右打ちの両方の大鎌を手に持つ筆者

早朝草刈り、選び刈りが得意

一般に刈り払い機が大鎌に代わって使われるようになった背景には、メヒシバのような比較的軟らかいイネ科の草を、日中、地表近くで刈り取るには、大鎌より適しているということがあると思います。

草は日中しなっており、大鎌ではうまく刈れません。しかし、イネ科の草は生長点が地際にあり、葉だけ刈ってもすぐ再生してきます。

大鎌なら逆に、刃先で根元をえぐり取ることもできます。

また、刈り払い機を使う場合は、草は種類によらず、すべて刈り取ることを前提にしています。

大鎌を使う場合、早朝に草刈りをすることが必要となります。

また、草の種類を見分けて、メヒシバのような有害雑草のみを刈り取り、悪い草を抑える役割を果たす他の草は刈らないようにすれ

左打ち用の大鎌（左）と、右利き用の大鎌。右の鎌の形は、ナタのように、かん木をたたき切るのに向いている

ば、草の種類が改善され、短期間で草刈りが不要の草種に変わってゆきます。

たとえば、ヨモギやヨメナ（野菊）を残すようにすると、宿根草なので根が土をしっかり押さえて土壌浸食をくい止め、天敵の住処となって害虫被害がなくなり、マルハナバチも野生して花粉を交配してくれます。

伸びすぎたら踏み倒せばよく、鎌はいりません。

大鎌で、地球を守る

近年、町の鍛冶屋さんは激減し、鍬や鎌を作る人がいなくなりました。ホームセンターに行けば大量生産のステンレス鎌とともに、従来型の大鎌も出回っていますが、消費量が少なくコストが高くつく左用は販売していません。

もちろん、刈り払い機の普及がその前提にあります。しかし機械も右利き用に作られているため、左打ちの人はやはり不便を強いられています。

刈り払い機が畦畔の植物相に影響を与え、根が浅いイネ科植物を増やす結果となり、畦畔崩落や、水田に侵入する厄介な草の増加を促していると言えないでしょうか。

大鎌を使うことにより、自然の生態系を活用して豊かな農業を再生したいものです。もちろん、ガソリンの高騰から財布を守ることや、健康、そして地球温暖化防止にもつながりますし。

二〇〇八年八月号　刈払い機より速い！　安全！　気持ちいい　大鎌で草刈り　ガソリンゼロ

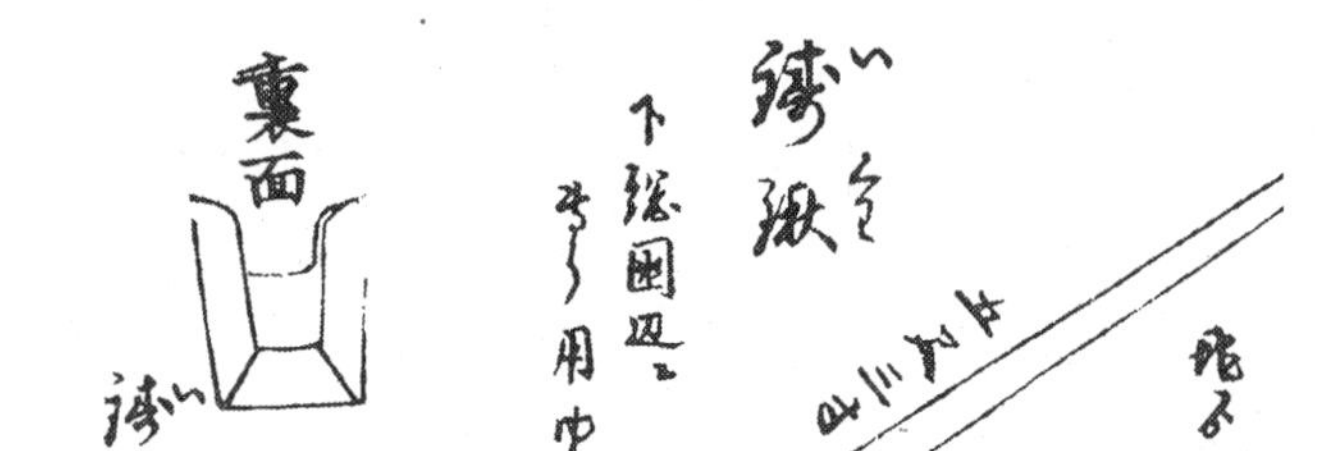

鋳鍬（いくわ）　下総周辺で用いられる。

草を取る

キク切り専門鎌
立ったままでねらった一本が切れる

河合清治さん　愛知県田原市　編集部

河合さんと同様、田原市の松嶋菊次さんもキク鎌を愛用。120cmくらいあるキクの根元を立ったままスパッスパッと切る

キクを収穫する専用の鎌がある。柄は長くて、柄の先に長さ五cm、幅二〜三cmくらいのコンパクトな刃がついている。

これを使うと、立ったままでも一二〇cmくらいはあるキクの根元をスパッスパッと切れる。

「この鎌が出始めたのは、一五年くらい前だったかなー、いや、もっと前だったかなー」

「なにせ、この鎌が出るまでは、しゃがみながらせん定バサミでやっていたから、革命的なことだったよ」というのは愛知県渥美半島のキクつくり名人の河合清治さん。

立ちっぱなしで収穫できるだけでなく、刃が小さいので、林立したキクを、自分が切りたいものだけ選びながら、切ることもできるのだ。

「ヒエ切り鎌」が原型!?

昔は田んぼに生えている雑草のヒエを切る専用の「ヒエ切り鎌」というものがあったそうだ。

針金でできた長い柄の先にちょこっと刃が付いており、大切に育ててきたイネを切らないように、イナ株の間にスーッと入れて、ヒエだけを切れるようにと考えてつくられたものだという。

おそらく、この鎌をヒントにつくられたのが、いま使われているキク専用の鎌ではないかな、と河合さん。

立ったままで草を切るのに適した鎌でもある。

切りたい菊を片手で持ち、もう片方の手に持った鎌を株元に引っかけて切る

渥美のキク産地で愛用されている二種類の鎌

いま渥美のキク産地で使われているキクの収穫専用鎌は主に二種類あって、ひとつはアルミの柄でできたもの。もうひとつは木の柄のもの。これはメーカーの違いだが、どちらも値段は同じだそうだ。

刃のもとがネジ式になっていて、使えなくなったら交換できる

アルミのほうが若干軽くて細いのだが、使い勝手のよさは、使う人によってそれぞれの様子。

「いまは日本全国のキク農家が、このどちらかの鎌を使っているんじゃないかな」とのこと。

刃だけ交換できるので管理もラクちん

キクを切ると、キクの灰汁（汁）が刃についてきて、切れ味が悪くなるので、だいたい一作（一ハウス）ごとに刃を研ぐ人が多いようだ。ハウスが多い人は一年間に何回も研ぐことになる。

研ぎすぎて、もう使いものにならなくなったら、刃の部分だけ交換できるようになっているので、新しく買い換える必要もない。河合さんの場合は、刃は一年に一回くらい交換するという。

◆アルミの柄（七〇cm・八〇cm）は替え刃式で、製造・販売は（株）金広商店（愛知県田原市）　TEL〇五三一―三二―一二一八

◆木の柄（七〇cm・八〇cm）は替え刃式で、製造・販売は藤参打刃物（兵庫県三木市）TEL〇七九四―八二―三六八八

二〇〇五年十二月　ザ・農具列伝　キク切り専門鎌
狙った一本を立ったまま切れる

草を取る

「打ち抜き器」でダンボールマルチづくり

苗木の根元の草を抑える

鈴木高示　静岡県富士市

このような器具でダンボールを放射状に打ち抜く

切り込みを入れて苗木の根元に取り付ける

果樹や庭木の苗木の根元に生える雑草には、草刈り機も近づけられず、除草剤も散布しづらく、苦労します。

そこで、身近にたくさんある古ダンボール紙をマルチに使うことを思いつき、そのために便利なダンボール打ち抜き器を考案しました。

まず、打ち抜き器を使って、石のない平地で、ダンボールを上から放射状に打ち抜きます。

ダンボールの一片をカッターで切り、それを苗木の根元に取り付けます。

これで根元の雑草が簡単に抑えることができます。そして、ダンボールは分解して土にかえすことができます。

ダンボール打ち抜き器は左の図のようなもので、近くの鉄工所などで作ってもらうといいでしょう。

二〇〇六年五月号　果樹園の草刈りをラクにする道具・機械　苗木株元の草にダンボールマルチ、そして「ダンボール打ち抜き器」

ダンボール打ち抜き器

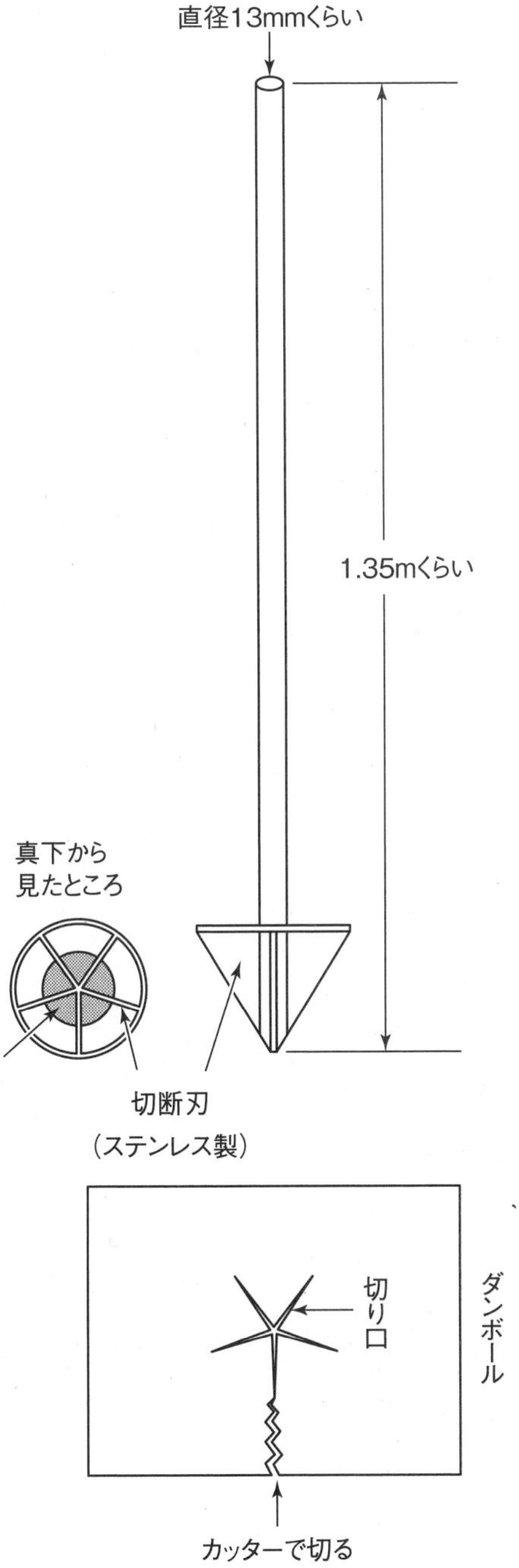
直径13mmくらい
1.35mくらい
真下から見たところ
鉄板
切断刃
（ステンレス製）
切り口
ダンボール
カッターで切る

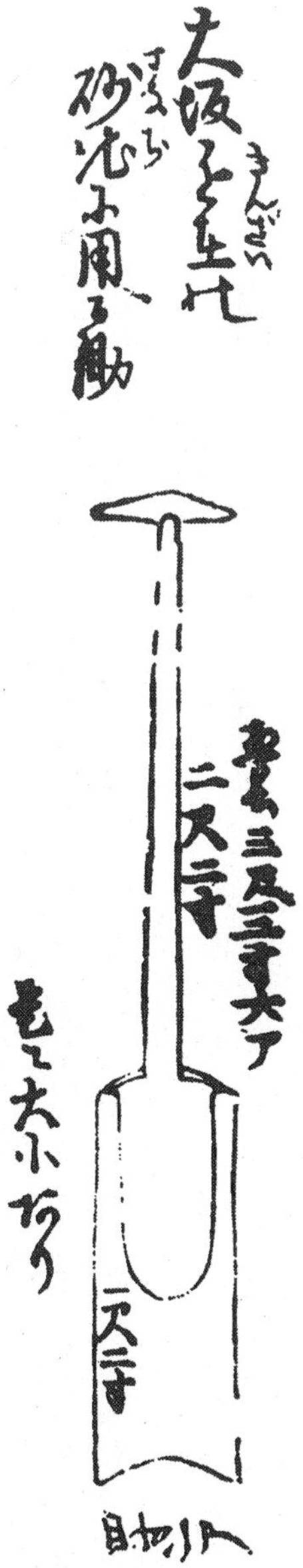

大坂近在の砂地に用いる鋤（すき）。大きさに大小がある。

草を取る

土手の草刈りをラクにするスベリ止め道具

長野県野沢温泉村　編集部

片足につけた「土手楽」のおかげで身体が水平に保ててらくち～ん（写真はいずれも瑞針電機製作所提供）

土手の草刈りをラクにする、スベリ止めの道具が長野県でちょっとしたブームになっている。

斜面で草刈りがらくちんにできる、カンジキのような靴を野沢温泉村の手先の器用な人がつくったのだという。

「斜面ではまっすぐに立っているのが大変だけど、これを履くと踏ん張りがきいてラクに立っていられるよ」

近所にも評判で、五～六軒に配って喜ばれているという。

これはちょっとスゴそうだ。一体どんなものなのか聞いてみると――。

「長靴の下に履く鉄製のゲタのようなもので、土踏まずの側には短い刃が、土踏まずの反対側には長い刃がついていて、これを谷側の足だけに履く。穴の開いた小さいベルトのようなもので足のかかとと甲部分を二か所で固定できて…」。

うーん、目の前に実物がないと実感がわかない。そう思っていると

「似たようなものを農協で売ってるみたいだよ」という。

そこでＪＡ北信州みゆきに頼んでパンフ

レットを送ってもらった。

それが写真の「土手楽」だ。たしかに話してくれたものとよく似ているし、斜面でもこれなら身体を斜面でも水平に保つことができてラクになりそうだ。

＊「土手楽」のお問い合わせは瑞針電機製作所＝長野県飯山市　TEL0120―56―4539。
または（株）麻場＝長野県長野市　TEL0262―41―0206

「土手楽」（意匠・商標登録済）

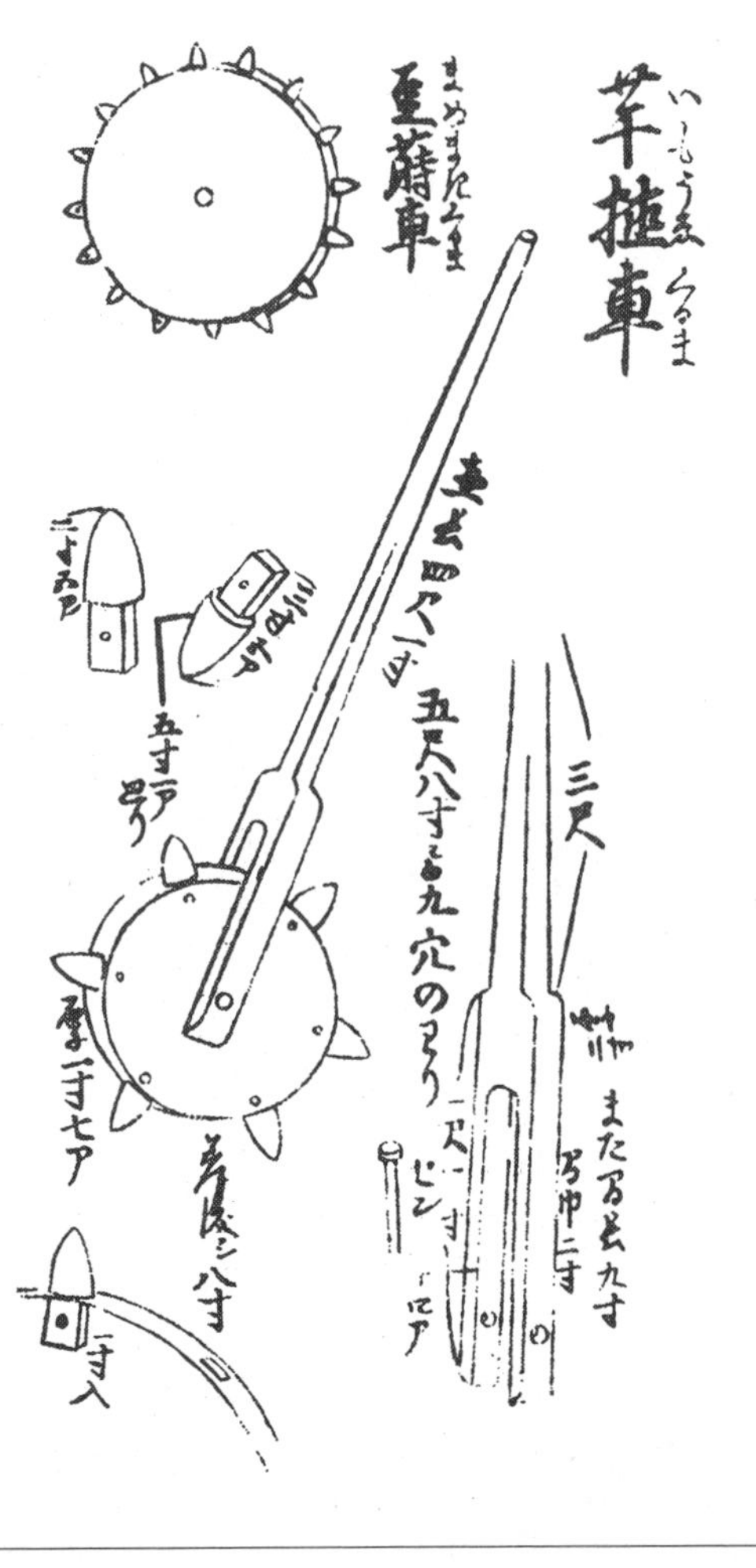

芋植車（いもうえくるま）・豆蒔車（まめまきくるま）

二〇〇五年五月号　草刈り・草取り　名人になる！
土手の草刈りをラクにするスベリ止め道具　アゼ草刈りをラクにする道具・機械

草を取る

土手の草刈りの刈り落とし法

室井雅子　栃木県那須塩原市

筆者。「マイ農具」の数々に囲まれて（撮影　倉持正実、以下も）

昔、母ちゃんたちは土手の草を手刈りした

大学での四年間、馬術部に入っていた私は、授業はそっちのけで乗馬と馬の世話に明け暮れていました。草が伸びてくる頃になると、馬に食べさせるため毎日のように鎌を持って草刈りに出かけたものです。そんなこともあって、草刈りや鎌の研ぎ方には多少の自信がありました。

しかし農家に嫁いで、いざ草刈りに田んぼへ出てみると、刈らなければならない草は想像を絶する量でした。汗をかきかき鎌を振り回してみても、午前中いっぱいかかって一〇〇mの土手一本を刈るのがやっと。その間、切れなくなった鎌を何度研いだことでしょう。

ところがうちのおばあちゃん、私より力はないはずなのに、サクサクと気持ちがいいほどリズムに乗って、あっという間に私の倍は刈っているではありませんか。長年の経験にはかなわないなあと思いました。

とはいっても、手でやる草刈りでは全部の土手を刈るのにいったい何日かかるのやら……。ため息が漏れました。

今でこそ、田んぼの土手を手で草刈りする人は見かけなくなりました。でも私が嫁いだ三〇年近く前は、草刈り機（刈り払い機）はあったものの重くて使いづらく、農家のお母ちゃんはみんな鎌を持って手刈りしたのです。

ほろ苦、草刈り機デビュー

手刈りが下手な私は、なんとかもっと効率よく刈る方法はないものかと常々考えていました。で、あるとき、重い草刈り機を持ち出して使ってみようと決心したのです。

思いついたらまっしぐら。倉庫の奥から機械を持ち出し、使い方もわからないままサッサと軽トラックへ載せ、いざ出陣。エンジンがなんとかかかると、あとは見よう見まね。ベルトに頭を通し、機械を背負って刈り始めました。

なるほど、草はおもしろいように切れます。しかし刈り方のコツがわかっていない私は、草刈り機を振り回しながら土手の草を刈り散らかしていました。しかも、そのうち刃がブルンブルンと振れだし、ガタガタと機械が揺れ始め、とうとう草刈り機の丸い刃が、ネジもろともぶっ飛んでしまったではありませんか。

刃を留めるネジがゆるんでいたのでしょう。私は、散乱した部品を泥の中から探し集め、恐る恐る主人のもとへ機械を持っていきました。

「バカタレ！　ケガをしたらどうするんだ。ちゃんと使い方を聞いてから行け」

と叱られました。

忘れもしません。これが私の草刈り機による草刈りデビューでした。

これは、ふつうの草刈りのやり方。草刈り機本体は軽くなったとはいえ、下から上へ草をかき上げるように刈るのは腰にきつい。ラクにやるには次ページを！

最近の機械はエンジン始動が簡単

何事も経験です。何度も使ううちにうまく刈れるようにはなってきました。しかし問題が一つ。当時の草刈り機は、しばらく使わないでいると、いざエンジンをかけようと思ったときになかなかかからなかったのです。夏の暑い日差しの中、何度ヒモを引いてもダメ。鼻の頭からは汗がポタポタ流れ落ち、エンジンをかけるまでにグッタリ。それが、主人に手伝ってもらうと一発でかかったりするのですから不思議。私は、草刈り機に嫌われているのではないかしら、と思ったものでした。

腰への負担が少なくてすむ「室井流」草刈り

①まず、土手のスソ部分だけを刈り上げる。土手の上からでもやれるんですが、わかりやすいよう、田んぼに下りてやってみました

②土手の上面、そして法面の大部分（先に刈ったスソ以外）は、上から下へ刈り落とすように刈っていく

③田んぼの中にまったく落ちないとはいきませんが、刈り落とした草が浮いたような感じで法面に止まっているのがわかるでしょうか。最初にスソを刈った草がストッパーになっているんです

その点、最近は、どの草刈り機メーカーからも、軽く数回ヒモを引くだけでエンジンのかかるタイプが出回っています（メーカーによって、Kスタート、ファインスタート、EZスタート、iスタートなどと呼ばれています）。機械自体も、昔に比べるとだいぶ軽くなりました。

「刈り落とし法」考案、しかし…

さて、私にとってはもう一つ問題がありました。これは土手草の刈り方に関わることです。

たいていの人がそうだと思いますが、私も以前は、まず土手の頭を先に刈り、それからサイド（法面部分）の草をかき上げて、土手の頭に草をためていくやり方でした。

しかしこの、かき上げながら刈るというのは、腰にかなりの負担がかかるのです。歳とともに、草刈りをすると腰痛に悩まされるようになってきました。とくに伸びすぎた草を刈るときは、頭を刈って刈り落としたようになった草も含めてかき上げるのですから相当な重さです。女性にはかなり辛いものがあります。

そこで私は、「刈り落とし法」というのを思いつきました。田んぼに落ちる草を気にせず、サイドを上から下へ向けて刈るのです。田植えしたイネが小さい頃は刈った草が被さってしまうのでできませんでしたが、ある程度イネが育ってくれれば大丈夫だろうと試してみました。

土手の頭はスッキリするし、体もラク。こんなにいい方法は他にないと満足して仕事を終えました。ところが、秋になってとんでもないことになってしまったのです。刈り落とした草が緑肥になり、土手際のイネが肥えすぎてイモチ病が発生してしまったのです。

「余計なことをするからだ」

また主人に叱られてしまいました。

まずスソを刈ってストッパーに

でもラクに刈れるし、土手の頭はスッキリだし、この方法、あきらめきれません。要は、刈った草を田んぼに落とさなければいいのです。そこで考えたのは、まず最初に土手の下側のスソ部分を少しだけ刈り上げたらどうだろうということでした。

実際にやってみると、刈った草は量が少ないので田んぼに滑り落ちずに土手に残ります。しかもうまい具合に、次に土手の頭から草を刈り落としていったとき、これがストッパーになる。刈った草が土手のサイドにそのまま止まってくれるのです。

刈り跡は土手のサイドが草でマルチされたようになります。おかげでその後、草が生えにくくなるし、土手の頭には草が残らないので、じつにスッキリしてきれい。刈った草を外へ運び出す必要もありません。

この刈り方を始めて三年。最初にスソを刈るときはちょっと手間がかかりますが、腰への負担はかなり軽くなりました。腰に自信のない方は、一度試してみてください。

じつは草刈り大好きです

草刈りは暑い夏の辛い仕事ですが、刈った跡を振り向けば、その辛い思いが吹っ飛ぶくらいすきっとした土手がそこにあります。田んぼをわたってくる涼風を感じながら、きれいになった土手を眺める。この達成感は、草刈りでしか味わえないものではないでしょうか。だから私は草刈りが大好きです。

二〇〇四年八月号　マイ農具　女だからこそ上手に使おう機械・道具（4）　草刈り機の巻

草を取る

鉄製のフォークと熊手

年をとるとこんな農具が便利

荒川睦子　富山県南砺市

とっても便利な熊手とフォーク

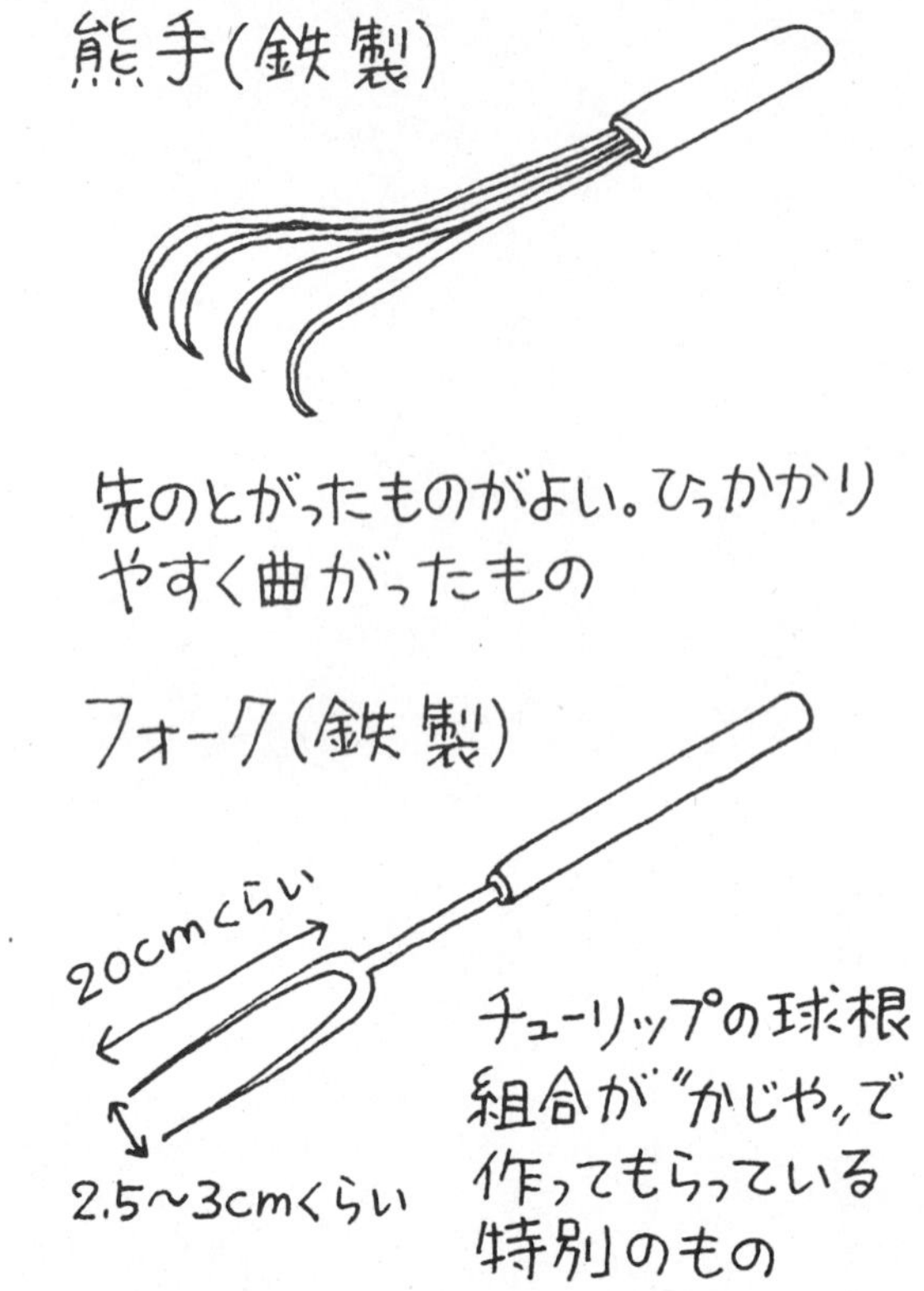
熊手(鉄製)
先のとがったものがよい。ひっかかりやすく曲がったもの
フォーク(鉄製)
20cmくらい
2.5〜3cmくらい
チューリップの球根組合が"かじや"で作ってもらっている特別のもの

私の使っている農具で熊手のような小道具があります。ホームセンターで数百円。土を耕したり、ひっかいて草を取ったり、溝を作ったり。

年をとると鍬使いが辛くなり、この熊手で作業をします。収穫の終わったところから次の作物を播いたり植えたりにとても重宝しています。

わが家の不耕起栽培のウネはいつもフカフカなので作業がやりやすく、熊手で十分です。雨上がりに草の株を引っかけて引っ張ると、草取りも楽にできます。

もう一つ便利なのは、二本歯のフォーク。歯の長さは二〇cmくらいあったほうが使いやすい。これは球根掘り取り用のもので値段は三〇〇〇円はします。

植え穴掘りや根菜掘り、支柱立ての穴掘りネギの収穫などに重宝しています。

腰には、ポケットのたくさんついたエプロンをさげ、カッターやハサミ、それからヒモ、野菜の種袋などいろいろ入れていれば、少しの時間で急に思いついての作業が即座にできます。

二〇〇三年七月号　年をとるとこんな農具が便利

草を取る

畑用の株ぎわ除草機「くるくる・ポー」

（株）美善

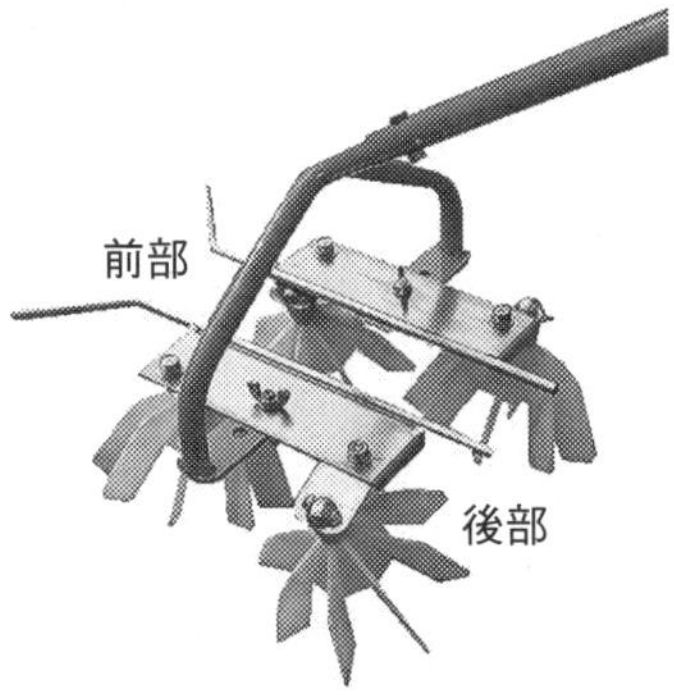

前部と後部の2対の羽根が反対側に傾いている

くるくる・ポー

畑用株ぎわ除草機「くるくる・ポー」は、前後一対ずつ付いた羽根が回転して、株元の草まで除草します。

前側の羽根は内傾、後ろ側の羽根は外傾しており、前側で作物の株もとの雑草を外側にはきだし、後ろ側で雑草を内側に掻き寄せる作用をして除草します。

前後の回転羽根を入れ替えることにより、その反対の作用を引き出すことも可能になります。

羽根どうしの間隔、すなわち株を挟む間隔は、作物の生長にあわせて、三段階に調整可能。工具は必要ありません。柄は、作業者の体形に合わせて、上下二段階の調整が可能です。

従来のこうした除草機は、押す一方の使い方でした。しかし、本機は押したり引いたりできるため、多少根が張った草でも除草可能です。

ただし効率的に除草するには、早め早めの作業をお勧めします。

また、土は乾燥して細かく砕土されているのが理想的。

その状態でマメに使うのが、除草効果を高めるための最大のポイントです。

平ウネで栽培する作物でしたら、どのような作物でも使用可能です。

（山形県酒田市両羽町九—二〇　TEL〇二三四—二三—七一三五）

二〇〇七年八月号　草刈りをラクにする便利器具・機械　畑用株ぎわ除草機　くるくる・ポー

鳥・虫・風から守る

鳥も風も防ぐ
―イチジクの防虫ネット

松宮榮昭　山口県岩国市

私はブドウ（雨よけ）三〇ａとイチジク（蓬莱柿）七ａを栽培しています。昨年（二〇〇四年）は台風一八号による強風のため、ブドウは三〇〇房程度が落果しました。さらに台風後の豪雨で圃場が冠水し、ヨーロッパ種を中心に裂果が多発し、多くの不良房が発生しました。

イチジクでも成木一六本中一〇本の主幹が裂け、相当の被害となりました。しかし、園の上部に防鳥ネットを、周囲に防虫ネットを張った園では被害が少なく、防虫ネットは強風に対して思いのほか効果のあることがわかりました。

もともと当地はカラスの食害が多く、当初は目合い三〇㎜の防鳥ネットを園の上部に張り巡らしました。しかし、防鳥ネットでカラスは防げますが、風が吹くとゴミなどが頻繁に引っかかり、それらを取り除くのが大変でした（ヘビが引っかかった圃場もあります）。

そこで、樹へのカミキリムシの害や果実への夜蛾類の害を防ぐ必要もあって、昨年から園の上部に防鳥ネットを張り、四方を目合い四㎜の防虫ネットで囲んでいた結果、防鳥ネットでは防げなかった強風が防虫ネットで防げたのです。そんなことから、今年は上部も防虫ネットを張ることにしました。

松宮ブドウ園のイチジク防虫ネット栽培

枝裂けを防ぐH型補強

直径48.6mmの鋼管パイプを使ったH型補強のおかげで、強風でもイチジクの主幹は裂けない

二〇〇五年八月号　台風に負けないための１００の知恵　イチジク防虫ネットは鳥も風も防ぐ　これからはまるごとネット栽培！

鳥・虫・風から守る

縫い糸を張り渡してカラス害がゼロ

青木俊輔

二〇種以上の野菜を作って直売所に出している魚沼市の横山ミツさん。トウモロコシやスイカなどにはカラス除けが欠かせません。

最初はスズメ除けの銀色テープを張ってみましたが、効きめなし。黒いビニール袋をぶら下げてもやっぱりダメ。

ホトホト困って試しに木綿の縫い糸を張ってみたら、なんと被害がまったくなくなりました。

糸は細いほどよく、縫い糸がなければミシン糸でも大丈夫。張り方も自由。ウネの両端に支柱を立てて一直線に張ってもいいし、斜めに張ったり交差させてもよし。

とにかく作物の近くに張っておきさえすれば、カラスは絡まるのを嫌がるのか寄ってこないようです。

カラスもよっぽど困ったのか、去年はついに無防備だったナスまで襲われました。でも縫い糸を張ったら途端に襲われなくなったそうです。

二〇〇八年八月号　新潟から　縫い糸でカラス害ゼロ

鳥・虫・風から守る

秋のタネまきはコオロギとの闘い！

ペットボトルで対抗

大坪夕希栄　岐阜県下呂市

今年は、大きなペットボトルを切った「コオロギガード」でハクサイを守ろうと思います

八月中旬から九月いっぱいまでのタネまきは、いかにコオロギから野菜を守るかが大事です。ハクサイも直まきが一番いいと思いますが、以前、コオロギにやられて全滅したこともあるので、予備としてポットにもまいておきます。ポットのほうは移植すると生育が遅くなるので、盆前と早めにまきます。直まきのほうはちょうどお盆頃にまきます。

この間、本屋さんで『五年目で達成わたしの有機無農薬栽培』という本（久保英範著・一四〇〇円・農文協）をチラッと立ち読みをしていたら、ペットボトルを利用してコオロギを退治する方法が書いてありました（図）。

一L以上のペットボトルを切って、タネをまいたところに差し込んでおくと、コオロギを防ぐことができるらしいです。さっそくオクラのタネまきのときに試してみました。

オクラのタネもまいたあとに鎮圧します。一升ビンの底で鎮圧しておくのですが、ペットボトルを土に押し込むときにタネのまわりの土が動いてしまいました。できるだけ大きなペットボトル（焼酎など三L以上のもの）のほうが、土に押し込んでも土が動かず、いいような気がします。

また、コオロギが飛び込まないくらいの高さが必要ですから、土の中に押し込むぶんを考えると、できるだけ長く切ったほうがよいと思います。今は秋野菜にそなえ、せっせとペットボトルを集めています。

二〇〇四年八月号　畑は小さくてもアイデアいっぱい（8）　秋のタネまきはコオロギとの闘い？ペットボトルで対抗

モグラ退治

私の手作りモグラ捕り器
二年で四三匹退治！

松沼憲治　茨城県古河市

手作りの竹製モグラ捕獲器。このように入り口はフタが外に出ないようになっている

市販品を参考に、廃品を使って

近頃、モグラが急に増えたことに気づきました。モグラのエサになるミミズが多いのでしょうか。

モグラによる被害は宅地ではとくにありませんが、植え込み、築山、池の周り、芝生などに朝、モリモリとした土が数か所あるのが気になります。

ビニールハウスでの被害は抑制キュウリの草丈が一mから一・八mになる八月末頃、朝、キュウリの根元にモリモリと地中を歩いた跡があります。そうやって根を切られると暑い日中、キュウリがしおれるので困ります。

そこで「モグラを追い払うよりは、退治することが後々のためかな」と思い、捕ることにしたのです。

私の家には三種類のモグラ捕り器があり、一つ目はモグラを挟み込むタイプ、二つ目は上から刺すタイプ、三つ目は捕り器に誘い込むタイプで、いずれも市販品です。

このうち、三つ目のタイプは「管の捕り器ならば家で作れる」と思い、手作りすることにしました。

家や作業場など、建物の樋の下し管の廃品ポリパイプ（直径五～六cm）を、長さ一八～二〇cmに切り、約二mmの穴を左右に一個ずつ空けます。そこに針金を通し、薄いブリキ板（缶詰のフタなど）を使って入り口のフタを作りました。

入り口からフタを押し上げて入ったモグラは、先に進むとフタが戻って逆には開きません。モグラがバックしては出られない仕組みです。

モグラ捕り器のしくみ

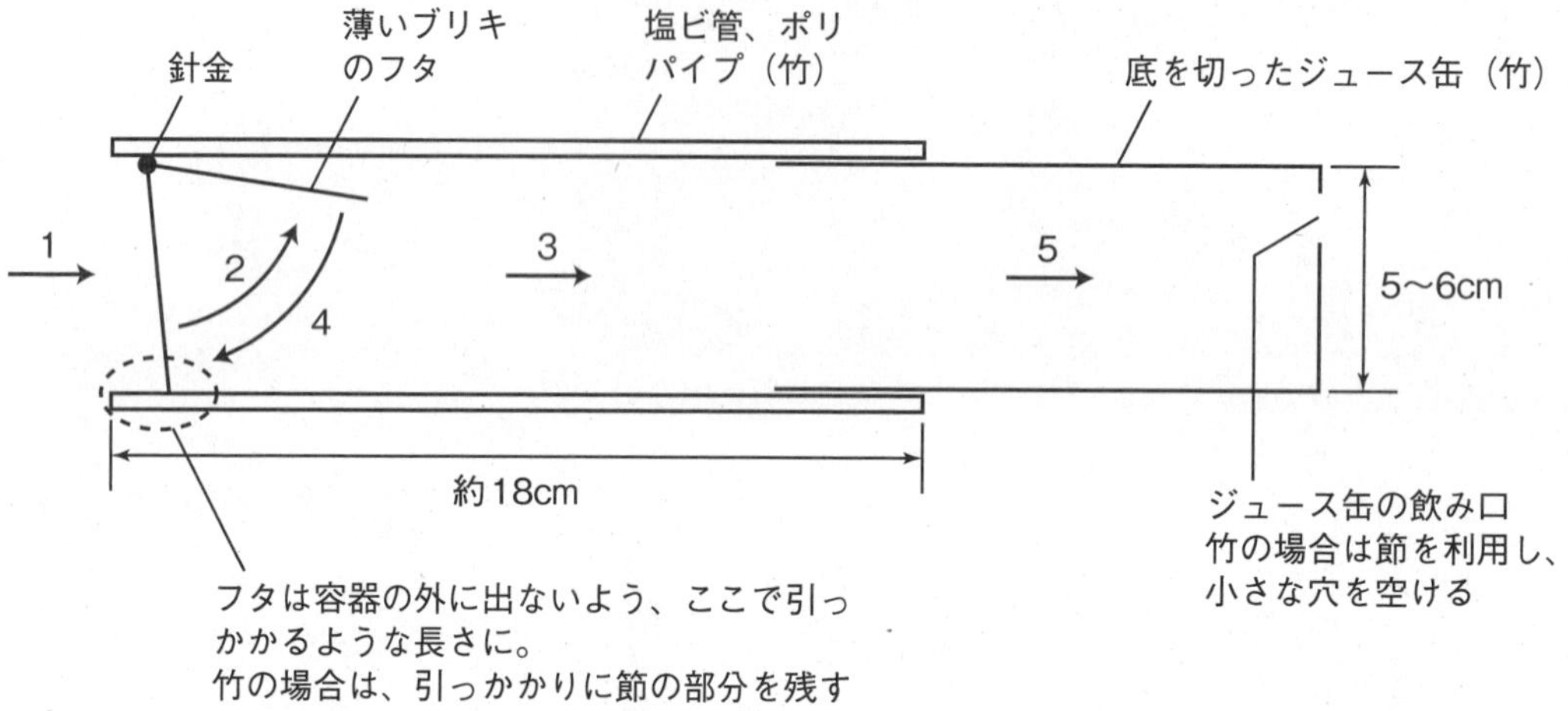
薄いブリキ
のフタ
針金
塩ビ管、ポリ
パイプ（竹）
底を切ったジュース缶（竹）
1
2
3
4
5
5〜6cm
約18cm
ジュース缶の飲み口
竹の場合は節を利用し、
小さな穴を空ける
フタは容器の外に出ないよう、ここで引っ
かかるような長さに。
竹の場合は、引っかかりに節の部分を残す

モグラが捕り器に入ると（1）、フタが開き（2）、さらに進み入ると（3）、フタが閉まり（4）、後戻りできなくなって前に進み（5）、そのまま餓死する

その先にはジュース缶の底を切って管の内側にさし込んでおきます。

これを同じような大きさの真竹でも作りました。現在は市販品、管（缶）、竹で計七組あります。

もう獲れない、モリモリもなし

モグラ捕り器は、モグラの通路に仕掛けること。これはネズミ、イタチのほか、すべての動物で同じです。

通路には幹線と支線があり、私の七〇〇坪のハウスの場合、外（畑）とハウスの出入り口（幹線）は四か所ぐらいです。おもに、その通路に捕り器を仕掛けます。

ただし、キュウリの根元をモリモリ歩くのは一過性で、二度と通りません。一度ミミズを食べれば次はこないもんです。

だから、そのようなモリモリに仕掛けてもモグラはかかりません。

モグラ捕り器は通路のどちらからきても捕れるように二器一セット、それぞれ入り口を外側に向けて仕掛けます。

管の入り口は土をよくはらいのけて通路を空洞にしておきます。そうしないと、モグラがスムーズに管に入れないのです。一度入ればバックしても出られず、前に進めばジュー

上が竹製、真ん中が塩ビ・ポリ製、下が市販品

ス缶に入って死にます。

ちなみに、刺し器の仕掛けは、一器で左右どちらからでも効果があります。仕掛けるところをよく固め、仕掛けてから一度バチッと刺してテストしておくことが大切です。一度失敗し、逃がしたときのために、その先にもう一器仕掛けるのもよいです。

捕殺は平成十八年が二〇匹、十九年が二三匹、計四三匹でした（二匹ぐらい記帳もれがあったかもしれません）。うちハウス内が二一匹、宅地内が二二匹でした（六〇〇坪の宅地でモグラがいるのは二〇〇坪ぐらい）。刺し器は四匹だけだったので、管のほうがよく捕れました。

五月十日に始まり、六、七月が多く、十八年には十一月にも捕れましたが、十九年は十月以降捕れません。宅地もハウスも一か所で年四匹捕れたこともありましたが、十月末にはモリモリがなくなりました。

二〇〇八年五月号　にっくきモグラをやっつけろ　二年で四三匹退治！　私の手作りモグラ捕り器

モグラ退治

ジュース・ビールの缶風鈴でモグラが寄らなくなる

中村博さん　千葉県　編集部

畑に堆肥を入れるとミミズがふえる、ミミズがふえるとモグラが寄ってくる。熱心に土つくりをしたらモグラがふえて困った、という話をよく耳にします。花の宅配をやっている中村博さん・静枝さんご夫婦もお客さんに届ける花の品質をよくしようと堆肥づくりに励んでいますが、手をやくのがやはりモグラ。

そこで、今年から試みて、成果をあげているのが、アルミ缶風鈴です。モグラは鼻柱は強いが、音に弱いという習性があります。それを利用するのがこの方法。

ジュース缶でもビール缶でも何でもいい、飲み口のほうはグルリと切りとってしまい、反対側の真ん中に小さな穴をあけます。ちょうど底に穴のあいたコップ状にするわけです。穴側を上にして、ここにヒモを通し、そのヒモの先に三寸くらいのクギをしばりつけます。

モグラを寄せつけないアルミ缶風鈴

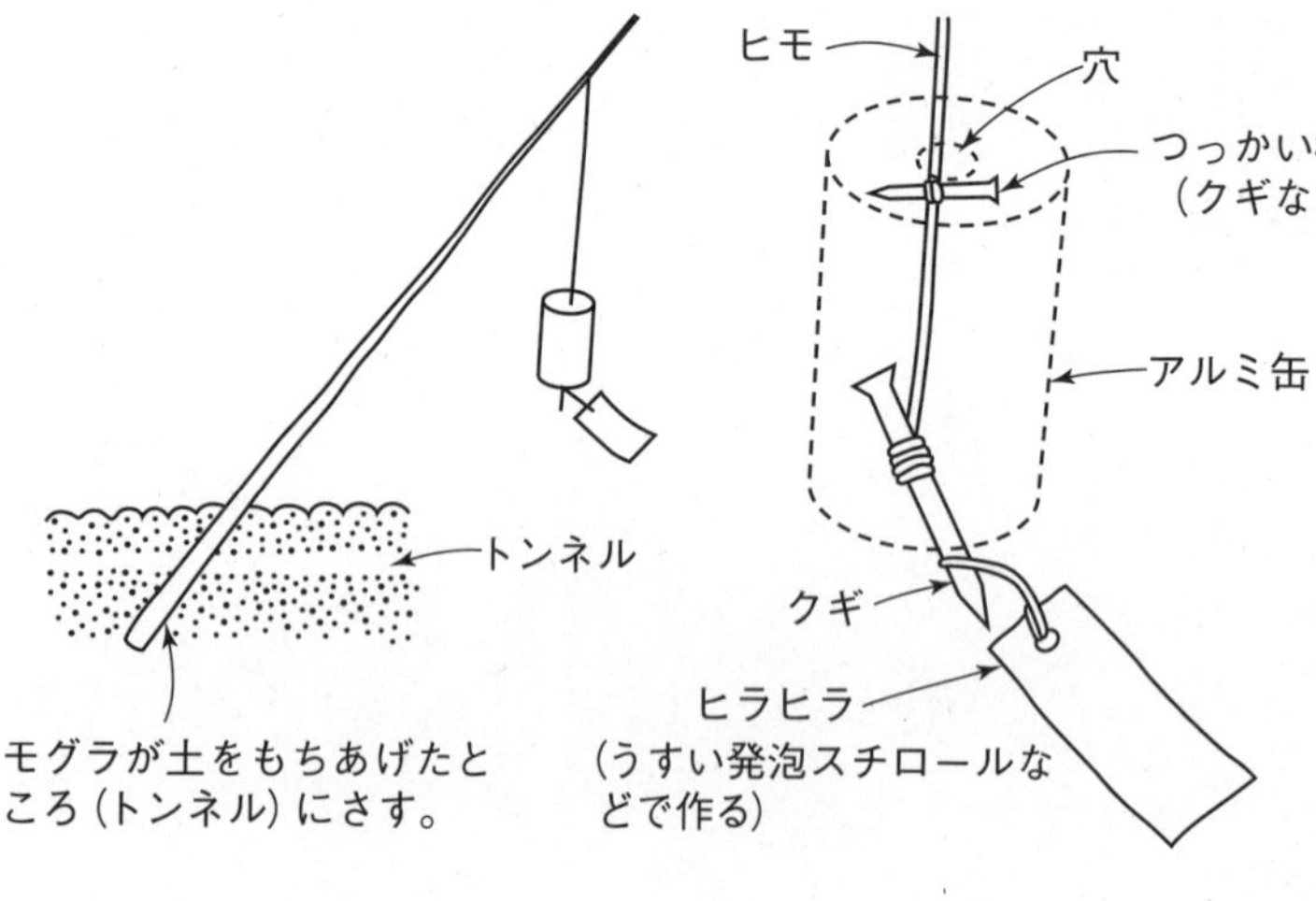
ヒモ
穴
つっかい棒
（クギなど）
アルミ缶
トンネル
クギ
ヒラヒラ
（うすい発泡スチロールなどで作る）
モグラが土をもちあげたところ（トンネル）にさす。

図のようにクギより少し上につっかい棒（クギでも竹でも何でも）をしばりつけて、ヒモを吊り下げたとき穴のところでひっかかり、図くらいの加減でクギが宙吊りになるようにします。そしてこの宙吊りクギに、風を受けるヒラヒラをつけたら出来あがり。この風鈴をトンネルの所に吊り下げておくと、風がふくたびにクギが缶に当たって、カラカラと鳴ります。五畝の畑に一〇個くらいの割合で吊るしておくと効果的です。

一九八九年一月号　ジュース・ビールの缶風鈴でモグラが寄らなくなる

モグラ退治

孫も喜ぶペットボトル風車
振動でモグラを追い払う

新沼一夫　岩手県大船渡市

私の店ではペットボトル風車を手作りし、販売しています。この風車は弱い風でもまわり、音が少なく、簡単には壊れません。何より、お孫さんが喜ぶこと請け合いです。モグラだけでなく、鳥除けにもなります。ぜひ、作ってみてください。

（岩手県大船渡市日頃市町坂本沢九―二　高梨商店）

二〇〇八年五月号　にっくきモグラをやっつけろ　孫も喜ぶペットボトル風車

ペットボトル風車の作り方

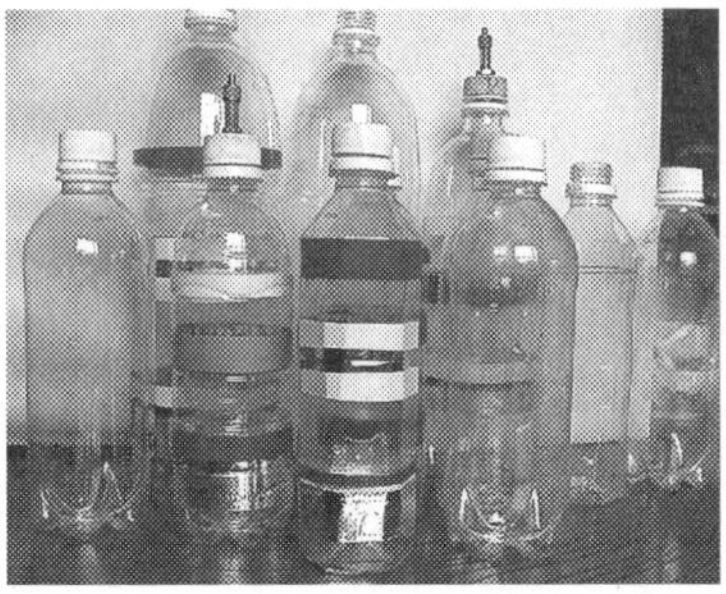

ペットボトルを用意。色をつけたり、テープを張ったりすると見た目がよくなる

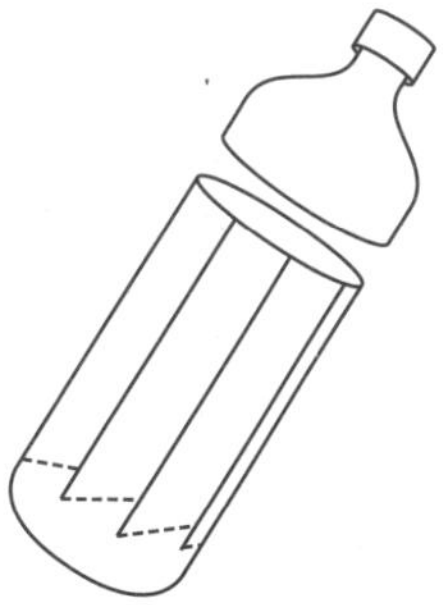

上の部分を切り、下の部分はタテに切り込みを入れ、点線のところで折り開く

上の部分を下の部分にはめ込む

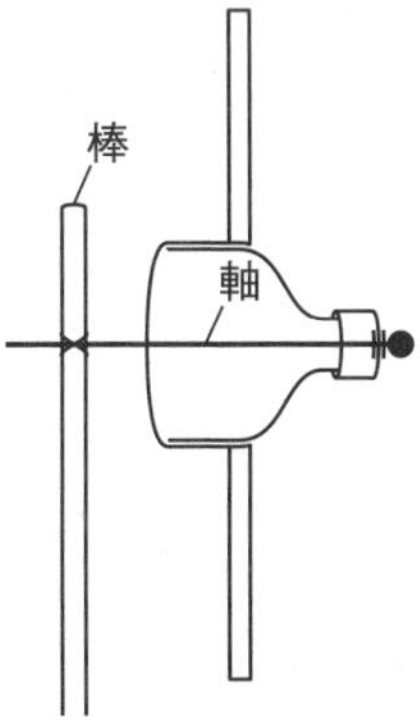

このように軸（自転車のスポーク）を通し、棒にくくれば出来あがり

寒さ対策

ペットボトルがミニハウスに変身
幼苗期の守り役

南　洋　南農業研究会

幼苗を守るペットボトル

私たちの生活に非常に身近な存在であるペットボトル。でも、中を飲んでしまえばただのゴミでしかありません。

そこで、発想を変えて野菜作りに利用してみたら、予想以上の効果が出ました。播種、または幼苗の移植時にペットボトルをかぶせると、外界の厳しい環境から幼苗時代を守りきってくれるのです。

栽培期間中、もっとも手間と注意を要する幼苗期の育成管理がまったくの手間いらずになりました。

利用範囲は葉菜類にとどまらず、根菜類、果菜類から穀類の一部にまでおよび、さらに移植を嫌うケイトウ等、花きの一部にも利用できます。

ペットボトル利用で期待できる効果は次のとおりです。

①風や日照による水分の蒸散を軽減し、水をやらなくとも適度な湿度を保つ

②雨滴、ひょう、強風等による種子の飛散や植物体の物理的な損傷を防ぐ

③降雨で表土が固くなったり過湿状態になるのを防ぐ

④害虫やこれに起因する病害から苗を守る

幼苗を守ってくれるペットボトルミニハウス

外したところ。9月20日頃のキャベツ苗

図1　ペットボトルの前処理の手順

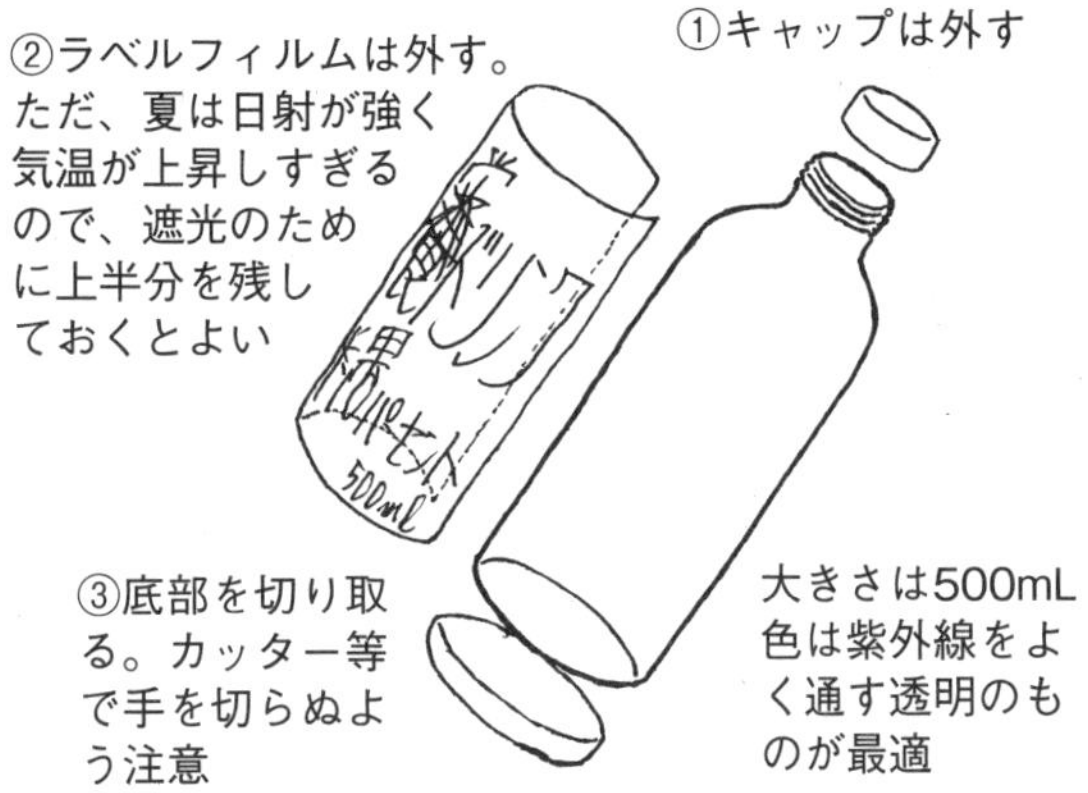
①キャップは外す
②ラベルフィルムは外す。ただ、夏は日射が強く気温が上昇しすぎるので、遮光のために上半分を残しておくとよい
③底部を切り取る。カッター等で手を切らぬよう注意
大きさは500mL
色は紫外線をよく通す透明のものが最適

図2　ペットボトルの設置方法

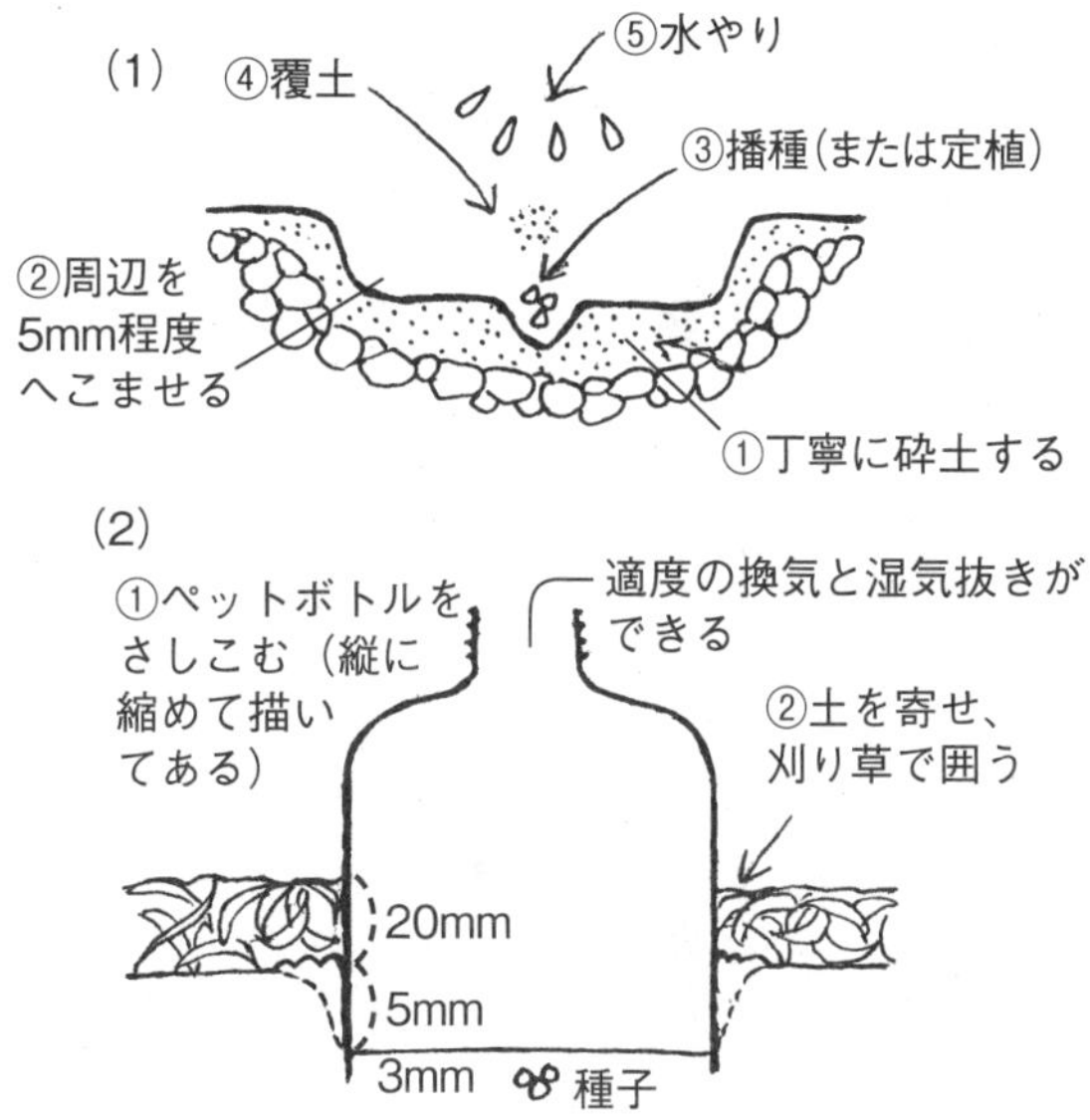
(1)
①丁寧に砕土する
②周辺を5mm程度へこませる
③播種（または定植）
④覆土
⑤水やり
(2)
①ペットボトルをさしこむ（縦に縮めて描いてある）
適度の換気と湿気抜きができる
②土を寄せ、刈り草で囲う
20mm
5mm
3mm
種子

図3　外し方（間引きも同時に）

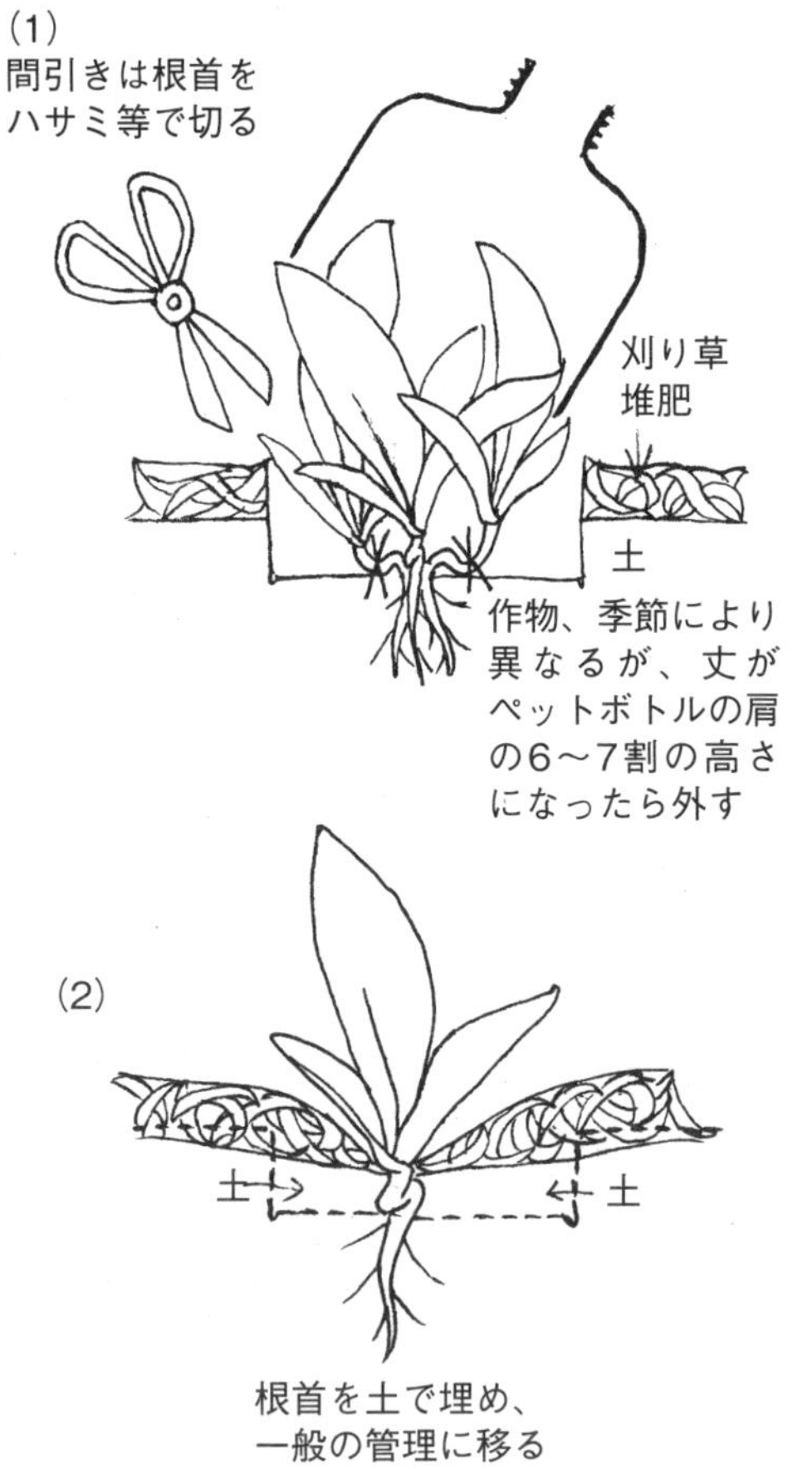
(1)
間引きは根首をハサミ等で切る
刈り草
堆肥
土
作物、季節により異なるが、丈がペットボトルの肩の6〜7割の高さになったら外す
(2)
土
土
根首を土で埋め、一般の管理に移る

⑤昼間に温度が上昇するので低温期の生育を促進する

　以上のような効果によって直播きで栽培できる範囲が広がり、苗を育成して移植するより、はるかに省力的で、移植で作物の生育が停滞するのを回避できます。

ペットボトルハウスの使い方

　手順を図1〜3に表しました。

　外す際は周囲を軽くおさえ、若干回しながら抜き取ります。外気の条件が無風の曇雨天の夕方等だと最適です。高温または低温で好天、乾燥、強風だと、その後の生育に悪影響が出ます。

　また、外す時期が遅れると根首が伸び、姿が乱れたりします。

　とくにペットボトル育苗はどうしても根首が伸びやすいのですが、ペットボトルを外す際にハサミ等で根首を切って間引きし、土や刈り草で覆えば、その後、もう根首の伸びは問題なくなります。

ペットボトルの後処理

ペットボトルの耐用年数は、私は年間二〜三回（春・夏・初秋に各一か月間）使いますが、劣化する兆候はまったく見られません。

ただ、長期間使用しているとどうしても表面に汚れや微細な傷がつき、次第に紫外線の透過が悪くなるので、二〜三年をめどに更新してゆきましょう。

なお、ペットボトル使用後は、まとめて近くの川原に持参し、木枝（径３cm程度、長さ25〜30cm）の先端に使い古した軍手を針金でくくり付けた洗い棒を使って泥汚れを洗い落とし、次も使えるようにしています。

ペットボトルでミニハウスの利用作物・期間と留意点

春(3〜5月)

利用作物		利用期間
葉菜類	大阪シロナ、九条ネギ、コマツナ、山東菜、タアサイ、チンゲンサイ、畑菜、広島菜	3月下旬から1か月
根菜類	ダイコン	3月下旬から1か月
	サツマイモ挿し芽苗	5月上旬から1か月
穀　類	ハトムギ	5月下旬から1か月(*)
果菜類	キュウリ、ミニトマト、カボチャ	4月下旬より1か月
その他	新芯菜	4月下旬より1か月

＊種子の入手が遅れたため、１か月遅れた

ペットボトル内は夜間は外気と同程度にまで冷えるが、昼間に温度が上昇するぶん生育が促進される

経験上、露地播きより約10日早播きが可能と考えているが、ペットボトルを外した後に晩霜が来ることがないよう逆算しておくとよい

夏（6〜8月）

利用作物		利用期間
葉菜類	春に同じ。ただし、キャベツを加え、九条ネギは除く	8月下旬より１か月
穀　類	ダッタンソバ	7月中旬より１か月
果菜類	秋カボチャ	8月上旬より１か月

植物体は大きくなったが、突然、外気に当てるのは心配、と思われる場合は、2〜3日に限ってペットボトルを傾け、植物体の足元だけを外気にさらす方法も有効だ

秋（9〜11月）

利用作物		利用期間
葉菜類	ホウレンソウ	10月中旬より１か月
根菜類	ダイコン	9月中旬より１か月

関東、関西での播種期はダイコンは9月中旬まで、ホウレンソウでは11月上旬までと考えられているが、ペットボトルを過信して、播種期を遅らせることはしないほうがよい

時期別の利用作物と注意点

季節を追って、私が実際にペットボトルを利用した作物と期間、留意点をあげてみました（上の表）。

この方法はコスト削減はもとより、省力化が大きくはかれます。自家消費ぶんや朝市出荷規模の栽培に取り入れてゆけば、さらに可能性が広がることも期待されます。

（京都府京都市）

二〇〇五年三月号　今年の菜園をラクにする　とっておきのアイデア小道具　幼苗期の守り役　大発見！ペットボトルはミニハウス

寒さ対策

トンネルのなかにペットボトル野菜の早採りが簡単

川畑小枝子

楽しみながら野菜を作っている新潟市の佐藤キイさんの畑は、イチゴ、キャベツ、ナスにダイコンなど、いろいろ植わってとても賑やか。

春先のイチゴのトンネルの中には、水のいっぱい入ったペットボトルが一mくらいの間隔でポンポンポンとおいてあります。

テレビで「こうすれば、イチゴが早く採れる」という人がいるのを見てやってみたら、確かにほかの人より一週間くらい早く採れました。

どうも太陽の熱で温められたペットボトルの水が、日が落ちてもしばらく温かいのがいいようです。

これはほかの野菜でも使えるんじゃないかと思い、ダイコンとカブのタネを播いたトンネルの中にも置いてみました。

するとやっぱりほかの人よりいくらか早めにできたそうです。これならいろいろな野菜に使えそうですね。

二〇〇六年三月号　ペットボトルで野菜の早採りは簡単

支柱・ネットの利用

トマトやニガウリのツル降ろしがこんなにラクで簡単に

林　三徳　福岡県農業総合試験場

福岡県筑後市の井上高範さん（七七歳）は、自作の道具を使って、トマトの収穫を長期継続できるツル降ろし栽培法を実践されています。

トマトを斜めに誘引しながらツル降ろしをするこの栽培法で、昨年の促成作型では一九段まで栽培をし、一〇a当たり二〇t以上の収量を上げております。

福岡農総試では、この井上さんの方法にヒントを得て、若干の改良と新たな道具を加えたので紹介します（図）。

これにより、理論的には無限にツル降ろしができ、言い換えれば、栽培を無限に継続することができます。ちなみに、このツル降ろし道具と栽培法は、ニガウリなどにも応用可能です。

農産物価格の上昇が期待できにくい状況下では、ほとんど経費をかけずに増収となる「ラクラクツル降ろし道具」と「簡易なツル降ろし栽培法」を試してみてはいかがでしょう。

S字フックは針金を曲げて簡単につくれる。これを使うと誘引ヒモの張りがよくなり、はずすと支柱からスルッとヒモがはずれる

二〇〇四年五月号　トマトやニガウリのツル降ろしがこんなにラクに　便利器具登場でラクラク栽培

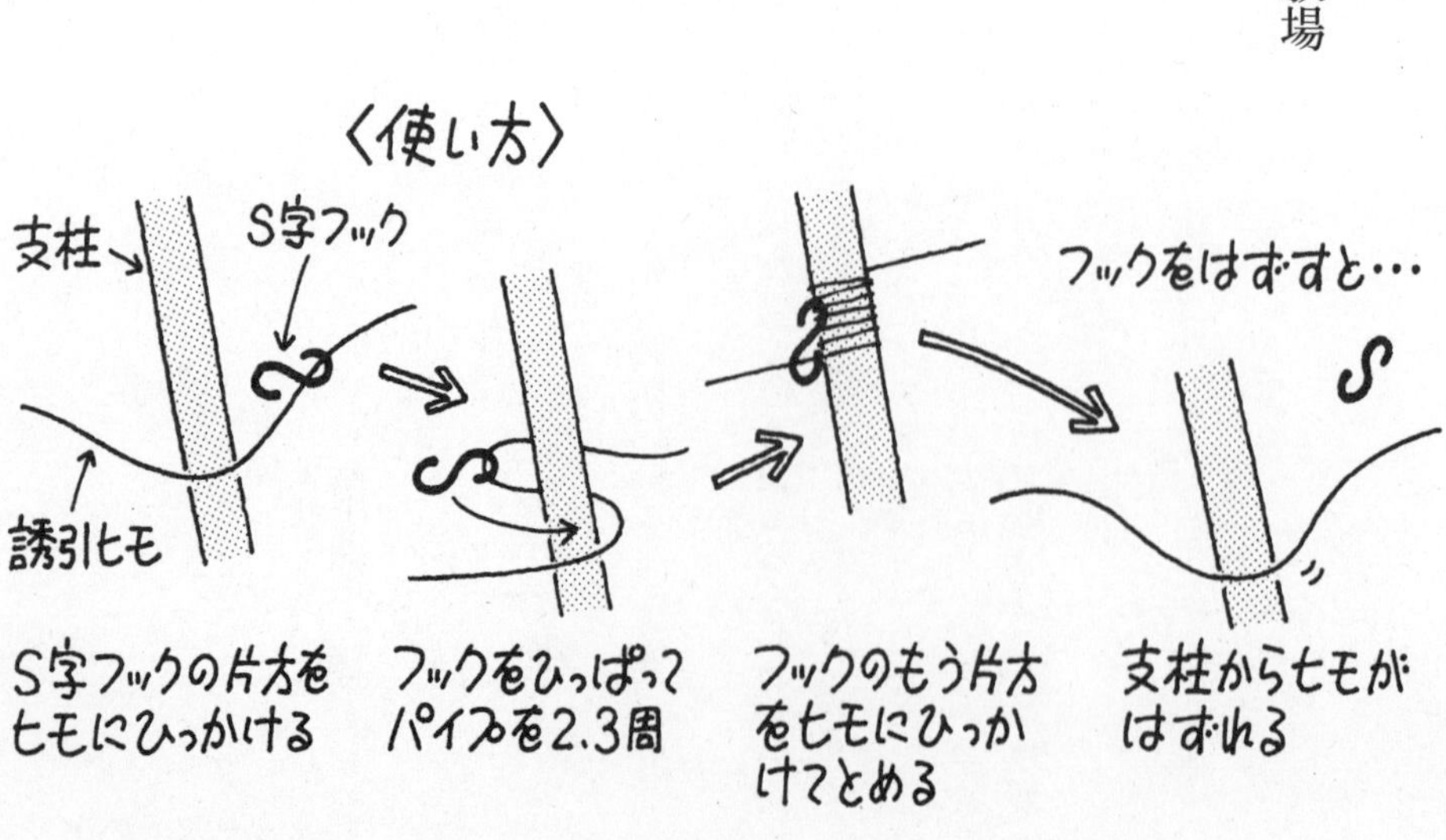
〈使い方〉
支柱
S字フック
誘引ヒモ
フックをはずすと…
S字フックの片方をヒモにひっかける
フックをひっぱってパイプを2.3周
フックのもう片方をヒモにひっかけてとめる
支柱からヒモがはずれる

ラクラク道具を使ったツル降ろし栽培（ニガウリの場合）

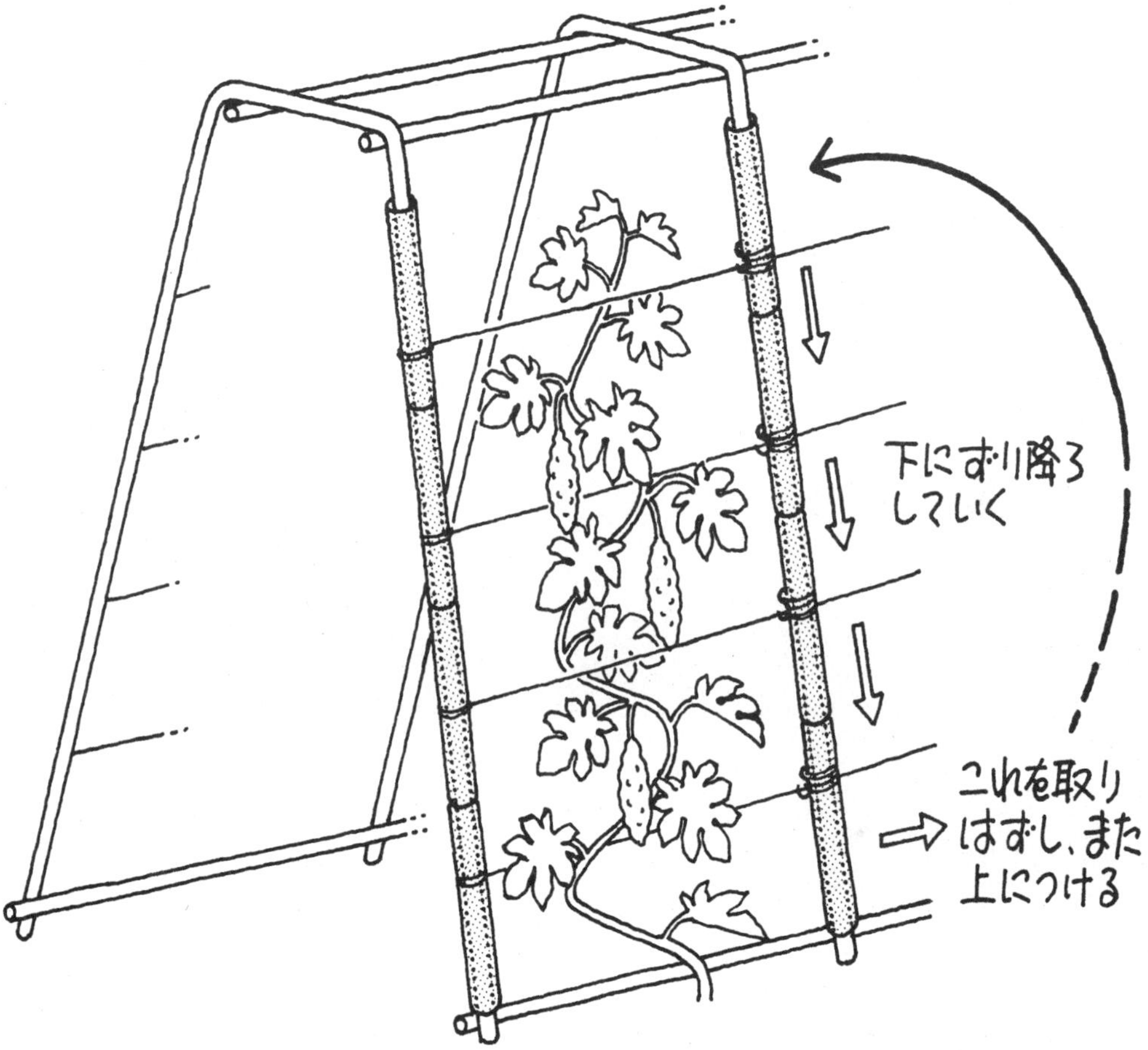
下にずり降ろしていく
これを取りはずし、また上につける

ラクラクツル降ろし道具!!

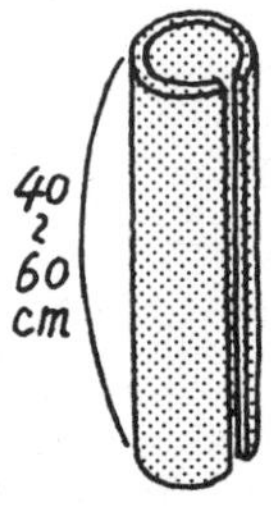
40〜60cm

支柱よりもやや太めのパイプを40〜60cmの長さで切断。縦にハサミで切れ目を入れたもの

ツル降ろし道具（パイプ）の切れ目を押し広げて、支柱にはめ込み、その上から誘引ヒモを張る。ツル降ろしを行なうときは、最下部の誘引ヒモをゆるめてはずし、続いてパイプを切り込み部から取りはずす。その後、上部のパイプを順次ずり降ろせばいいだけなので作業がラク。はずしたパイプはまた最上部にはめこんで使えば、無限にツル降ろしが継続できる。

支柱・ネットの利用

小さい畑にぴったりの手間いらずグッズ

●ワンタッチ支柱どめ　●ヒゲ剃り機改造テープねじり機
●水鉄砲で噴霧器　●ラクラク・トンネル張り

福田　俊　東京都練馬区

東京都練馬区に住み、勤めながら究極の家庭菜園・ブルーベリー栽培を目指す私。七つ道具を載せた「愛車」で住宅地の中をゆき、いざ畑へ

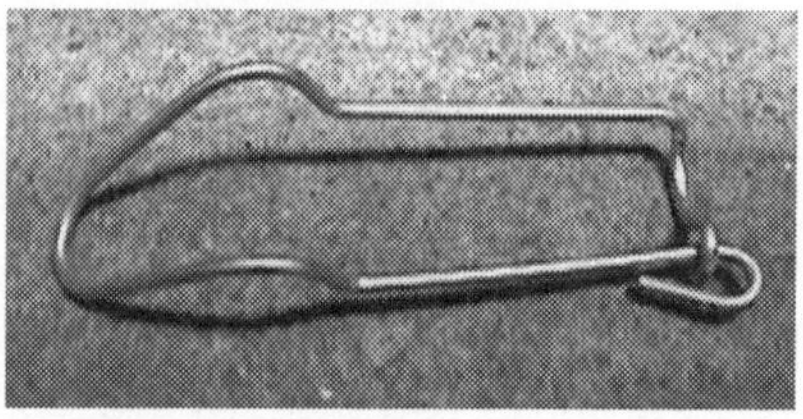

ハイセッター1型

縦、横、斜めの支柱も自在に、高いところもワンタッチでとまる

二五年ほど前から畑を借りて家庭菜園を始め、一九九三年に天恵緑汁と出会ったのをきっかけに無農薬栽培に取り組んでいます。小面積でも安全でおいしい野菜をたくさん、しかも手間をかけずにとる方法を考えています。

ワンタッチで支柱をとめる簡単金具

ここで紹介する金具、「ハイセッター1型」（渡辺パイプ製）といいますが、もともとパイプハウスの部品で、ホームセンターや農業資材店で手に入ります。

これが家庭菜園の支柱立てにはもってこいの金具なのです。いつのまにか何人もの畑仲間が愛用しています。一九㎜用ですが二〇㎜のミラポールでも問題なく使えます。支柱を立てるときも片付けるときもワンタッチでとても便利です。

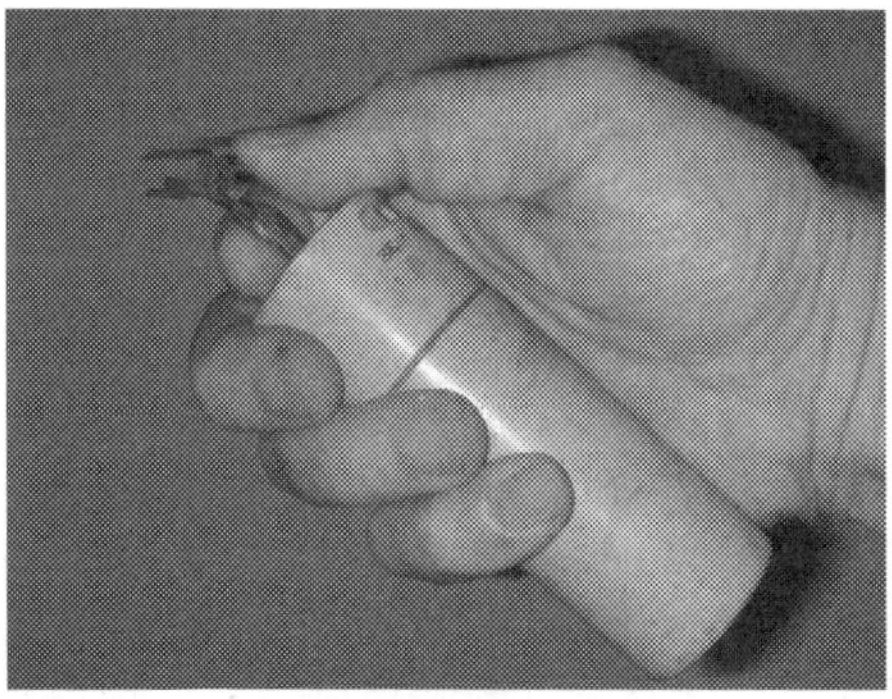

電気カミソリのヘッド部分にあるネット刃を外すと、中に回転軸がある。平テープをはさむ目玉クリップを回転軸につけた

スイッチを入れれば回転軸がまわって、平テープがねじれる

ヒモでしばるより、はるかに省力で頑丈です。何年も使えるのも魅力です。ヒモのように緩むこともなく、常にしっかり支えてくれます。

　支柱が直角に交わる位置ならどこでも使えます。高い位置もなんのその、簡単にラクにとまります。

　しかし、バネ部分の反発力がかなり強いので素手でやると手が少々痛くなります。軍手などの手袋をしたほうがよいと思います。

　ごらんのようにシンプルに見えますが、斜めになった部分の筋交い効果もあって、とても頑丈です。

　ちなみに、私が使っている畑の支柱はすべて太さ二〇㎜、長さ二・七ｍのミラポールです。

　一般園芸用としてはもっとも長いものですが、土が軟らかいので支柱をさし込むと一ｍ近く入り込んでしまい、あまり高くなりません。そのぶん、風には強いのですが…。

ヒゲ剃り機を改造　テープを丈夫に！ 平テープねじり機

　ミラポールをパイプハウス用の簡単金具でとめたあと、さらに私はＰＰ平テープを多用しています。

　平テープは安いので多くの人が使っていると思いますが、そのまま使うと風の抵抗を受けて風化しやすく、裂けてどうしようもなくなったものをよく見かけます。

　そこで、ねじったらどうかと考えて手作りしたのがこの道具です。仕組みは簡単。電池式ヒゲ剃り機の網状の刃を外し、中にある回転軸に文房具の小さな目玉クリップをハンダ付けして平テープをはさみ、スイッチを入れて回転させると、たちまちきれいにねじれます。

　こうしてねじれた平テープは風の抵抗もほとんど受けず、耐候性もめっぽう強くなり、翌年もまた再利用することができます。

　加えて、ねじることでバネ状になりますから引っ張ればピンと張れ、支柱の補強にもなり、パイプ支柱の本数も少なくてすみます。

　ねじれた平テープには、ツルありインゲンはもちろん、キュウリの巻きツルなども自分でヒモをつかんで巻いてゆきます。トマトもすべての枝を誘引して一回一回縛らなくてもよく、ヒモにクルッと巻きつけるだけで簡単です。

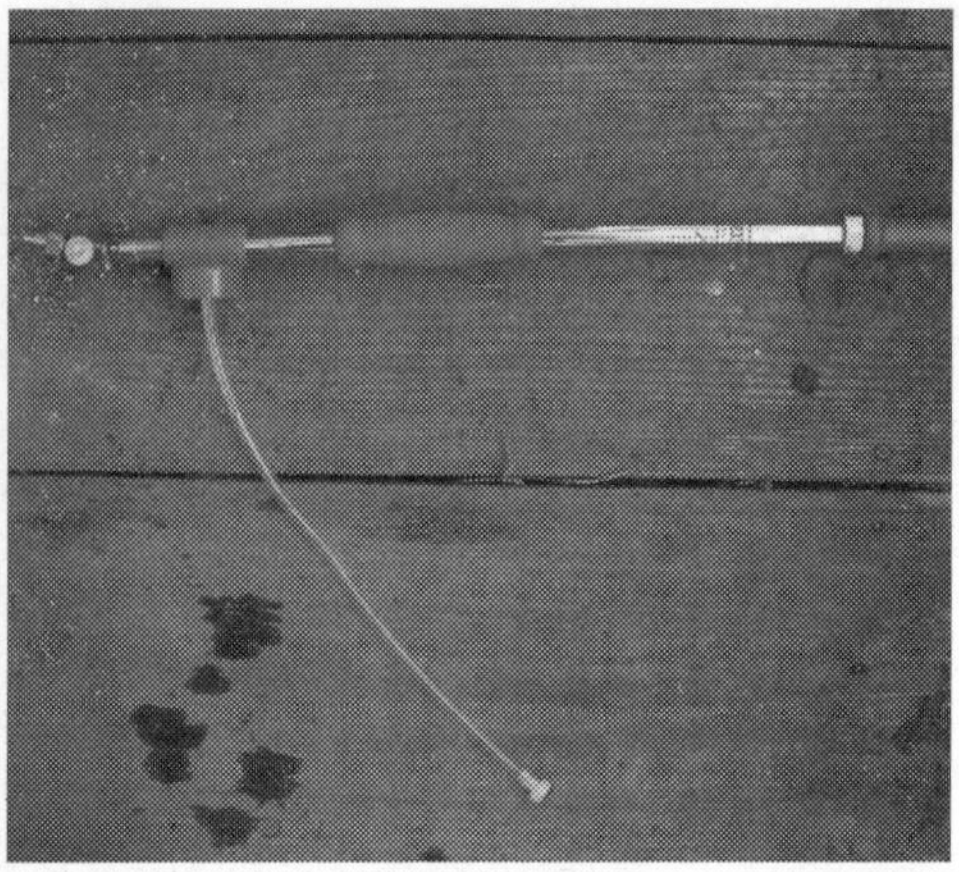

「水鉄砲」（ヨーキ産業株式会社・愛知県小坂井町）とあったが、ペットボトルにつければ葉面散布器にピッタリ

九八〇円の水鉄砲で噴霧器

昨年（二〇〇四年）の七月、ホームセンターで水鉄砲と銘打った水遊び用ノズルを売っていたので、九八〇円という値段にもつられて買ってみました。

「どう見ても噴霧器のノズルと同じ」と思いつつ、一般のペットボトルにセットすると確かに水は勢いよく飛びました。次に水量調節のノズルをしめてみると、なんと噴霧器になるのです。

さっそく天恵緑汁を薄めて温室に育成中のメロンなどに葉面散布してみました。吸い込み管の長さも二Lのペットボトルに対応しているし、今のペットボトルのフタはほとんど統一されているので、どのペットボトルでもぴたりと合います。これはコストパフォーマンス抜群の噴霧器といえます。

その後、天恵緑汁の葉面散布用の道具として重宝しています。冬でもまだホームセンターで水鉄砲として売られていました。

被覆資材の両サイドにパッカーでミラポールをとめておき、ウネの向こう側にミラポールごと被覆資材を投げればトンネルが張れる

トンネルの1セットの部品

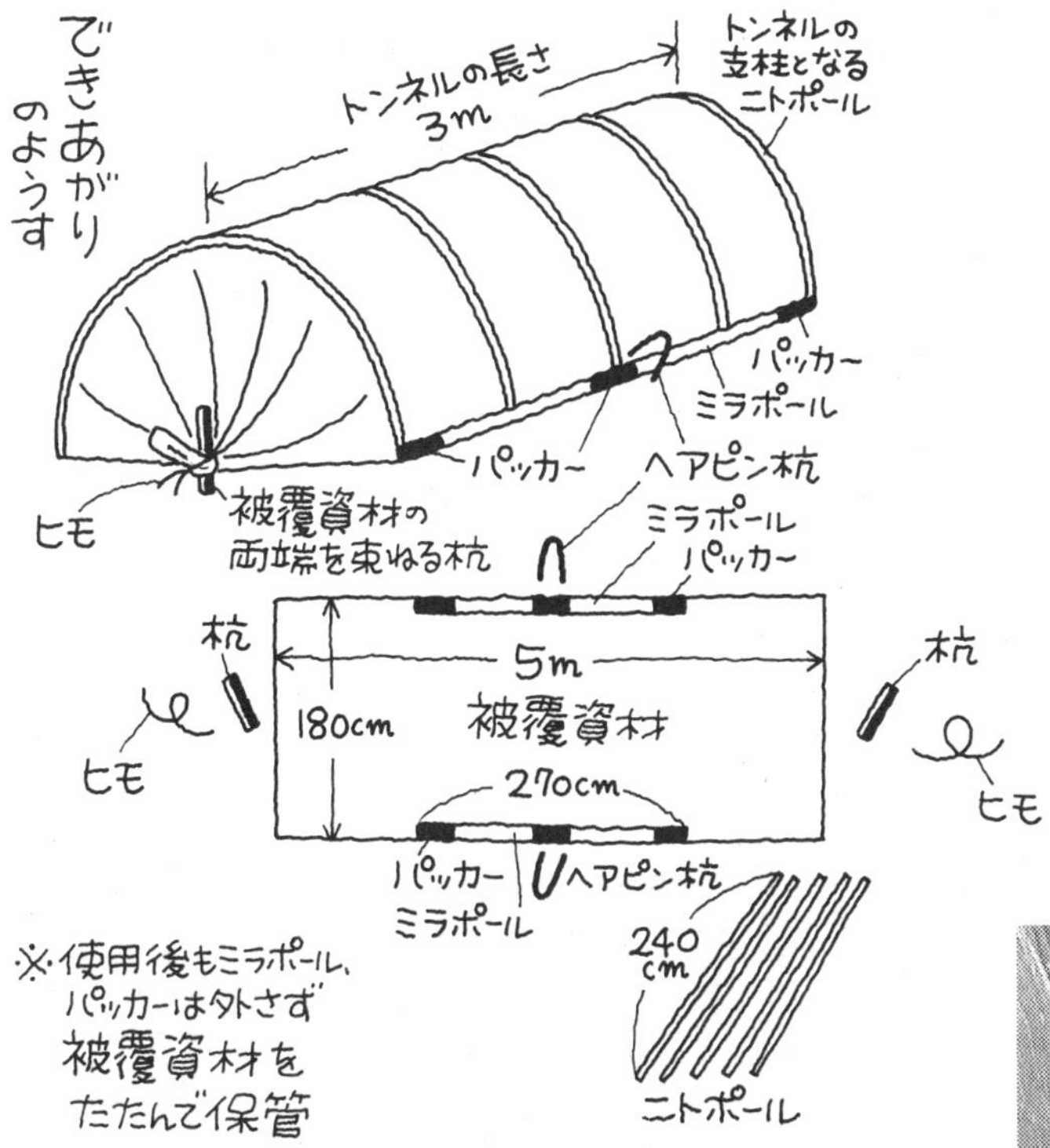
できあがりのようす
トンネルの長さ 3m
トンネルの支柱となるニトポール
パッカー
ミラポール
パッカー
ヘアピン杭
ヒモ
被覆資材の両端を束ねる杭
ミラポール
パッカー
杭
5m
180cm
被覆資材
杭
ヒモ
ヒモ
270cm
パッカー
ヘアピン杭
ミラポール
240cm
ニトポール
※使用後もミラポール、パッカーは外さず被覆資材をたたんで保管

セット内容
▼ニトポール（グライスファイバー製のトンネル支柱）
5本…7mm径、長さ240cm
▼ミラポール（サイド固定用）
2本…20mm径、長さ270cm
▼パッカー（ミラポールにとめる）
6個…19mm用
▼被覆資材1枚…幅180cm、長さ5m
▼ヘアピン杭（ミラポールおさえ）
2本…長さ50cm
▼杭とヒモ（被覆資材の両端をとめる）2本ずつ

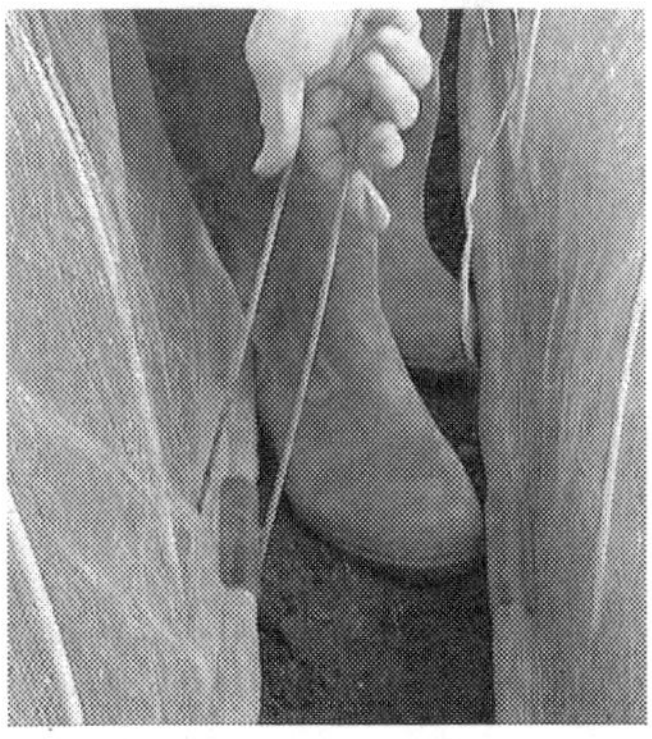

ヘアピン杭でとめるのは両サイド1か所ずつだが、被覆資材はパッカーでミラポールにとめてあるので、風でも飛ばない

一人でラクラク、トンネル張り具

トンネルは低温期の保温、虫除け、雨除け、風除け、盛夏期の日除けと、様々な場面で威力を発揮しますが、作業性よく、耐風性を向上させるために、私は次のような工夫をしています。

トンネルの長さは三〇〇cmに統一、当然、ウネの長さも同じになります。トンネルの被覆資材の両サイドの端に、ミラポールをパッカーでとめ、ミラポールをウネの向こう側に投げれば、一気にトンネルが張れます（右ページ下写真）。

トンネルの両端は被覆資材を絞り込んで、杭にとめます。トンネルを覆ったらミラポールの真ん中にヘアピン杭を一本ずつさして固定します。これでかなり強い風でも大丈夫です。一つのトンネルを張るのに必要な道具はまとめて保存しておきます。トンネルをセット化することで作業性が向上し、次に使うときも迅速に作業できます。

（http://www.3web.ne.jp/~fl104）

二〇〇五年三月号　今年の菜園をラクにする　とっておきのアイデア小道具　小さい畑にぴったりの手間いらずグッズ

支柱・ネットの利用

キュウリネットの代わりに枝付きの竹

滝沢久雄　長野県東筑摩郡筑北村

枝付き竹を支柱にキュウリ栽培

キュウリネットを使わないキュウリ栽培を近所で見かける。それはイナワラを柵に縛りつけ、それにキュウリを絡ませている。なるほど、うまいやり方だと思う。私の場合、板木利隆著『やさしい野菜づくり』(家の光協会)に「エンドウの支柱には分枝の多い木の枝や竹などが好適」とあったことから、キュウリの支柱に枝付きのまま竹を使えばいいのでは?と思いついた。

まず、準備するものは竹である。葉を落とすため、作付けの二〜三か月から半年前に竹を切り倒しておかなくてはならない。まあ、冬の間に切っておけば次の夏に間に合うと思う。

キュウリは耕してない地面に、直径五〇cmくらい円形に草を削り、タネを播く。そして（私の場合は竹で）支柱の支えにする柵のようなものを作ったうえで、播いたタネとタネの間（株間）に枝付きの竹（支柱）を挿していく。枝付きの竹は倒れないよう柵に縛りつける。

と簡単なことであるが、なかなかできなくて、キュウリが大きくなり、ツルを伸ばしているのを眺めながらの作業が毎年である。あとはキュウリが伸びていくのを眺めていればいいだけである。

ツルがうまく登っていけないようなところがあれば竹を補充してやる。

これで雨さえ降れば、かなり涼しくなるまで採り続けられる。最後はタネ採りもしている。

この方法は、ツル植物なら何でも応用がきく。キヌサヤ、エンドウ、インゲン、そのほかのマメ類などでも絡み上がっていく。

二〇〇八年四月号　ラクラク菜園　とっておきの道具自慢　キュウリネットの代わりに枝付きの竹

水やり

軍手ホースで簡単愛情水やり術

小久江葉月

斎藤久子さんのトマトハウスではマルチの下にかん水パイプを通していますが、苗が小さいときに暑い時期が重なると、どうしても根回りが乾燥してしまいます。

定植後二週間くらいまでは手作業での水やりが必要ですが、ホースで勢いよく水をかけると根が傷つくし、土も掘ってしまうのでトマトが疲れてしまいます。

そこで久子さんが考え出したのが、軍手ホース。用意するのは使い古した軍手とタコ糸だけ。

つくり方も本当に簡単で、軍手をホースの先端にタコ糸でしっかりくくり付けるだけ。この軍手ホースから出てくる水はまるで湧き水のように柔らか。これなら小さいトマトの根が傷つく心配も、土が削れる心配もまったくありません。

久子さんのトマトに対する優しさをたっぷり感じる水やり法です。

二〇〇五年九月号　軍手ホースで簡単愛情水やり術

「水かけ桶」で野菜類に水をかける図
桶に九分ぐらい水を入れ、担い棒でかつぎ、畦間をゆく。

水やり

バケツでもできたぞ！ 簡易点滴かん水装置

白石正明　国際協力事業団筑波国際センター

植木鉢の皿にバケツをふせた形の簡易点滴かん水装置。吸水ヒモは、表面からの蒸発を防ぐため、アルミホイルで覆ってある

図1　簡易点滴かん水装置の断面図

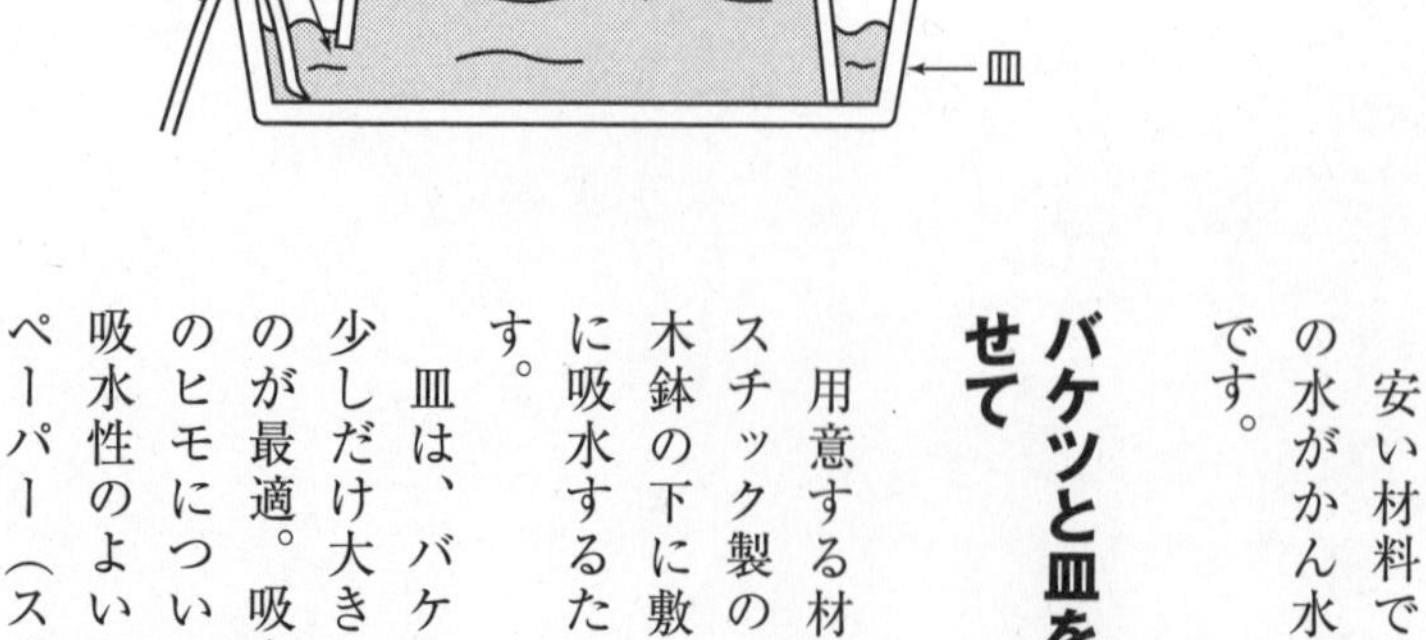
バケツの縁の1か所に、幅1cm、深さ1cmの溝を作る
溝（切り込み）
吸水ヒモ
水
バケツ
皿

安い材料で安定した量の水がかん水できる装置です。

バケツと皿を組み合わせて

用意する材料は、プラスチック製のバケツと植木鉢の下に敷く皿、それに吸水するためのヒモです。

皿は、バケツの口より少しだけ大きな直径のものが最適。吸水するためのヒモについては、私は吸水性のよいクッキングペーパー（スーパーで売られている）などを使ってみました。

作り方は、まず、バケツの縁の一部をヤスリで削って、幅一cm・深さ一cmくらいの溝（切り込み）を作ります。そしてバケツに水を入れ皿を被せる。バケツと皿を両手で押しつけるように持ったら、これを一気にひっくり返します。

図2　12時間ごとのかん水量

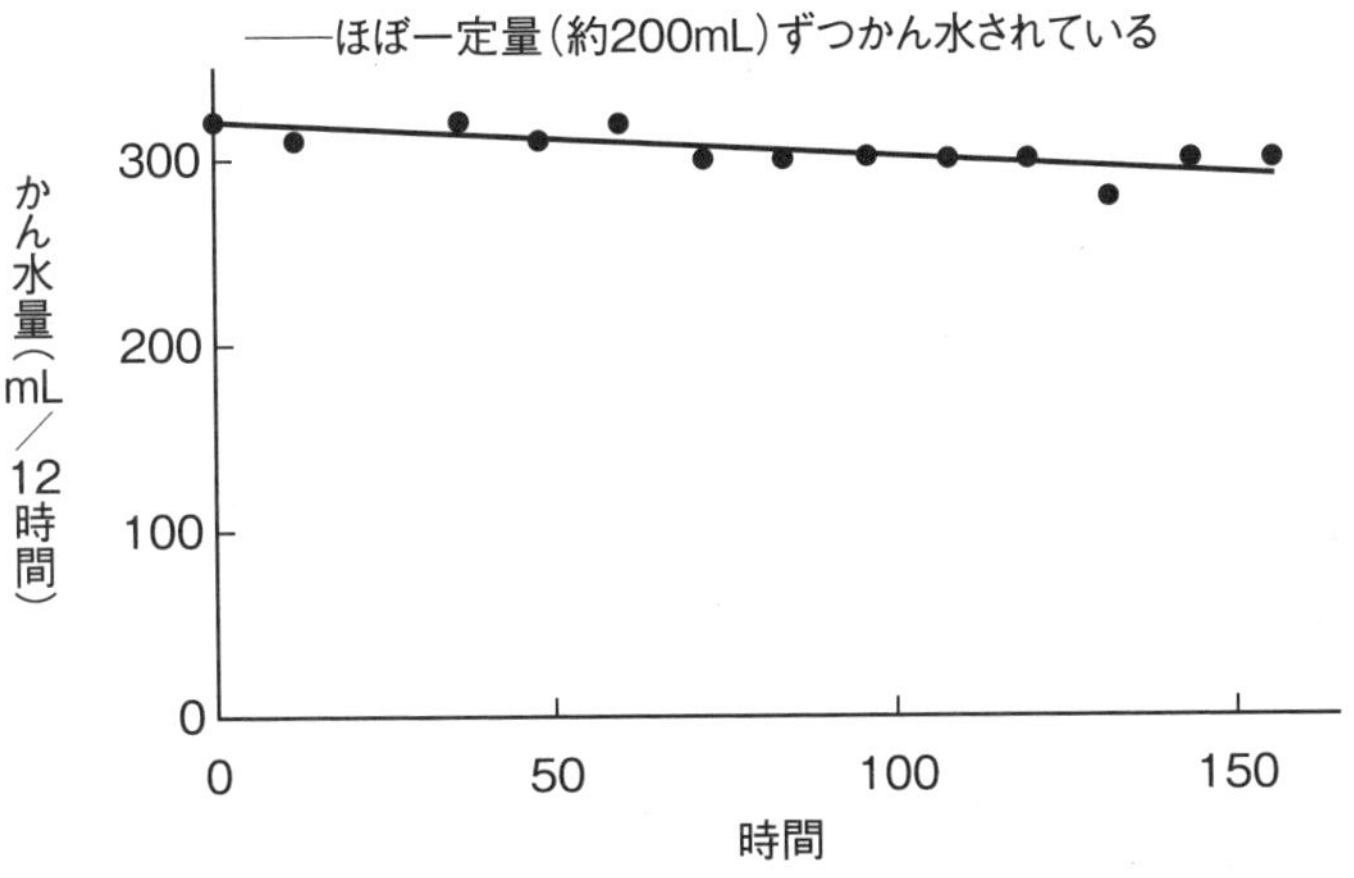

——ほぼ一定量（約200mL）ずつかん水されている
かん水量（mL／12時間）
300
200
100
0
0
50
100
150
時間

ひっくり返したとき、皿の縁の高さがバケツを削った溝の深さより高いことが必要です。そして、バケツと皿が離れないように、バケツを削った穴からも空気が入らないようにひっくり返すことができれば、バケツの水は皿の上にある程度流れ出してたまりますが、皿からあふれ出すことはありません。これをそっと運んで、かん水したいところに平らになるように置きます。

次に、クッキングペーパーをヒモ状になるよう適当に切って、水で濡らします。その一方を皿の水にふれるように引っかけ、もう一方をかん水する土に穴を掘って埋めれば完成。バケツと皿にはさまれた水がヒモを伝って出てきます。

かん水量はほぼ一定

約四Lの水が、六日半にわたって、どのようにかん水されるかを調べたのが、図２のグラフです。放出される水量を一二時間ごとに測りました。

グラフの線はほぼ平らな一直線。毎回、約三〇〇mLずつの水がほぼ均等にかん水されているのがわかります。

かん水が続くあいだは、皿の中の水位はほとんど変わりません。そこからヒモを伝って放出される水の量も一定というわけです。

大量にかん水したいときは大きなバケツを使います。ただし大きすぎると、バケツと皿をひっくり返すことができません。男性でも一二Lくらいが限界ではないでしょうか。

時間当たりのかん水量の調節は、ヒモの幅や厚さ（太さ）で調節できます。ヒモが広く太くなるほどかん水量は多くなるわけです。

なお、少しずつですがヒモの表面から水が蒸発します。暑い日ほど蒸発量は多くなり、かん水量を変動させる原因になります。これを防ぐにはアルミホイルなどで覆うとよいでしょう。

この装置の原理は、砂漠の緑化などでも使えるかもしれません。

（国際協力事業団筑波国際センター）

二〇〇三年三月号　バケツでもできたぞ！　簡易点滴かん水装置

水やり

ポリタンクで自動かん水器
一か月の水やりはおまかせ

六本木和夫　元埼玉県農林総合研究センター

園芸栽培用の自動かん水器（㈱藤原製作所提供）

持続的な点滴かん水が可能

水源や電源のない場所でも容器内の水を連続して点滴かん水できる簡易かん水器具「アクアドリップ」を開発したので紹介します。

吸湿性に優れたかん水ヒモは、ビニール管Aの最上部まで毛管現象により水を引き上げ、その後は重力により水を落下させます。

容器内の水の減少に応じて、かん水量は徐々に少なくなり、開始時と終了時では約二倍の差がありますが、かん水器内に空気が入らないため、持続的なかん水が可能になります。

また、付属のビニール管に先端キャップを入れ、ビニール管部分を土の中に埋設させれば、土中かん水も行なえます。

かん水器はポット栽培用、園芸栽培用の二種類あります。

園芸栽培用は一八Lの灯油タンクを使用した場合、開始時は一日当たり一〇〇〇～一五〇〇mL、終了時は五〇〇～六〇〇mLとなり、三～四週間にわたってタンク内の水を点滴かん水します。

水質にもよりますが、かん水を五〇日前後継続すると、藻の発生によりヒモが汚れてかん水量が少なくなります。このようなときはかん水器内からヒモを取り出し洗剤で洗って乾燥後に再利用するか、新たに付属のヒモと交換する必要がありますが、付属の針金を使えば交換は簡単です。

簡易かん水器具の構造

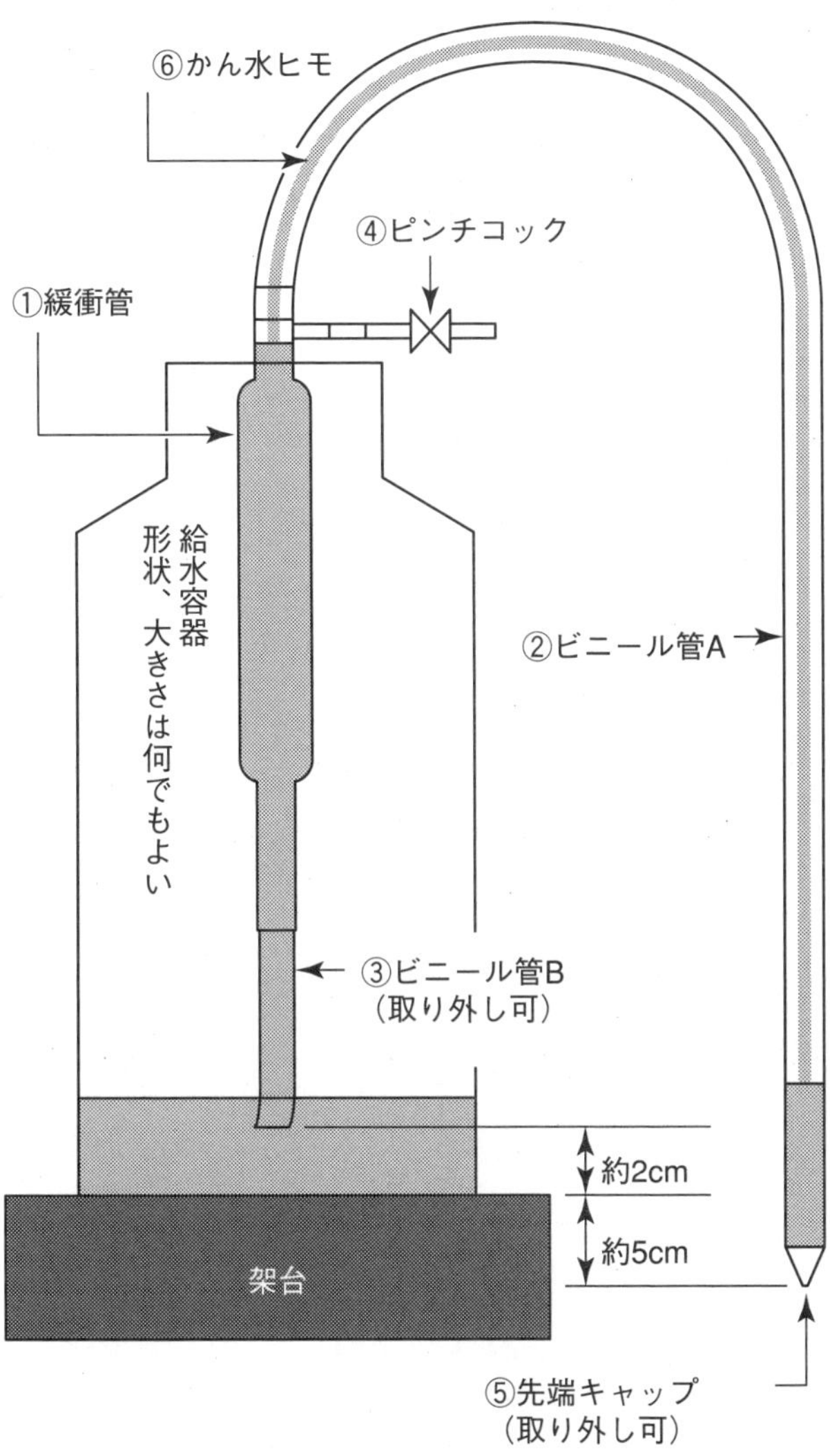
⑥かん水ヒモ
④ピンチコック
①緩衝管
給水容器
形状、大きさは何でもよい
②ビニール管A
③ビニール管B
(取り外し可)
約2cm
約5cm
架台
⑤先端キャップ
(取り外し可)

ポット栽培用と園芸栽培用があるが、後者は緩衝管やかん水ヒモが太く、移動する水が多い

苗木の管理もおまかせ

給水容器の形状、大きさは問いませんが、一か所しか点滴かん水できないため、植え付け本数が少ない果樹、花木類の苗木の管理に適しています。

古いナシ産地の埼玉県では主要品種「幸水」が高樹齢化しており新植を奨励しています。十一月下旬前後に植え付けた苗木は二月下旬から根が動き出します。三月からかん水を開始しても、四月以降になると受粉、摘果、防除、新梢管理等の作業に追われ、苗木へのかん水が中断されがちになります。

白岡町の中村さんの新植園の一部で、六月になってからかん水器を使ったところ苗木の生育は良好になっています。それと同時に、二〇L容器の水で約三週間にわたって持続的なかん水ができ、労力軽減になると評価をいただいています。

このときのかん水の状況を観察すると、点滴かん水された水は根域に広く浸潤し、根域の土壌水分を好適な条件に保つことができ、生育促進効果も期待できます。

このかん水器は構造が簡単で取り扱いが容易です。価格も安価で、苗木などへのかん水の省力化や初期生育の確保に役立つと考えています。現在、(株)藤原製作所(TEL〇三―三九一八―八一一二)から販売されています。

(元埼玉県農林総合研究センター)

二〇〇七年十月号　トピックス　ポリタンクで一カ月おまかせの自動かん水器を開発

水やり

リヤカーで移動する太陽電池ポンプ

秦　秀治　広島県三原市

リヤカーに載せて移動自在の太陽電池ポンプ

太陽電池（太陽光発電）パネルで発電した電気を利用して深井戸から水を吸い上げるポンプを、アルミのリヤカーの上に組み立てました。

なぜこんなものを作ったかというと、農地が借地だったために電源を確保できなかったこと、市街化区域で住宅が近いので早朝や夕刻にエンジンポンプを使用しづらかったことなどが理由です。

わざわざリヤカーの上に組み立てて移動式にしたのは、太陽電池パネルが風の影響を受けて転倒しやすいので使わないときはすぐ納屋へ格納できるようにと思ったからです。

太陽電池パネルを支える台には、スチール製の組み立て家具を利用しました。溶接などの技術がなくても簡単に組み立てられるのが利点でしたが、悩んだのは、アルミパイプ構造のリヤカーにこの台を固定する方法です。

結局は、スチール家具材に木材をネジ止めしたうえで、この木材とリヤカーのパイプを金具で固定しています。ガス管などを壁面に固定するときに使うサドルバンドという金具（平仮名の「ひ」の字に似た形）を利用することでうまくいきました。

ポンプの能力は十分です。深さ五mの井戸からくみ上げた水は、井戸の縁からさらに二・五m上の畑に設置したエバフローという散水チューブをたちまちパンパンに膨れさせ、勢いよく散水できます。

二〇〇六年七月号　こんなのつくったアイデア農機具
(18)　移動式 太陽電池ポンプ

リヤカーのパイプと木材はサドルバンドを使ってネジ止め。スチール家具材と木材もネジで止めてある

コントローラーなど

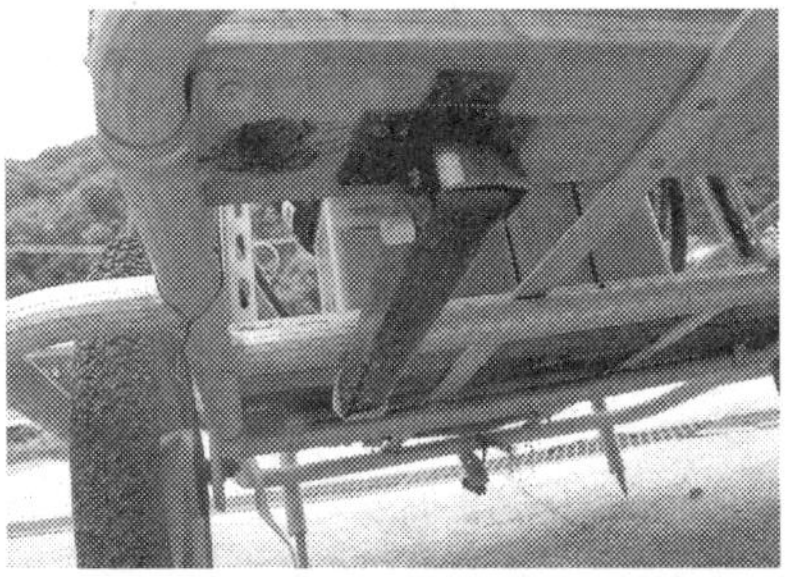

折り畳み式の脚は廃品利用。使用時にバッテリーが水平になるように取り付けた

使用する機器
　太陽電池パネル　2枚
　太陽電池用コントローラー
　ポンプコントローラー
　直流水中ポンプ
　（購入先:グローイングピース　TEL兼FAX 0847-41-8747）

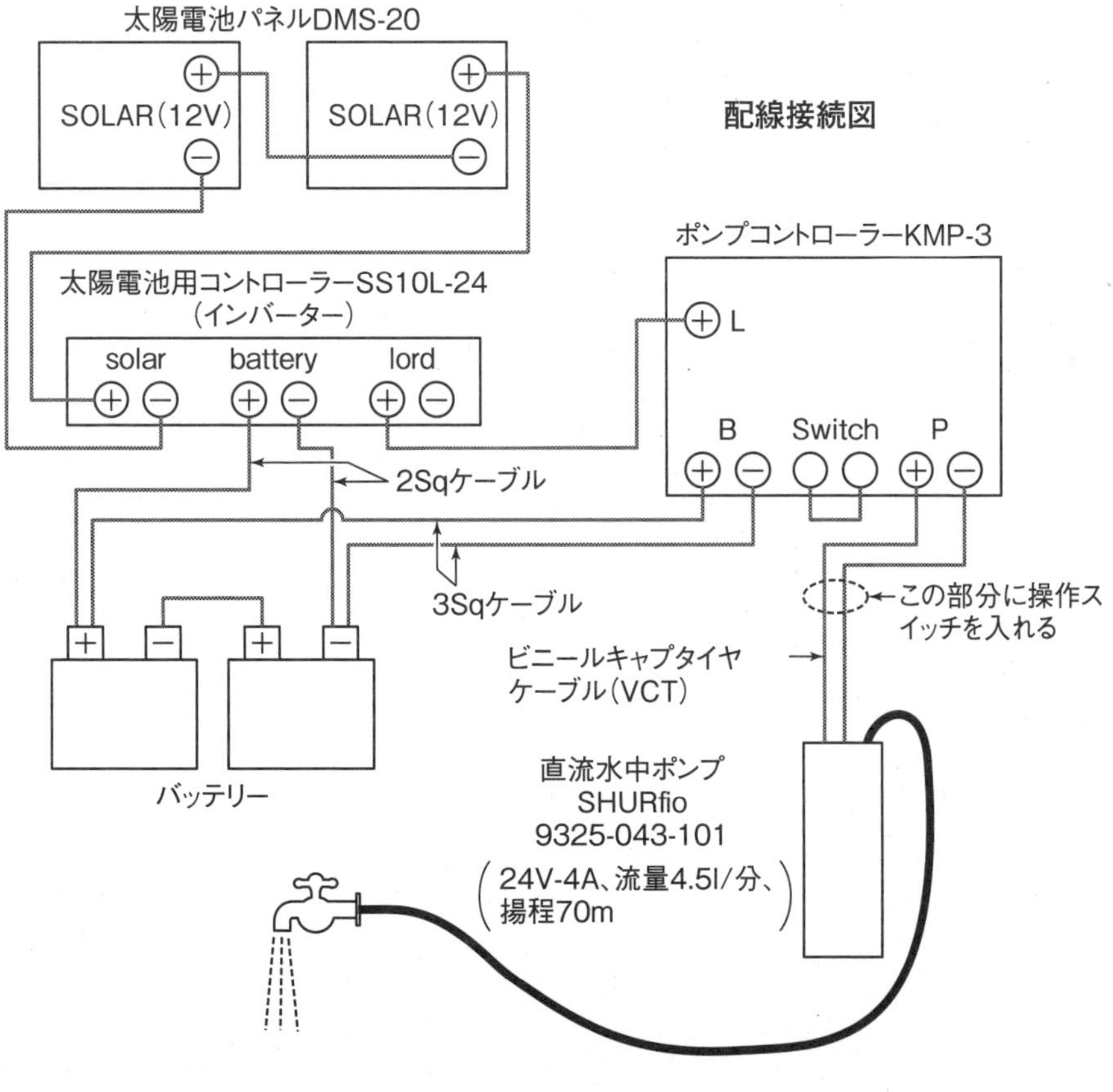
太陽電池パネルDMS-20
SOLAR(12V)
SOLAR(12V)
配線接続図
ポンプコントローラーKMP-3
太陽電池用コントローラーSS10L-24
(インバーター)
solar
battery
lord
L
B
Switch
P
2Sqケーブル
3Sqケーブル
この部分に操作スイッチを入れる
ビニールキャプタイヤケーブル(VCT)
バッテリー
直流水中ポンプ
SHURflo
9325-043-101
(24V-4A、流量4.5l/分、揚程70m)

白虎のノコギリ
切れ味が長持ち

福島県の果樹農家の皆さん　編集部

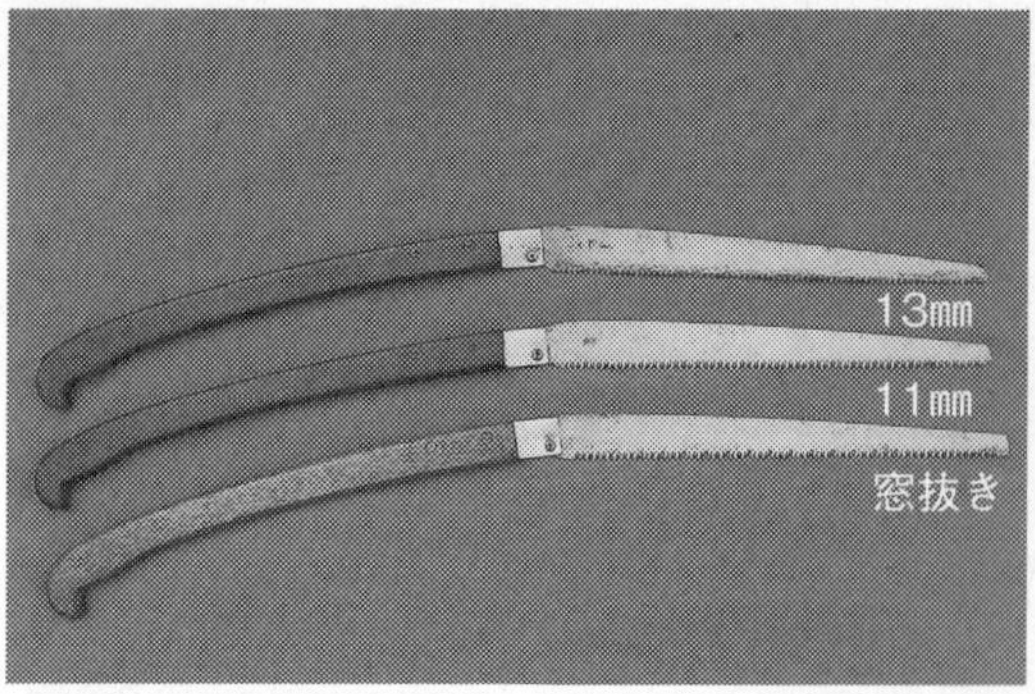

田部さんの白虎ノコギリ。細くやわらかい枝には目のこまかい13mmのもの。せん定始めのまだ樹液が流れていないときにも使う。樹液が上がって切れにくくなってきたら目の粗い11mmに。ノコクズが刃のあいだにたまって切りにくい太枝切りには窓抜きを使う（小林白虎剪定鋸製作所　福島県会津若松市 TEL 0242-26-1737）

左から日向公平さん、大竹邦弘さん、田部公一さん
（撮影はすべて赤松富仁）

「切れ味が長持ちすることが大切だ」という田部公一さんは、地元の鍛冶屋でつくられている「白虎《びゃっこ》」というノコギリを愛用。値段は高いが、毎年鍛冶屋にもっていって刃を研ぎ直してもらい、大切に使っている。

「ノコギリはふつう一〇日もせん定すると抵抗がでてきて切れ味がシブくなる。だけどこれは一か月くらい切れ味がもつ。力を抜いて挽くと、ノコギリの重さだけでスーッと切れる」と田部さん。

このノコギリは材質がとにかくかたい。鋼に安来鋼という最高級のものを使っているかららしい。かたいぶん、力で押してしまうと折れてしまうので使い方にコツがいるようだが、古くから青森でも使われている歴史のあるノコギリだという。

「世の中は使い捨てノコギリが主流だけど、オレは今のうちに『白虎』をまとめ買いしておいて、一生使い続けるつもり」と田部さん。

オレは替え刃タイプを使い捨て

いっぽう「折れたり切れにくくなったら買い替えたほうが効率的」というのは大竹邦弘さん。使っているのは「天寿」という替え刃タイプ。材質がやわらかいので折れにくい。最初の切れ味は「白虎」と変わらないが、一〇日くらい使うと切れにくくなる。替え刃が数百円と安いから、新しいものに替える。

「挽いて戻すときに突っかかってグニャって曲がったら手で直す。いよいよ使えなくなったらまた買えばいいじゃん」と大竹さん。

両方のタイプを使い分け

「白虎」も「天寿」の両方を使い分けているのは日向公平さんだ。軟らかい枝を切るときは「天寿」、かたい枝を切るときは切れ味のよい「白虎」を使う。「天寿」は手伝いにきてくれた人用にも使う。万が一こわしてしまっても気軽に刃を替えられるからだ。

二〇〇五年十二月号　ザ・農具列伝　切れ味が長持ち白虎

枝を切る

替え刃タイプノコギリ「天寿」
折れにくくさびにくい、替え刃が安い

岩本　治　和歌山県海南市

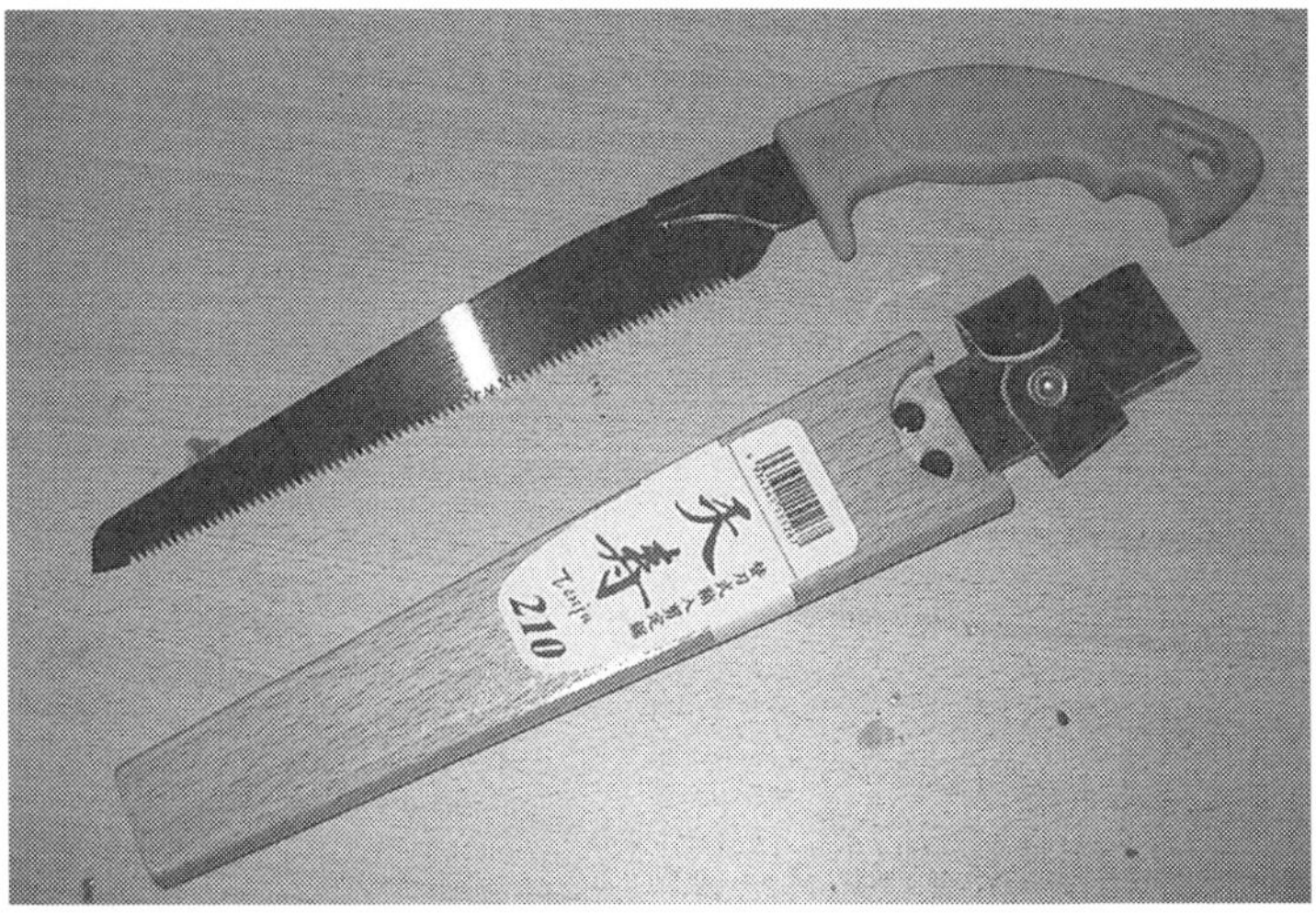

「天寿」（天寿刃物本舗 兵庫県三木市 TEL 0794-82-5449）

ノコギリには○○手打ちだとか値段がよいものがあります。たしかに切れ味とかもいいのですが、私の腕がわるいので、よく力が入りすぎたり、ついこねてしまったりで、先が「ポキン」と折れてしまい、「ア～」と思うんです。

ところが三年前にある県の参観デーで、業者の方が「折れない」「さびない」「切りやすい」とコマーシャルしていたので使ってみると、良いではありませんか。実際に折れにくくさびにくいのです（商品名「天《てん》寿《じゅ》」）。

しかも替え刃が安いので、切れ味がわるくなったときも気兼ねなく刃を交換できます。もちろん値段だけでなく、適度に腰がある刃で折れにくいので、曲がる場合がありますが、手で直してすぐまた使うことができます。

さびにくいし、刃がすこしこまかいので、ササや竹も切りやすい。道具を使わず手で替え刃ができるなど、とにかく経済的で使いやすいノコギリです。

二〇〇五年十二月号　ザ・農具列伝　折れにくくさびにくい、替え刃が安い　天寿

枝を切る

「コンビ目立」ノコギリ 太枝も細枝も一本で切れる

湯本浩司　丸源鋸工場

替え刃式の時代に

ノコギリは切れ味が悪くなったら、目立て（修理）をし直すことで、何十年にもわたって使い続けることができます。

しかし、目立てを農家でやるのはとても難しいことです。かといって、目立てを頼むと時間もお金もかかります。そこで近頃は、新しい刃にすぐ取り替えられ値段も安い替え刃式のノコギリでよいという農家が多くなりました。

弊社は永年、折れないで長く使えるノコギリ（日本刀に使われる玉鋼を参考に考案した高速度玉打鋼に炭で焼入れした「特製品シリーズ」）にこだわってきましたが、安価でもよく切れる本物志向のノコギリの開発に着手。できあがったのが、替え刃式「チェンジソーシリーズ」と「大地シリーズ」です。

鋸板が厚くても切れる

新しいシリーズでは、市販の焼入れ済みの材料を使うことでコストを抑え、切れ味を目立ての方法で補っています。

この切れ味を一言でいうと、ふつう鋸板が

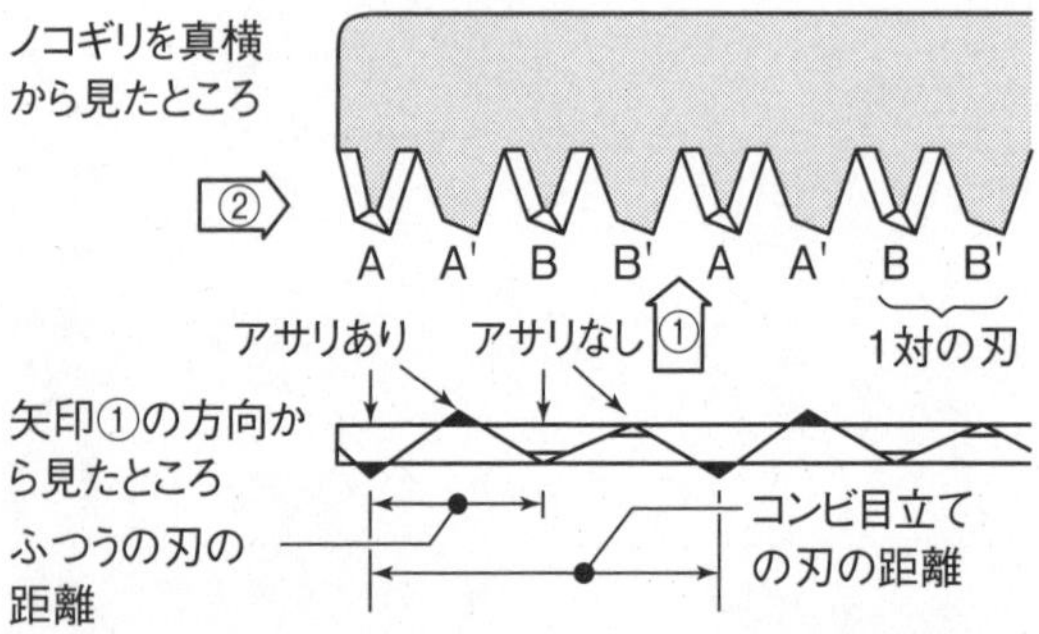
ノコギリを真横から見たところ
②
A A' B B' A A' B B'
①
1対の刃
アサリあり
アサリなし
矢印①の方向から見たところ
ふつうの刃の距離
コンビ目立ての刃の距離

同じ刃どうしの距離は普通の2倍になるので大きな刃がついているのと同じ状況となり、ザクザクとよく切れる。だが実際は細かい刃が多くついているわけで、大きい刃では切りにくい細枝も切れる

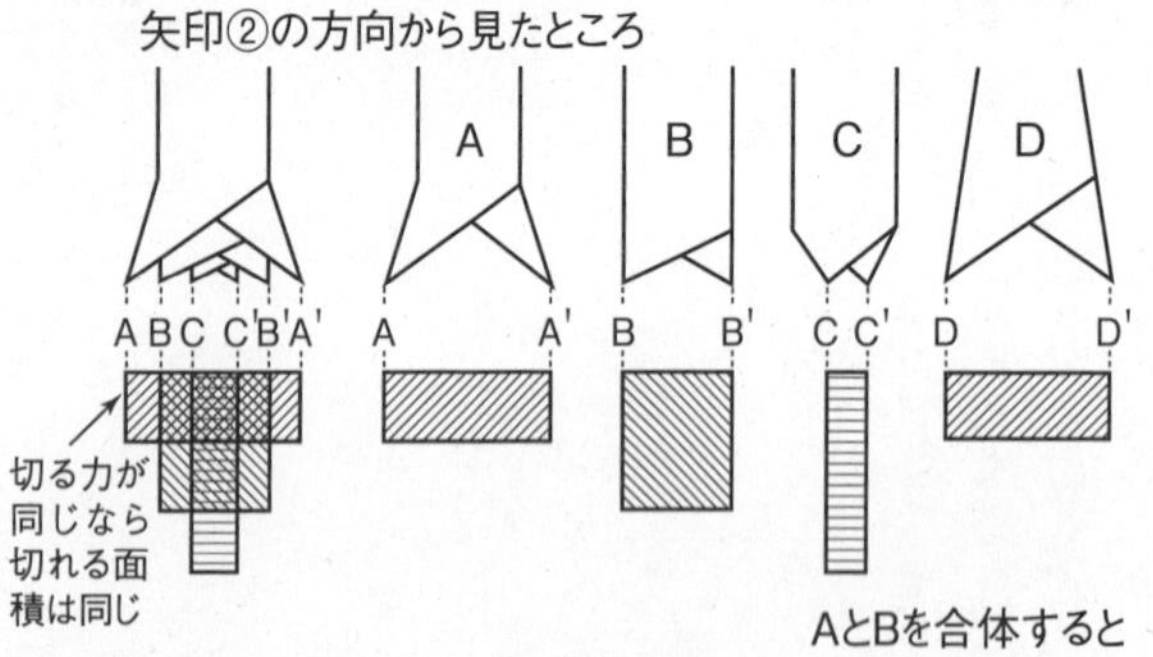
矢印②の方向から見たところ
A B C D
A B C C' B' A'
A A'
B B'
C C'
D D'
切る力が同じなら切れる面積は同じ

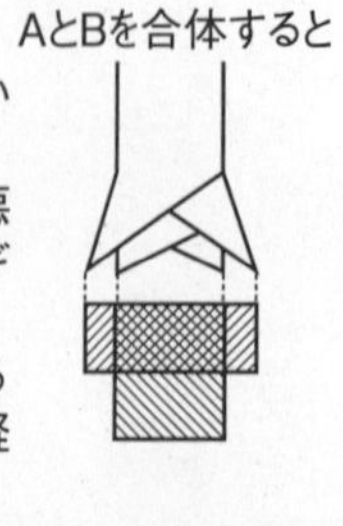
AとBを合体すると

アサリのある刃（AA'）とアサリのない刃（BB'）は切っていく場所が違う。AA'は渋くないが、ノコギリの沈みは悪い。BB'は渋く動かなくなるが、ノコギリの沈みは良い。
さらに、コンビ目立Ⅱは、CC'を加えることで板の薄い鋸を作ることによって軽く切れて沈みがよくなる。

「大地シリーズ」

厚いと切れにくいはずなのに、力を入れなくても鋸板の薄いノコギリと同じように切れるということです。

しかも細い枝でも太い枝でも一つのノコギリで十分。さらに、ノコギリはふつう木目に合わせてタテ引き用とヨコ引き用がありますが、このノコギリは木目にあまり関係なく切ることができます。

アサリのある刃とアサリのない刃が交互に

その理由は「コンビ目立」という独特の目立ての方法にあります。

そもそも、ノコギリが切れるためには次の三つの要素が必要だと思います。

①鋸板の厚さが同じなら刃が大きい（刃の数が少ない）ほうがザクザクとよく切れる

②同じ刃の大きさなら鋸板の薄いほうが切れる

③長く持たせるためには硬度を上げる

さて、ノコギリは切れていくときに渋くならないようアサリ（刃を左右に曲げる）を付けます。このアサリを多くするとノコギリは渋くはありませんが、ガラガラと切れます。逆にアサリを少なくするとサッと切れますが、渋くて動きません。

そこで両者の長所を利用することを考え、アサリのある刃とアサリのない刃を交互に並べました（図）。

これにより、それぞれの刃は切っていく場所が違うので、

①のように「同じ鋸板の厚さなら刃の大きいほうが切れがいい」ため、ノコギリの切れ味を数段よくすることができたのです。これが「コンビ目立」（実用新案・特許取得済み）です。

コンビ目立が誕生して一三年、さらに改良を続け、現在、

②の鋸板を薄くすることでより快適に切れる「コンビ目立Ⅱ」も開発しました。

弊社では、切れのよい「コンビ目立て」、刃先を硬くする「衝撃焼入れ」、サビに強い「表面加工」の三つの信頼を軸にお客様の役に立つノコギリ屋でありたいと思っております。お客様にご意見をいただくことでノコギリは進化します。これからもよりよい製品をめざします。

（丸源鋸工場＝長野県須坂市東横町一四二六　TEL〇二六―二四五―〇六七五　http://www.homepage2.nifty.com/marugen-nokogiri/）

二〇〇六年四月号　太枝も細枝も1本で切れる「コンビ目立」ノコギリ　資材ニュース

枝を切る

竹内快速鋸　アサリがないので切り口滑らか

佐藤和也　山形県鶴岡市

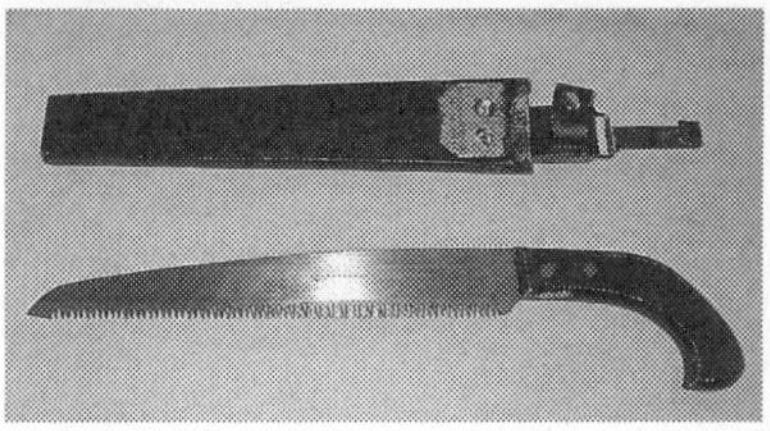

よく切れて切れ味長持ちの「竹内快速鋸」
（㈲竹内快速鋸　新潟県三条市　TEL 0256-34-0233）

ノコギリの刃を真上から見たところ

アサリ

※アサリとは刃を左右に互い違いに振り分けること。ふつうはノコギリにアサリがなかったら、木の中に入ったときに締めつけられてしまい、押したり引いたりすることが難しくなる。ノコギリの刃を左右に少し振り分けることによって、木との摩擦を軽くしている

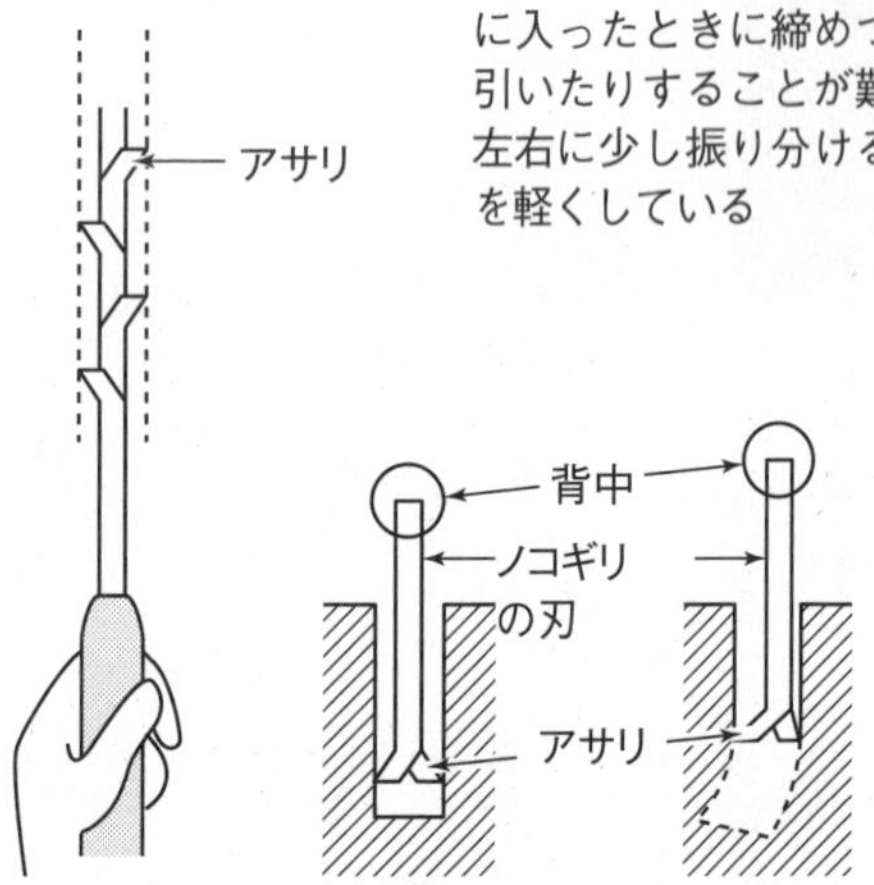

左右のアサリの振り分け方が均等でないとアサリの多い方へ曲がる

私が使う「竹内快速鋸」は、切り口が滑らかに切れる、切れ味が長持ちするノコギリです。

このノコギリにはアサリ（図）がありません。

普通はアサリがないとしぶくなって引きにくくなります。アサリを出すと引きやすいのですが今度は切り口が滑らかになりません。切り口を早く癒合させるには滑らかなほうがいいわけです。アサリを出さずに引きやすいノコギリにするために竹内快速鋸は特許をとっています（＊）。

私がノコギリに求める条件は、切れる、切り口が滑らかである、価格です。切れる刃物は当然のことですが、使用していて疲れにくいということです。仕事がはかどります。

今までは刃を交換できる使い捨てのノコギリを使用していましたが、ダメになった刃の処分に困っていました。ましてや今の時代、環境問題もあって使い捨てはやりたくないと思っていましたので、目立て（刃を研ぎ直してくれる）のきく快速鋸を使うようにしました。価格は六〇〇〇円ほどしますが、切れ味が長続きするので、いま主流の使い捨てのものより安上がりかもしれません。

＊調べてみると、刃の部分を厚くし、背中部分を薄くしているようです。従来のようにアサリで摩擦を軽減するのではなく、鋸身全体で摩擦を少なくする構造のようです。（編集部）

二〇〇五年十二月号　ザ・農具列伝　アサリがないので切り口滑らか　竹内快速鋸

お買上げの本

■ご購入いただいた書店（　　　　　　　　　書 店）

●本書についてご感想など

●今後の出版物についてのご希望など

この本をお求めの動機	広告を見て（紙・誌名）	書店で見て	書評を見て（紙・誌名）	インターネットを見て	知人・先生のすすめで	図書館で見て

◇ 新規注文書 ◇　　郵送ご希望の場合、送料をご負担いただきます。

購入希望の図書がありましたら、下記へご記入下さい。お支払いはCVS・郵便振替でお願いします。

（書名）	（定価）¥	（部数）　部
（書名）	（定価）¥	（部数）　部

枝を切る

スイス製「フェルコ」腕の腱鞘炎解消

新田耕三さん　岐阜県中津川市　編集部

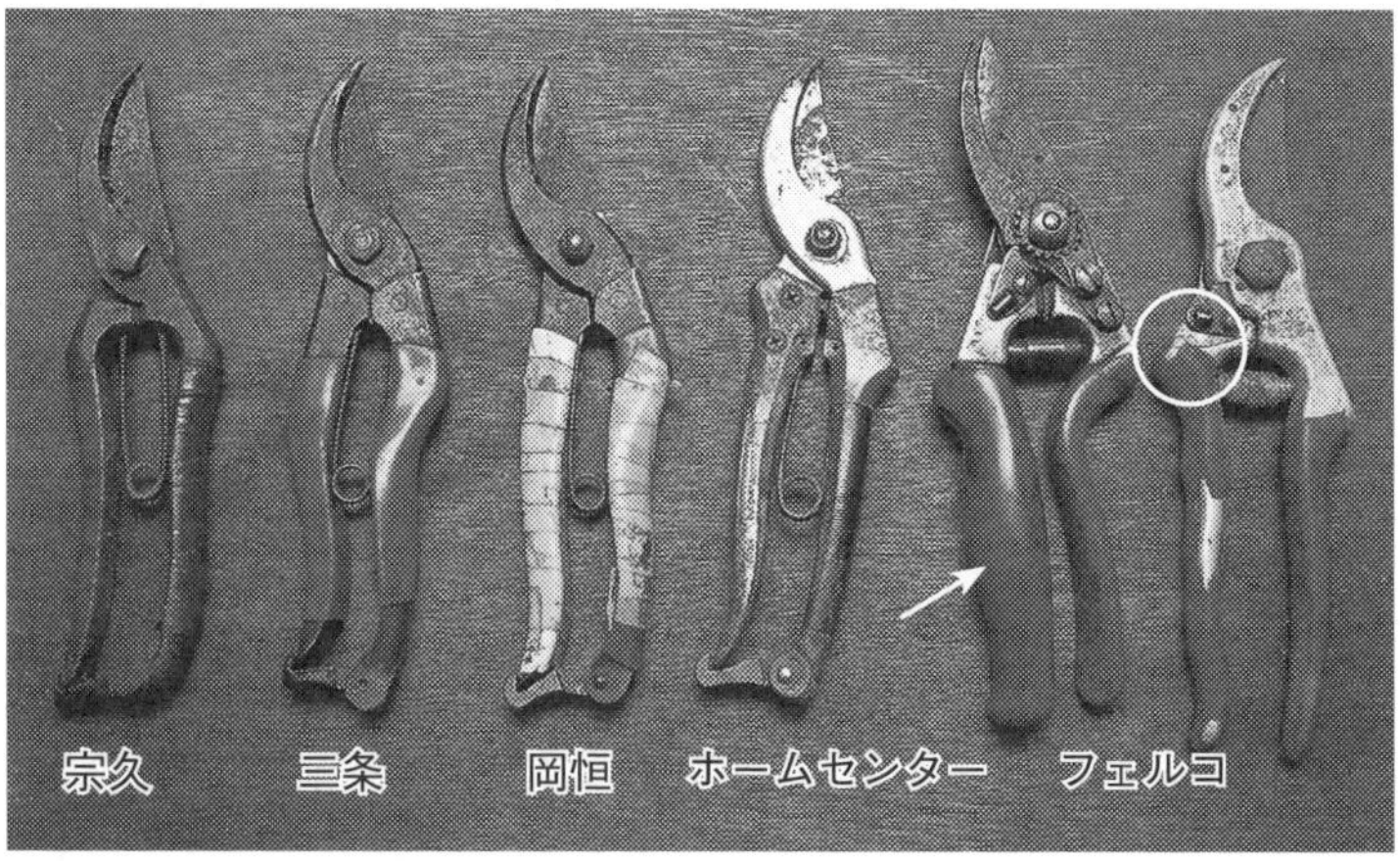

新田さんが使ってきたハサミ。右端の「フェルコ」は丸印のところが出っ張っていて指が固定される。その左の「フェルコ」が柄の部分（矢印）の回るタイプ。ホームセンターのハサミはバネが弱く疲れにくいので夏季せん定に使う。「岡恒」もたまに冬のせん定に使う。
「三条」は枝を切ったときに骨にひびく。「宗久」は重くバネがかたいので疲れる（撮影　赤松富仁、＊も）

新田耕三さん（＊）

「よいせん定バサミ」っていうのは切れ味だけではない。疲れないことが大事、というのは新田耕三さん（七三歳）。

奥さんと二人で一町七反のクリをつくる新田さんは一〇年以上前、腕の腱鞘炎に悩まされた。冬のせん定のときに、枝を「パチン」と切るたびに腕やひじに痛みが走る。「困ったなぁ」と思ったときに、地元の苗木屋で見つけたのが、スイス製で「フェルコ」というメーカーのせん定バサミだった。

柄の部分がくるくると回るので、指全体で握ることができるせいか疲れにくい。力がいらず、切ったときの反動が少ない構造にもなっているらしい。おかげで腕の腱鞘炎を気にせずにせん定を続けることができたのだった。

その後、この柄が回るハサミは刃のかみ合わせが悪くなったので使わなくなったが、今でも冬のせん定には「フェルコ」の別タイプのハサミを使っている。柄は回らないが、やはり反動が少なく疲れにくいのが気に入っているそうだ。

「フェルコ」は世界一評判の高いせん定バサミのメーカーともいわれていて、値段は一万円前後と高いが、園芸農家の憧れの道具らしい。

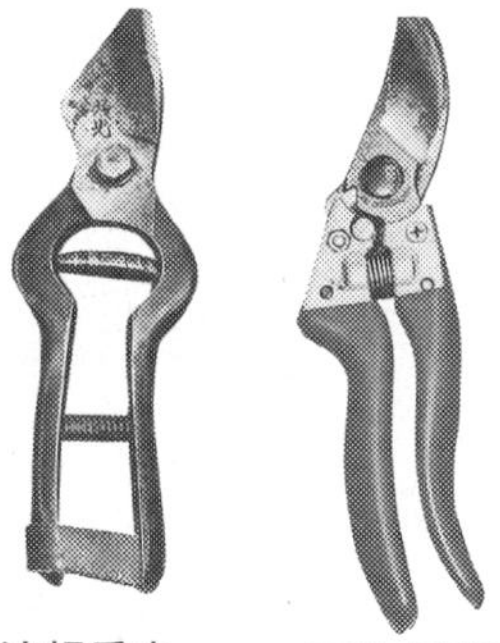

津軽重光　アルスV8

現在、使用のせん定バサミ

・フェルコのせん定バサミは「サカタのタネ」（TEL〇四五—九四五—八八二四）でも斡旋しているとのこと。

二〇〇五年十二月号　ザ・農具列伝　スイス製「フェルコ」腕の腱鞘炎解消

枝を切る

不知火（デコポン）用採取バサミ
へこんだ部分を切るのが得意

岩本　治　和歌山県海南市

カンキツでは最近、不知火（デコポン）やその兄弟品種の栽培が増えてきていますが、市場で「ほぞ」（図参照）のところの処理がされていない果実をよく見かけます。

この部分はデリケートで傷がつくと腐りやすいため残したくなる気持ちはわかりますが、他の果実に傷をつけてしまいます。

そこで私は、数年前に出た不知火用採取バサミを、採取はもちろん荷作りのときにも使っているのです。

これは刃の部分が反っているので、デコの部分や果梗の部分がへこんでいて切りにくい場合でも、果実を傷つけることなく処理できます。

他の果実やいろんな場面にも応用できると思います。ぜひ使ってみてください。

二〇〇五年十二月号　不知火用採取バサミ　へこんだ部分を切るのが得意

切りにくいへこんだ部分の
果梗を果実を傷つけずに切れるハサミ

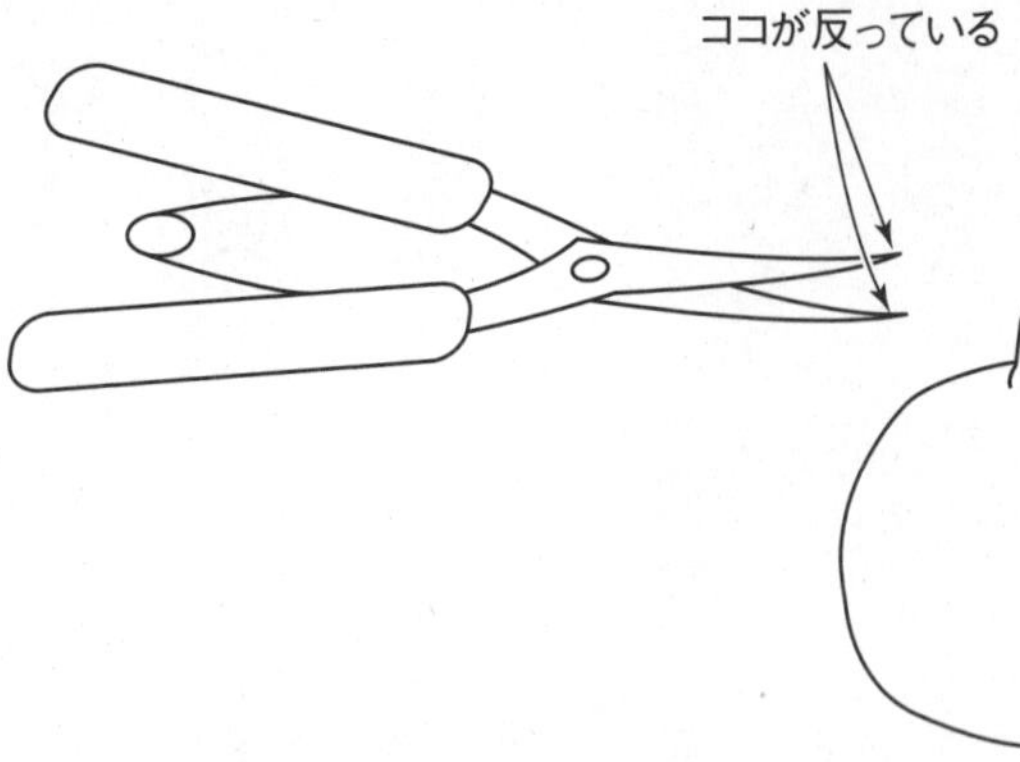

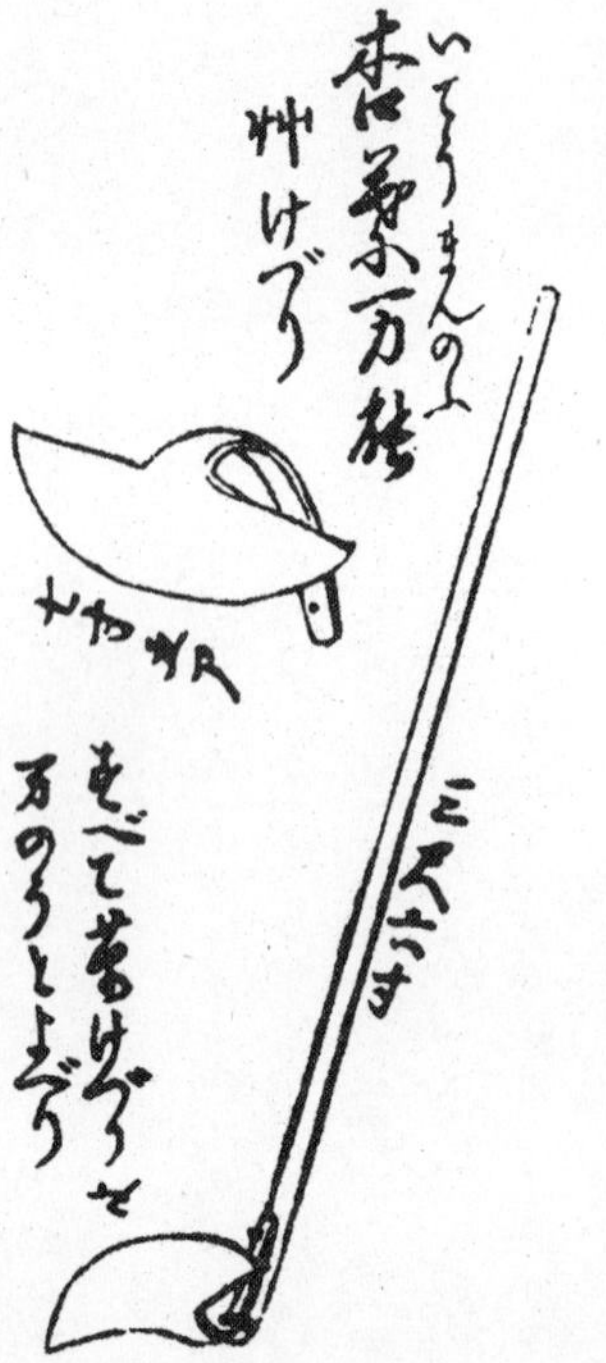

銀杏万能（いちょうまんのう）　すべて草削りを万のうとよんでいる。

枝を切る

軽い、早い、使いやすい充電式せん定ハサミ

（株）マキタ

果樹農家の方は農閑期といえども休むわけにはいかない。せん定、お礼肥、薬剤散布など収量や品質を決めるのも農閑期の作業次第だからだ。中でも、せん定は大きな労力を伴い、手作業では腱鞘炎にもなりかねない。こうした悩みを解消するのが「充電式せん定ハサミ」である。

この工具の大きな特長は、ハサミ側と電源のバッテリー側が一体式ではなく、分割されている点である。バッテリー側は年々、小型化、軽量化されてきたが、それでも長時間持つには重い。そこで、バッテリーを腰の収納ベルトに収め、さらにベルトをサスペンダーで吊って重さを感じさせないようにした。片手でも使えるので、枝を手元に引き寄せたりするときもラクにできる。

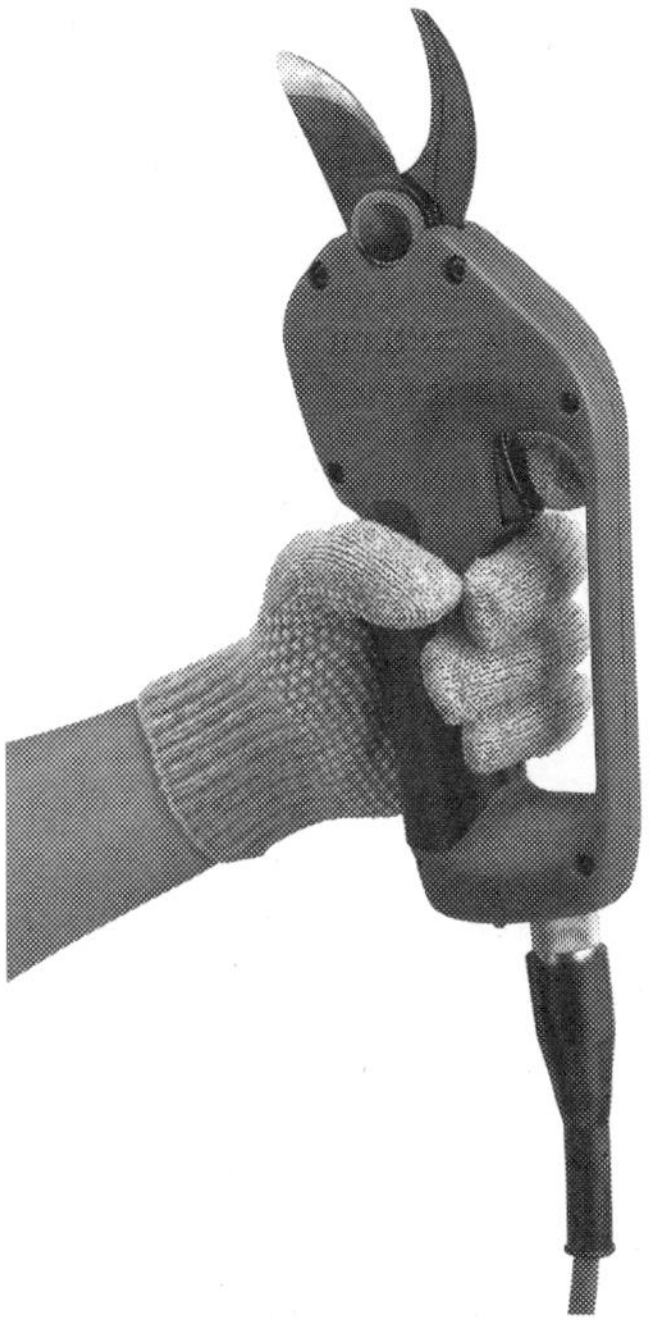

「充電式せん定ハサミ」のバッテリーは腰の収納ベルトに収めて、ハサミを軽くした

最大で直径三〇㎜の枝をスパッと切断し、直径一〇～二五㎜の枝なら一回の充電で約一万本せん定できる。予備のバッテリーを用意すれば連続作業も可能で、電源のとりにくいところでも安心して使える。収納ベルトにはせん定バサミを入れるホルスターも用意されているため、脚立の上り下りや、枝の後始末などの際にも便利である。

約一時間の急速充電が可能なので、昼休みは自宅で、という方にも大変便利、お昼からの仕事にも支障がない。プロの使う工具だから使いやすさをトコトン追求したマキタの「充電式せん定ハサミ」は農閑期の必須アイテムとなりつつある。

▼問い合わせは（株）マキタ（TEL〇五六六―九八―一七一一）まで。

二〇〇三年十二月号　脱・腱鞘炎　冬の枝管理をラクにする道具あれこれ　軽い、早い、使いやすい「充電式せん定ハサミ」

枝を切る

果樹の接ぎ木ナイフ

親木の表皮めくりも可能

山田正一　福島県双葉町

1本で2役の切り出しナイフ

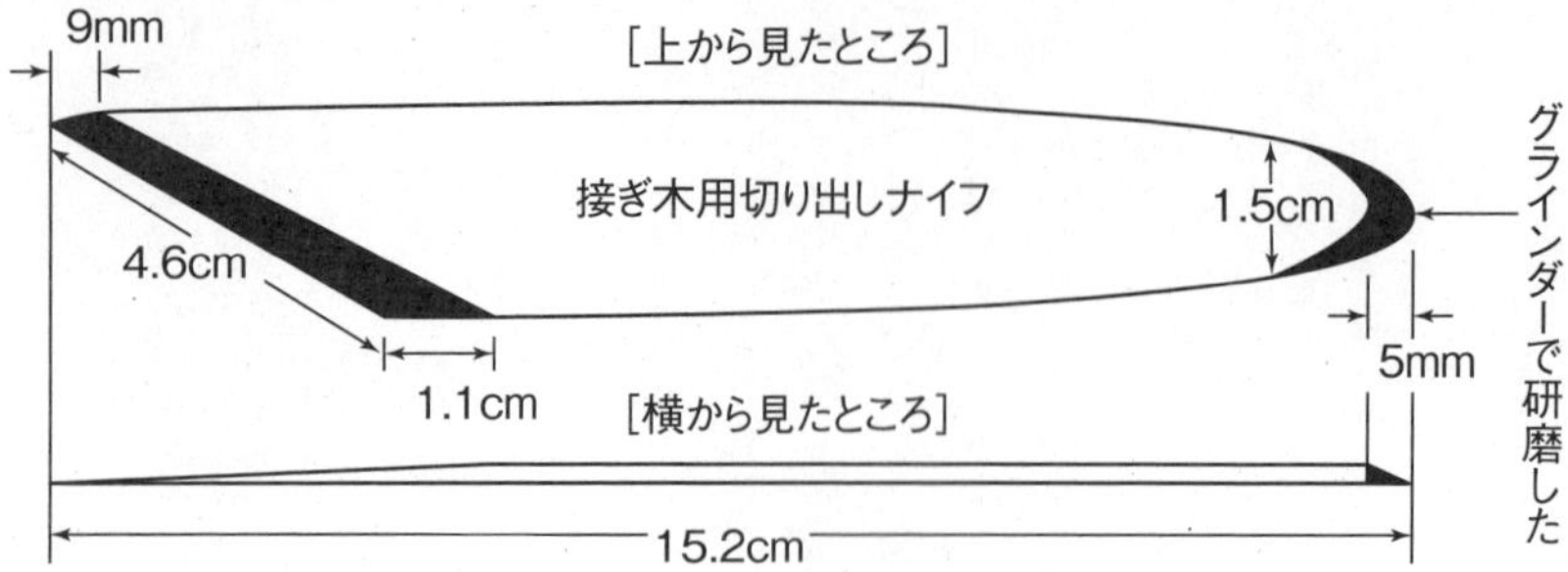
[上から見たところ]
9mm
接ぎ木用切り出しナイフ
1.5cm
4.6cm
1.1cm
5mm
グラインダーで研磨した
[横から見たところ]
15.2cm

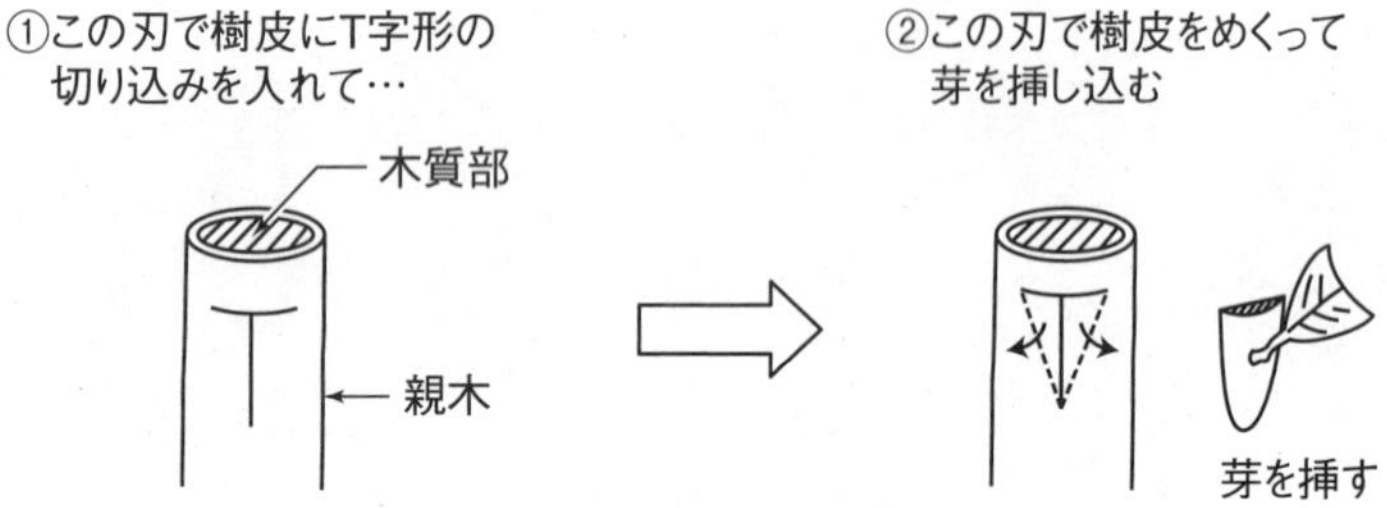
①この刃で樹皮にT字形の切り込みを入れて…
木質部
親木
②この刃で樹皮をめくって芽を挿し込む
芽を挿す

昭和三十八年より平成三年までモモ一三種、リンゴ四五種を栽培。庭先のリンゴは、胸の高さ、太さ四七cmの大木の枝という枝に芽接ぎして、一五種をならせたこともありました。

その当時から三二年間続けて、愛用しているのが、この「接ぎ木用の切り出しナイフ」です。

親木にTの字に切り出しナイフで切れ目を入れたら表皮をめくり、そこに芽を差し込むわけですが、表皮をめくる際に以前はマイナスドライバーで開いていました。

しかし、ドライバーの厚みがあるせいか、どうしても親木の木質部に傷をつけてしまいます。

そこで、切り出しナイフの刃の反対側をグラインダーで薄く研磨しました。切り出し刃のほうで切れ目を入れたら反対側でめくることができて、一本二役です。本当に使いやすく、カキ、ギンナンの高接ぎにも利用しました。

二〇〇五年十二月号　ザ・農具列伝　果樹の接ぎ木ナイフ　一本で親木の表皮めくりも可能

摘花・摘果

摘花、摘果時の親指つめ割れ、汚れを解消

手が荒れない！ ラクで早い！ お助け道具

(有)アズテック

つみとりくん

サクランボやリンゴなどの花摘み、摘果ブドウの肩摘み、イチゴの収穫作業、花の葉取り作業、野菜の芽摘み、植木の手入れ…

こうした花や芽、葉を摘む作業は親指のつめで切り取る場合が非常に多い。そのため、つめが割れたり、植物のアクでつめの中まで汚れたりするので、とくに女性にとっては長年の悩みだった。

そこで、ポリエステル製の指サックの先に、ステンレスの薄刃状のつめを付けた、特製つめ付き指サック「つみとりくん」を販売し、好評を得ている。

考案したのは、山形県天童市でサクランボやリンゴを栽培する武田高勇さん。これまでもゴムホースの先にカッターを付けるなど、道具作りに試行錯誤してきた。一昨年に金型工場を経営する友人の協力を得て、製品化した。

つみとりくんは現在のところ、当社で請け負い、販売している。

果樹だけでなく、刃を押すように切ると茎の細い花や、サヤエンドウのようなものも簡単に収穫でき、幅広い使い方ができる。

サイズも、指の太さにあわせてL、M、Sとあるので、自分にあったつみとりくんを、ゴム手袋の上からはめるだけで、指先がガードできる。

とくに女性からは「手が荒れなくなった」「つめの痛みがないので、作業が効率よくできる」と大変喜ばれている。

(有)アズテック　担当・梅木正勝　TEL〇一九―六三七―七七七二　FAX〇一九―六三七―七七三〇)

二〇〇〇年四月号　摘花、摘果時の親指のつめ割れ、汚れを解消　お母さんの手が荒れない！　ラクで早い！　お助け道具

摘花・摘果

ピンセット付きバサミ

ブドウ摘粒からガーデニングまで

(株)近正

ピンセット付きバサミ。人差し指をグリップの外に出して持つと、ピンセットが使いやすくなる

ブドウの摘粒といえば、ハサミとピンセットですが、「二つの道具を持ち運ぶのはかさばるし、紛失しやすい」とか、「毎回持ち替えるのは仕事がはかどらない」といった声を聞きます。

そこで軽量化、使いやすさに重点を置き、より改良を加えたのが、このピンセット付きバサミです。ハサミとピンセットが一体になっているので、ハサミを持ったほうの手首をかえすだけで、ハサミとピンセットの両方を使用できます。これ一丁あれば道具を持ち替える手間が省け、持ち運びが便利になります。

ブドウの摘粒からガーデニングの害虫取りまで幅広く使え、実際に使用されている女性の方からは、大変便利であるというご意見をいただきました。

刃は刃物で名高い大阪・堺の伝統ある切れ味を持っています。素材は高級ステンレス鋼を使用し、ブドウ特有の酸によるサビを防ぎます。

また、果粒同士の間に入れても傷がつかないよう、刃の外側の面が丸くなっています。カシメ部分からグリップまで四〇㎜のリーチの長さが、普通のハサミでは届きにくかった果実を切るのに大変便利です。

グリップはABS樹脂を使用しており高衝撃にも耐えます。形状も丸みを帯びているため、指に負担がかかりにくく、馴染みやすくなっています。

ピンセットもさびにくいステンレス鋼を使用。先端には滑り止めもついています。

全国の農協、金物屋で扱っています。

(株)近正　担当・高橋　TEL〇七二一―二六八―〇一一八)

二〇〇〇年四月　ブドウの摘粒からガーデニングまで使えるピンセット付きバサミ　お母さんの手が荒れない!　ラクで早い!　お助け道具

収穫する

農家が使う野菜収穫包丁

手首も腕も腰も痛くならない

編集部

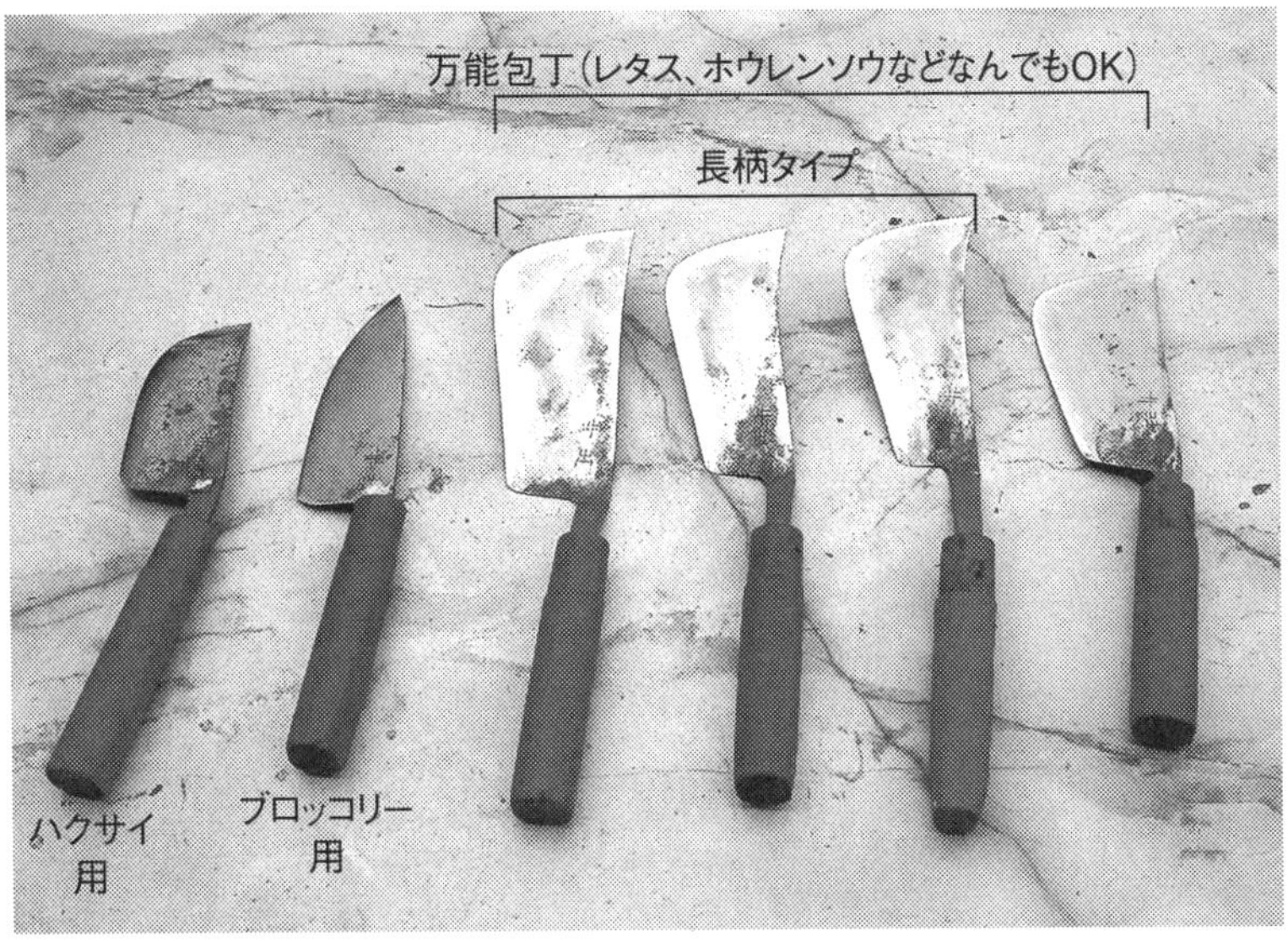
万能包丁（レタス、ホウレンソウなどなんでもOK）
長柄タイプ
ハクサイ用
ブロッコリー用

井出さんの「農家のための収穫包丁」シリーズ
大きさによって価格も違う。1万〜1万5,000円くらい

実際に一株、畑でレタスを切らせてもらった。

左手でレタスの頭を押さえ、外葉と玉のちょうど境目あたりの葉の付け根に右手の包丁の先を当てる。「そのまま押してごらん」

ス――ッ。何の抵抗もなく包丁は入り、あっけなくレタスは大地から切り離された。収穫終了。

なんだ、もっとザクッとかググッとかいう感じを想像していたのに、拍子抜けだ。力はみじんもいらない――。なるほどこれが、井出さん作出「農家のための万能包丁」の切れ味か。

農家の作業をじーっと眺めて、つくった包丁

馬の装蹄師として蹄鉄つくりに命をかけてきた井出儀一さん（七三歳・長野県御代田町）が収穫包丁をつくり始めたのはもう二〇年以上前のこと。奥さんと娘さんが経営している美容院に、近くの農家の母ちゃんたちが浮かない顔をしてやってくるのを見てからだ。

このあたりは野辺山や川上村ほど大規模ではないものの、やはりレタスやハクサイの高原野菜農家が多い。

男は主に切った野菜の箱詰めや運搬にまわるので、レタスやハクサイを来る日も来る日も何百何千と菜切り包丁で切りまくるのは、主に女性の仕事になる。

肩が痛い。腕が上がらない。腱鞘炎で眠

長野県小諸市の塩川やよいさんは「もう20年、井出さんのこの包丁が放せないの。スーッと切れるのよ」

20年使用　3年使用　2年使用　新品

塩川やよいさんの使い込んだ包丁の数々。やよいさんは必ず、毎日の作業の前にちょっと研ぐ。それだけで新品同様の切れ味が持続。使い込んで幅が狭くなった包丁は、素人には使いにくいだろうが、本人にはまったく苦にならない

れない。目がチカチカして火を噴くようだ……。どの母ちゃんもみな、相当に辛そうだった。

井出さんは、畑に出かけて農家の仕事をじっくり見てみることにした。長年、関節炎や骨折と隣り合わせの競走馬を蹄鉄で守ってきた井出さんには、どういう動きをすれば身体に負担がかからないかという「運動生理学」の発想があった。そして生まれたのが、前ページの写真のような包丁シリーズというわけだ。

「疲れない包丁」その秘密

しかしこの包丁群、ふつうの台所の包丁を見慣れた目には、どことなく違和感がある。この刃の形・幅・角度すべてがちょっと変わっているのだが、これこそ、農家の身体の負担を軽減するために、井出さんによって吟味されつくした結果なのである。

大まかな特徴は左ページの図を見てもらうとわかりやすい。

①引いて切るのではなく押して切る（突いて切る）タイプ

ふつう日本の包丁というのは、腹側に刃があって「引く」ことでモノを切る。ところが何百何千のレタスやハクサイを一個一個引いて切っていると、手首にものすごく負担がかかる。

手首が疲れると腕にくる。腕にくると肩にくる、首にくる。そして目にきたり、腰にきたりする……。

野菜の収穫に包丁ではなく鎌を使う産地もあるが、引いて切るタイプである限り、この疲れの原理は同じだ。

そこで井出さんの包丁は、先端の辺に刃を出して「押して（突いて）切る」ようにした。これだといくつ切っても手首に負担がかからない。

もちろん切れ味がいいことが大前提だが、まったく力を入れなくても一瞬にして野菜が切れる。

万能包丁（主にレタスで使われているが、他のものに使ってもよい）

主にこの面で切る

引いて切るのではなく、押して切る包丁

石を割っても刃こぼれしない刃

サイドももちろん切れる

いったん切ったレタスの外葉を落としたり…と手元で2度切りするときに使ったりする

不要な部分は落として軽量化

この形にすると使ったときに左上のAの辺りに自然と重心がかかり、最小の力で最大の仕事ができる

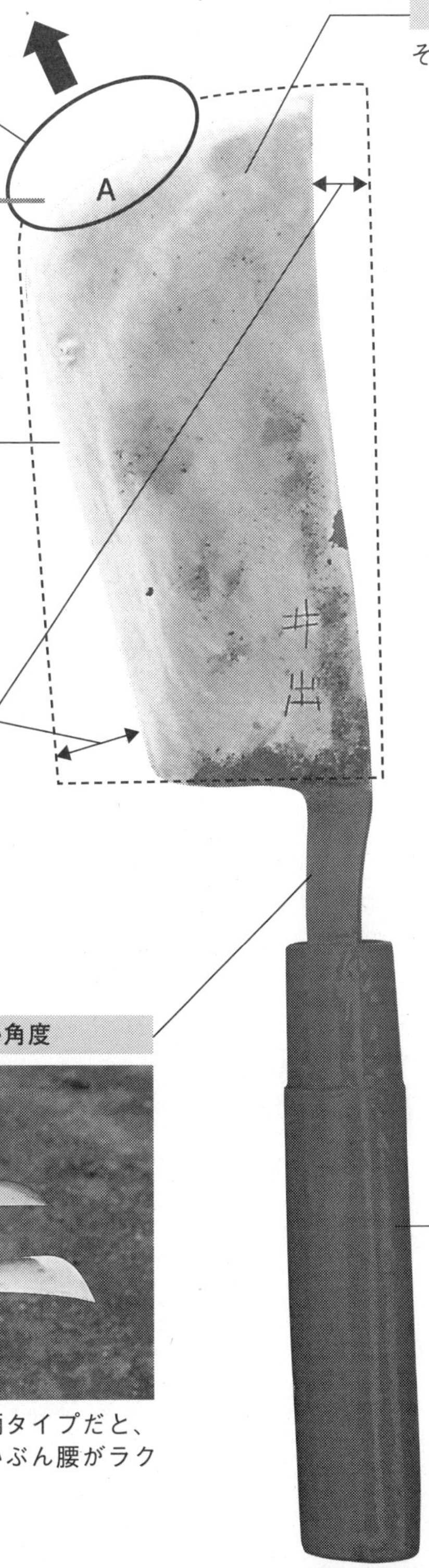

刃はじつに薄い

そして全体はとても軽い

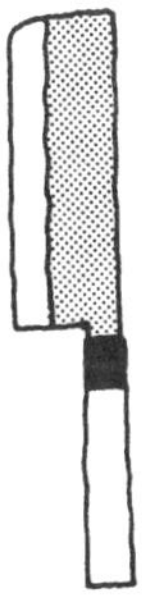

普通の菜切り包丁はこんな感じ

腰に負担の少ない角度

柄に角度がついている長柄タイプだと、かがんで収穫するにもずいぶん腰がラクになる

赤い柄

畑で落としてもすぐ見つけられる目立つ色

この押し切りの包丁、井出さんが開発して数年で類似品が次々出てきた。今では長野県の高原野菜地帯では押し切り包丁が常識だ。

おかげで、昔のように腱鞘炎で苦しむ母ちゃんはいなくなった。

②軽い、薄い

井出さんの包丁は、持ってみると実に軽い。一日中、持って歩くわけだから、なるべく軽いほうが疲れないわけだ。

さらに、非常に薄い。薄いからこそ、切るときに刃を押し当てるだけでス——ッと切れる。抵抗が少ない。

③独特の形

峰側・腹側とも刃が微妙に落としてあるが、これは、図のAの部分に力を集め、最小の力で最大の仕事をするための工夫。軽量化にも役立つ。

④腰の負担を減らす長柄タイプ

これだけ角度がついているだけでうんとラクになる（前ページ左下写真参照）。やっ

ハクサイ包丁の使い方

葉の付け根に刃先をあてて、そのままぐーっと押し込んでいく（レタスよりはさすがに少し力がいる）だけ

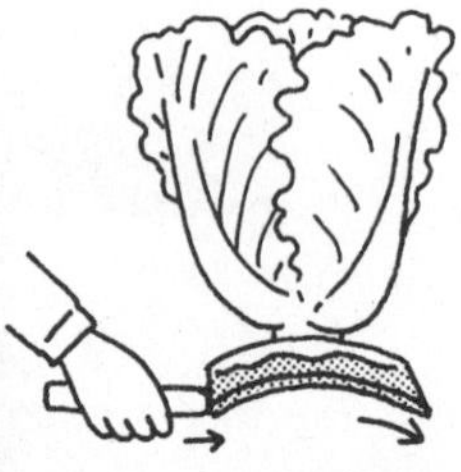

ハクサイ包丁はこんなふうに刃が曲がっている

ハクサイの尻部が芯部より出っ張っていても、曲がった刃が尻部に沿ってうまく外へ逃げていくので尻部を切りすぎたりしない。2度切りしなくても上手に切れる

てみないと実感できないかな。

⑤作物に応じて考え抜かれた刃形

・ハクサイ包丁のカーブ

丸い尻のハクサイを切るには曲がった刃でなくてはならない（右ページの写真・図参照）。

・ブロッコリー包丁の先端のとがり

ブロッコリーは収穫時に茎元の小さい葉を整理しなくてはいけない。そのときに細い先端が必要。この形でも「押して切る」使い方には変わりない。

⑥目立つ赤い柄

包丁は畑でよく置きっぱなしにされがち。自然物にはない目立つ色にしておけば、見つけやすい。

⑦そしてもちろん、鋭い切れ味

こだわりの材料でこだわりの刃を一つ一つ手作りしているのだから、切れ味は誰にも負けない。

また、畑には細かい石や砂がいっぱいあって野菜と一緒に切ってしまうことも多いので、石を切っても刃こぼれしないほど強靭につくってある。

ただし、ずっと使うにはやはりメンテナンスは必要だ。

井出さん曰く

「包丁は、もう道具というより身体の一部でしょ。だったら、一日の仕事が終わったら風呂にザブンと入れてやること。『お疲れさん』っていって、ちょっとだけこすってやる。その習慣さえついていれば一〇年でも二〇年でも刃がなくなるまで使えるから」。

一度使ったら、他は絶対使えない

井出さん発案の手づくり包丁が世に出るやいなや、押し切りの原理やハクサイ包丁のカーブ、赤い柄などは、すぐに大手の業者がマネをして量産態勢に入った。

だから今では、高原野菜地帯の農協に行けば、四〇〇〇～五〇〇〇円の安い規格品がいっぱい出回ってはいる。

だが、細かい形の工夫や使い勝手、軽さ、そして切れ味までもは決して大手にマネの利くものではない。

井出さんの包丁は一本一万円以上はするが（形や刃の大きさによって少々変わる）、一回買えば一〇年以上も持つし、何より一度これを使ってしまうと他の包丁は決して使いたくならないんだそうだ。

今は装蹄師の仕事もやめ、朝から晩まで一年中、農家のために包丁を叩いて手づくりしている井出さんだが、何せ一人でコツコツとやるだけでは年間二〇〇本くらいしかつくれない。

大量の注文は困るが、身体の負担をラクにしたいと切実に願う農家のためなら販売もしてくれるそうだ。ただし、注文は作物名を書いた往復ハガキで。電話はご遠慮くださいとのこと。

二〇〇五年十二月号　ザ・農具列伝　農家のための野菜収穫包丁　手首も腕も腰も痛くならない

包丁ができるまで

包丁でも鍬でも鎌でも基本的には同じだが、刃物はだいたい軟鉄と鋼鉄からできている。軟鉄は「地金」ともよばれるもので、含まれる炭素量が〇・〇二％以下、やわらかくて弾力がある鉄だ。いっぽう鋼鉄とは「ハガネ」のことで、含まれる炭素量が二％以下とされている。刃物の「刃」になる部分がこれで、硬いけど、その分折れやすい鉄だ。

▼両刃タイプの包丁

井出さんの場合は、図のように幾重にも重ねた軟鉄の棒を折り曲げ、中に鋼鉄を挟む構造にして、熱しては叩いてのばしていく。すると、両側に粘りを持つ軟鉄、真ん中に硬いハガネという包丁のもとができあがる。少々のムリがかかっても折れたりしない構造だ。

これを、包丁の形に整えて焼き入れ（熱した後、急激に冷やして硬く仕上げる）し、また叩いて形を仕上げ、最後に研ぐ。

井出さんの場合、細かい技術一つ一つに技が光るのはもちろんだが、軟鉄や鋼鉄の素材選びや焼き入れの仕方に企業秘密があるらしい。薄く仕上げるというのはじつは大変なことで、薄ければ薄いほど焼き入れのときに狂いが出る。鋼鉄と軟鉄は熱での伸び方が違うからだ。時間をかけてこれを叩き、また直すというのも、手作業ならではの「仕事」である。

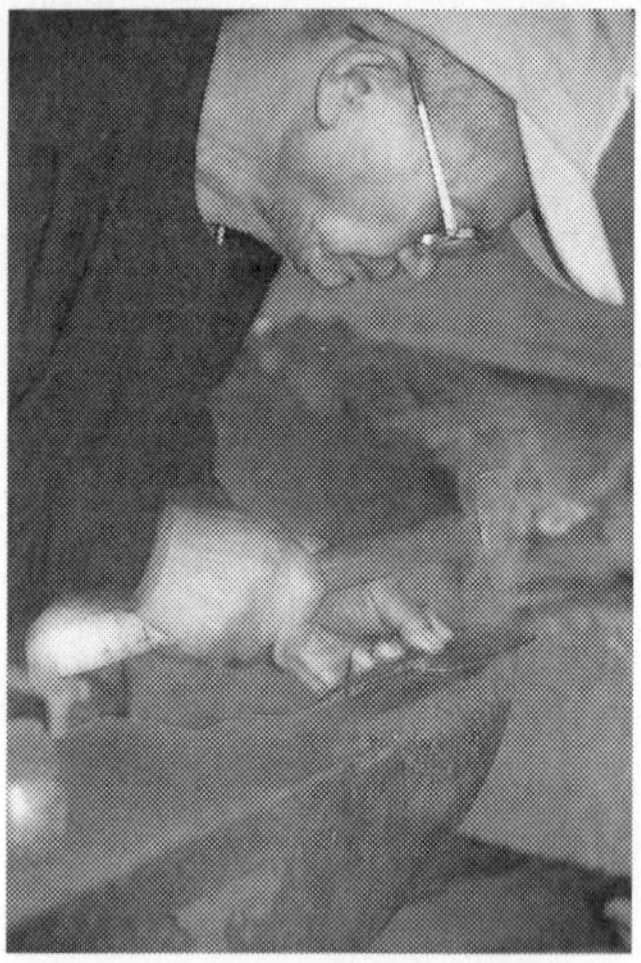

叩いて仕上げる井出儀一さん

▼片刃タイプの包丁

図のように、鋼鉄を端につけて叩きのばすと、片側がハガネの刃物ができあがる。鎌などは普通この方式だ。叩いて成形して焼き入れして……という工程は両刃タイプと同じだが、焼き入れでの狂いが両刃タイプより出やすいので面倒ではある。

だからだろう、業者のハクサイ包丁は両刃タイプのものが多い。が、井出さんのハクサイ包丁は絶対に片刃タイプ。片刃でないと、ハクサイの尻に合わせてスルッと包丁が滑っていかないという。こんなところにもこだわりがある。

包丁の構造

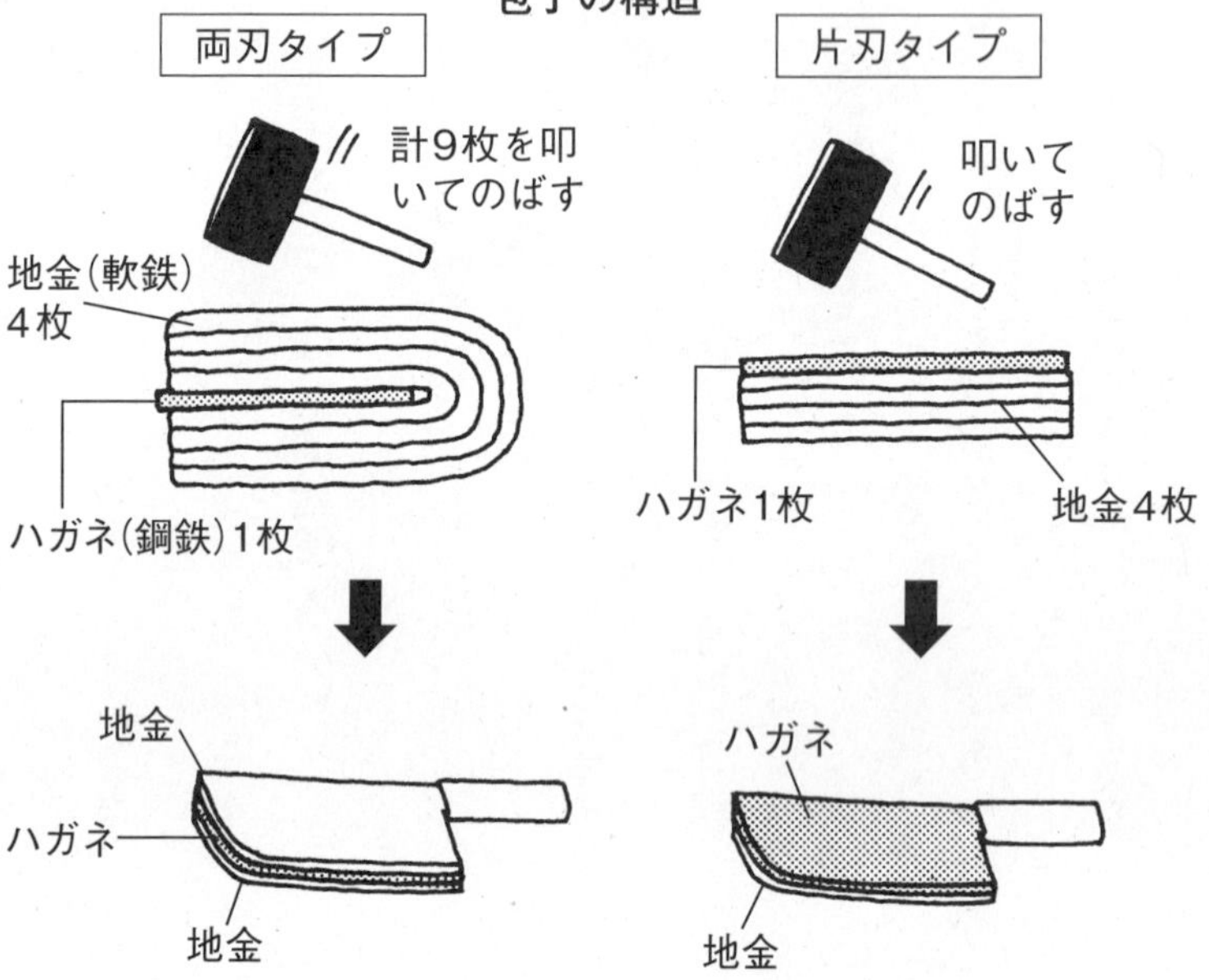

両刃タイプ
計9枚を叩いてのばす
地金（軟鉄）4枚
ハガネ（鋼鉄）1枚
地金
ハガネ
地金
片刃タイプ
叩いてのばす
ハガネ1枚
地金4枚
ハガネ
地金

片刃タイプは3層構造

片刃タイプは2層構造（左利きの人間には反対側にハガネをつける）

収穫する

指差し式小型ハサミ

軽い、よく切れる

編集部

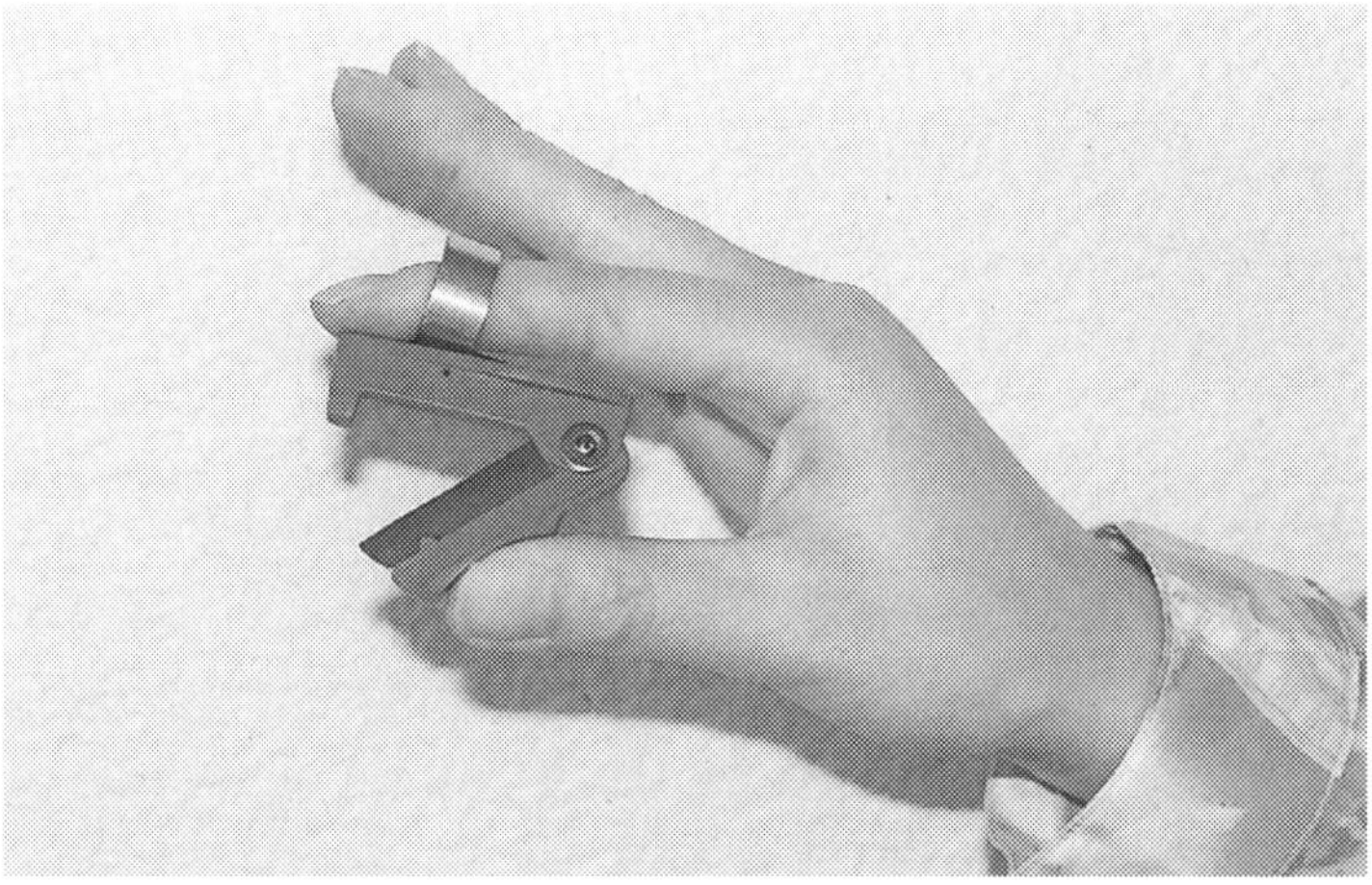

指装着式の小型ハサミ「切り取り先生」

重さわずか一四g。指装着式の小型ハサミ「切り取り先生」は、サヤインゲンやイチゴなど、果菜類・果樹などの収穫作業をラクにする。福島県農業試験場と（株）ベルテックスの共同開発で生まれた。

人差し指に装着して、親指で押すことで切れる（親指を離すとバネで戻る）ので、利き手でなくても使える。

刃はステンレス製で、スリットに入り込むことで切断するので、片手で簡単に切れる。指を挿入するリングは、指に合わせてサイズが変えられるうえ、使いやすい角度に回転させて調整可能。

三個入り一セットで販売。

※販売先＝（株）ベルテックス　〒九六三―〇五五一　福島県郡山市喜久田町字菖蒲池一―四　TEL〇二四―九六二―〇一六一　FAX〇二四―九六二―〇一六二

二〇〇二年五月号　こんな機械・道具で小力少費の春作業　指差し式小型ハサミ「切り取り先生」軽い、よく切れる

こんなハサミも便利

カーネーションハサミ

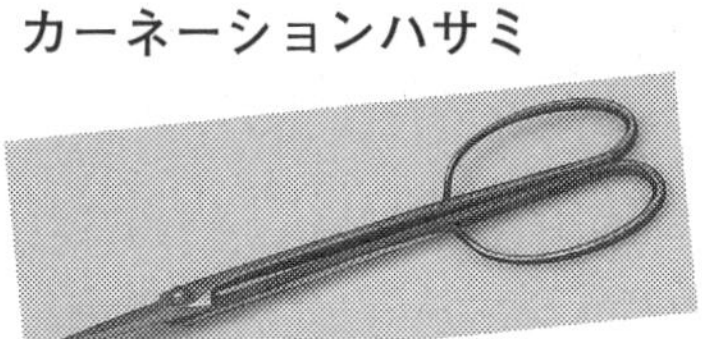

柄が長いので、カーネーションのように細くて背の高い花を切るのに最適。延々と張ってあるフラワーネットにもひっかからない。（田中惣一商店　TEL 0470-22-2088）

（撮影　松村昭宏）

野口式二段ハサミ

片手でナスを収穫できるハサミ。上の刃でナスの軸を切ると同時に下の刃がはさむという二段刃構造になっているので、軸を切ったあともナスが落ちない。収穫物の軸の太さにより刃の開き具合が調節できるネジもついている。

（野口鍛冶店 TEL 0480-85-0422）

（撮影　赤松富仁）

収穫する

夢の一輪車「ドリーム・リバ輪」

狭い通路で大活躍

北海道勇払郡　杉渕正人

リバ輪（リバーシブル一輪車）

狭い通路で使える一輪車があったなら…

追分町農村青少年連絡協議会というクラブがあります。そして、クラブ員のほとんどの家では、同町の特産品「アサヒメロン」を作っております。クラブ員達はこのメロンの運搬作業をラクに、そして茎葉のダメージを必要最小限に抑えるため「リバ輪（リバーシブル一輪車）」を作りました。

この一輪車を考案するまでは、一輪車一台分の狭い通路をメロンを集めながら進み、Uターンして運び出していました。しかし、狭い通路でメロン満載の一輪車の反転はなかなか難しいものです。バランスを崩して横転するおそれがあります。また、通路のすぐ横にはメロンの株があり、茎葉を傷つけることにもなりました。この問題についてクラブ員で話し合い、リバ輪の製作に取り組みました。

反転のしかたとしくみ

要は、自分が一輪車のハンドルを持ちながらぐるりと回らなければならないから困るわけです。そこでこのリバ輪は、「リバーシブル」の名のとおり、一輪車の構造自体が前後逆になるようになっています。

反転作業は三つの工程で成り立っています。

まず最初にハンドルの反転。荷台下の中心部に左右へ通した一本の長いボルトを軸に、反対側へ倒します。そして反転したハンドルを固定するために、本体前後にハンドルのはめ込み部分を作りました。

次の作業はタイヤの移動です。ハンドルさえ反対側に付けばそれでよさそうですが、一輪車のタイヤというのは荷台の中心より前方になければうまく運べません。ハンドルを反転した時点では、タイヤは中心より後方（ハンドル側から見て手前）にあります。このタイヤを移動させるには、ハンドルを持ち、一輪車を前方へ傾けてタイヤを浮かせる（タイヤを浮かせるためのスタンドが付いている）。

そして、浮いたタイヤを前方へ蹴り出す。すると、タイヤは二本のレールに沿ってスライド移動するようになっています。これでタイヤの移動も完了。

しかしこのままでは、一輪車を押しているあいだにタイヤが前後へ動いてしまうので、レールに溝を付け、荷物を載せた重みでタイヤが固定されるしくみにしました。

それに、もう一つ問題が残っています。タイヤを浮かせるためのスタンドは前後に必要ですが、これを固定式にすると、移動する際に前方スタンドが地面などにひっかかってしまうのです。

折りたたみ式にできればと思いましたが、使い勝手の良い構造がなかなか浮かびません。そこで発想を変え、上下にスライドするスタンドを思いつきました。伸ばすときは足でスタンドを下へ踏む。すると、伸びきったところでロックがかかります。ロックを足で蹴ると、スタンドはバネの力で上がるというしくみです。

リバ輪の製作費は、新品一輪車を購入して製作したため、バネ、ボルト・ナット、塗装費を入れて六三〇〇円かかりました。でも古い一輪車を利用すればずっと安くなるし、タイヤさえあれば、そこから製作することも可能でしょう。製作時間は、五人で一日平均三時間作業して、一週間ほどでできました。設計図などはありません。あれこれ考えながら作業したため時間がかかりました。

今後は軽量化や、他のハウス栽培の作物にも対応できるようにしたいと考えています。

二〇〇四年一月号　狭い通路で大活躍！　夢の一輪車「ドリーム・リバ輪」

輪リバのしくみ

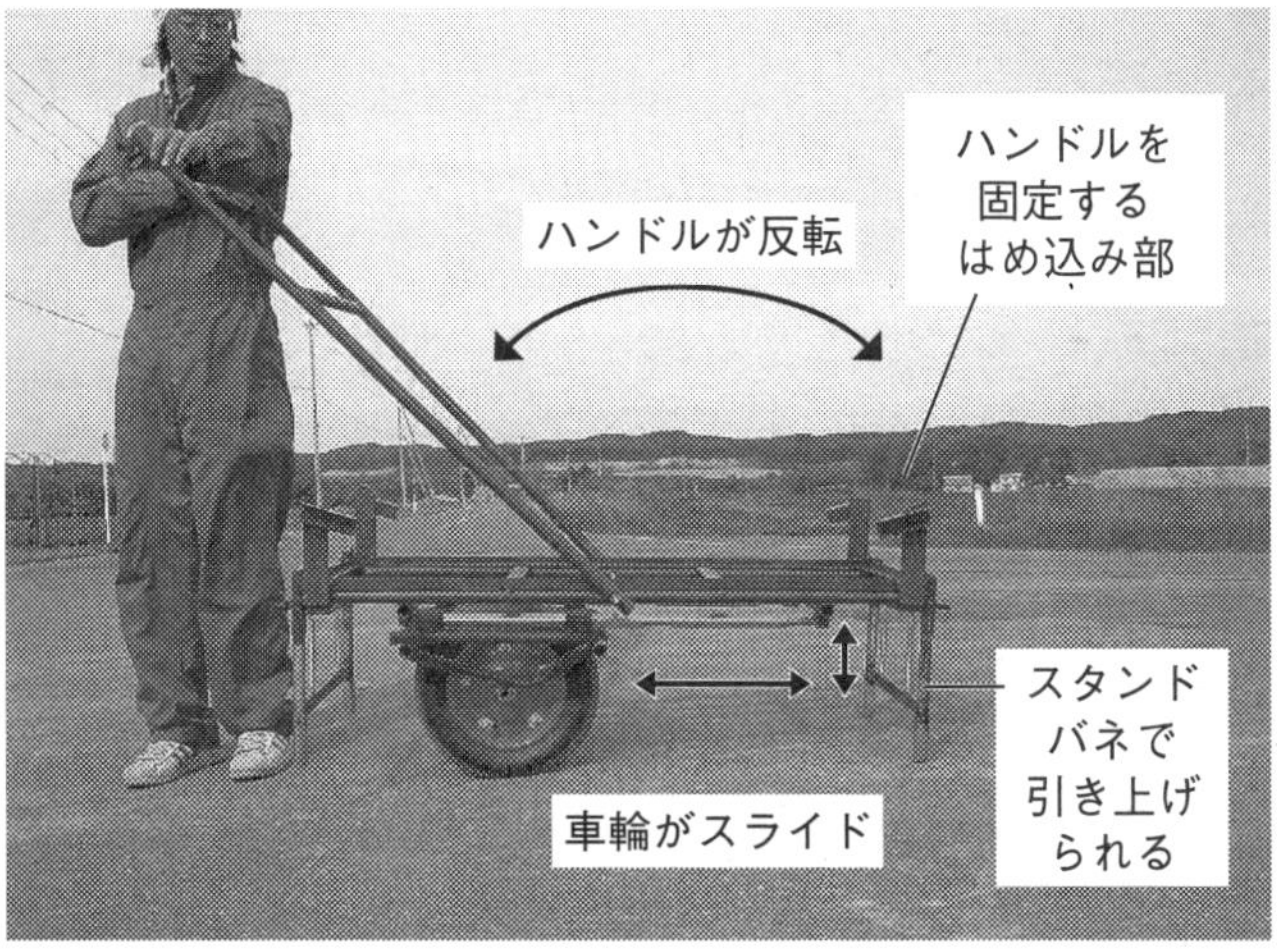
ハンドルを
固定する
はめ込み部
ハンドルが反転
スタンド
バネで
引き上げ
られる
車輪がスライド

リバ輪のおかげで、この狭い通路でぐるっと回らずにすむようになった。ちなみに、メロンの中に突き出ているネギは、虫よけのために植えている

収穫する

サトイモの分割・皮むきをラクにする私の秘密兵器

井原英子　兵庫県太子町

サトイモの掘り上げは、毎年十一月末にすることに決めていますが、お盆の八月十四日には早掘りをします。イモは小さいですが、まだ珍しい時期です。サトイモは主人の大好物でした。それでお盆に二株ほど掘っては、夕食膳をにぎわせてくれていました。

サトイモを掘るときは、ズイキの軸を切ってマルチをめくり、二か所ほどスコップを入れると簡単に起きます。両手で持ちあげ、スコップの柄の上に落とせば、土も取れてパラパラにくずれます。

サトイモの分割法
打ちつけるように
落とすとイモがバラバラになる

赤軸のサトイモの場合は、軸も食べられるという昔の料理法があるそうですが、この親イモは冬のおでんの一品にするとおいしいです。厚く皮をめくって角切りにすれば、不思議とくずれません。一度お試しください。でも青軸の親イモはダメ。子イモはおいしいですが。

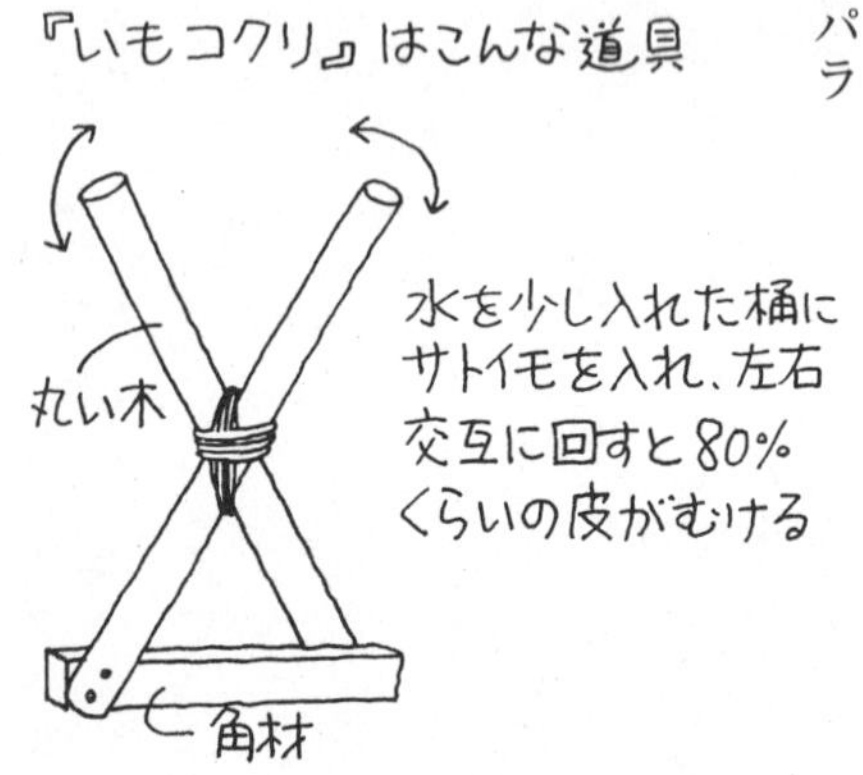
『いもコクリ』はこんな道具
丸い木
水を少し入れた桶に
サトイモを入れ、左右
交互に回すと80%
くらいの皮がむける
角材

サトイモの皮をめくるにはゆでてめくる方法もありますが、なんとなく栄養が逃げてしまいそうです。それで私は、昔ながらの道具を使っています。

水を少し入れた桶の中にサトイモを入れ、「いもコクリ」という木で作った道具を使うのです。これを左右に何回か回すと、ほぼ八〇%は皮がめくれます。あとは包丁で整えれば、すぐ調理することができます。一度に、二~三回調理する分をまとめてやっておいて冷蔵庫に入れておけばラクですよ。

スーパーへ行けば、皮をむいたサトイモがパックされて売られていますが、本当のイモの味はなくなっているのではないでしょうか。最近は、手間を省けるという商品があまりにもありすぎます。おかげで、お鍋の中に入れるまでの手順がわからない人たちが増えました。手をかけた料理、心のこもった食事がしたいと思う今日この頃です。

サトイモのズイキを皮をめくって陰干しにするのは、母に教わりました。昔は、お嫁さんがお産をすれば必ずといっていいほど食事に出ていた一品とのこと。これを食べると産後の肥立ちがとても良く、早く元気になれるといったそうです。今ではズイキは捨ててしまうのがあたりまえですが、昔はとても大事に食べていたのですね。

二〇〇二年十月号　イチゴの横着苗採り法が大成功!

収穫する

サトイモ掘り器
テコの原理で容易に掘り起こし

前　勇一郎　安養寺屋

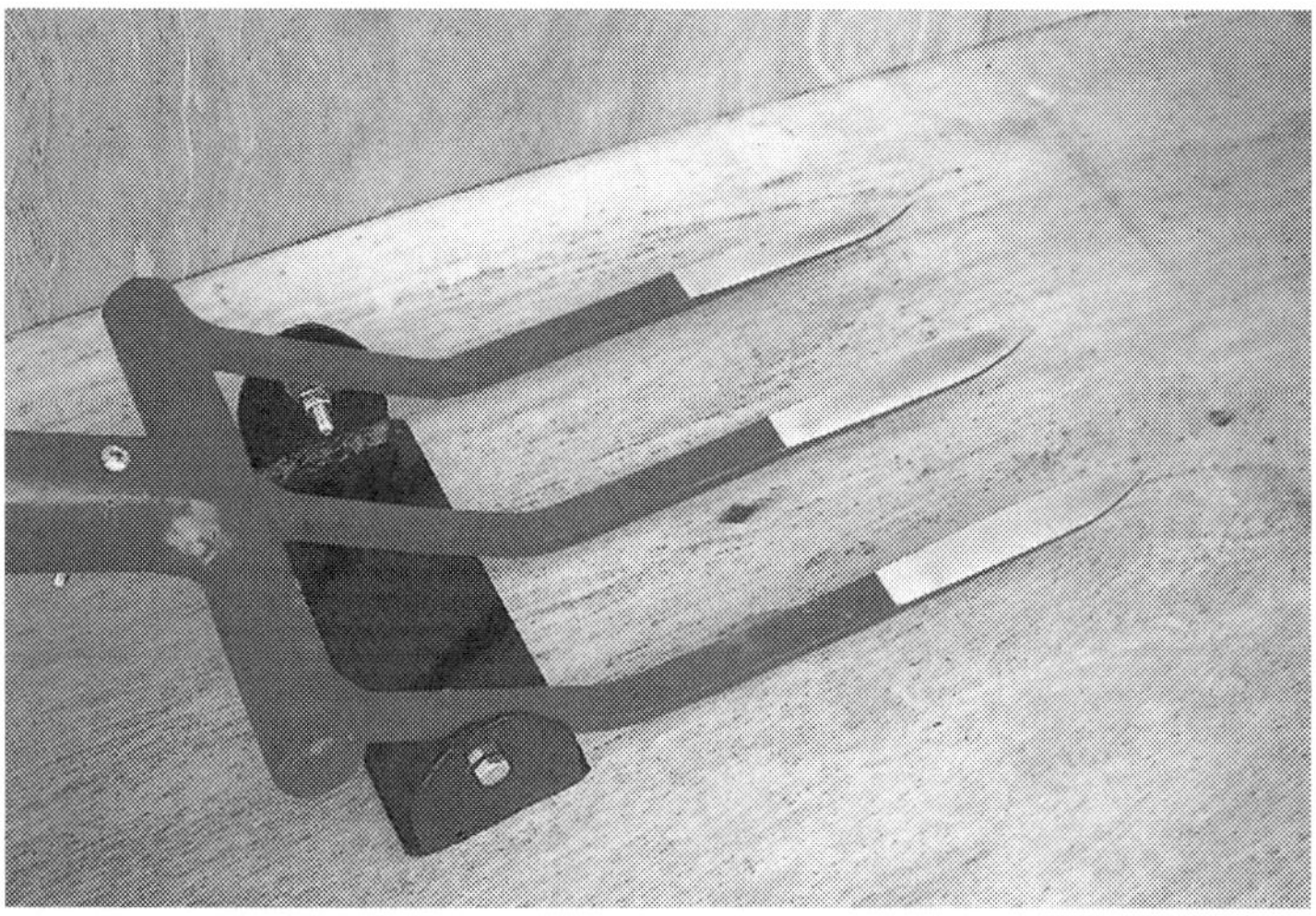
サトイモ掘り器「掘ったろう」(意匠登録済)。爪先が尖ったもの、平たいものの2種類がある

ここ福井県大野市は、市の特産品にも指定されているサトイモの産地です。

サトイモを掘り起こす際には、これまで当地域ではスコップや三つ鍬を使っていました。しかし、イモを傷つけず、大きい硬い株を丸ごと掘り起こすのは重労働。たくさん作る農家は機械を使いますが、それでも機械が入らない畑の両端は、人力の農具に頼るしかありません。

そんな農家の手助けになればと生まれたのが、サトイモ掘り器「掘ったろう」です。

当店は、鉈〈なた〉・鍬〈くわ〉等の刃物や農具を得意とする創業一一〇年の鍛冶屋です。「高齢者や女性の方でも、手軽にいつでも掘り起こせる」ことを念頭に、テコの力を利用して、大きなサトイモの株が容易に一気に掘り起こせるよう工夫しました。

畑のウネの大小や、収穫するイモの大小にかかわらず使えるようにしたいとも考えました。試行錯誤の末、テコの支点になる部分の鉄板が動く（回る）ようにしたところ、サトイモのみならず、収穫後のナスの株や、根の深い雑草類の掘り起こしにも利用価値が高いことが判明しました。

「腰の負担が少なくなった」「作業がスムーズにできた」などの声が多数寄せられています。

（福井県大野市中挟三―一三〇四　TEL〇七七九―六六―二九二二）

二〇〇八年四月号　生涯現役の味方　小さい田畑で役立つ便利農機具　サトイモ掘り器

使えるぞ 扇風機
小型乾燥機、唐箕にもなる

南 洋　京都府京都市　南農業研究会

夏の風物詩・扇風機は暑さをやわらげるのにとてもよいものですが、エアコンに主役の座を奪われた今、その出番は減りました。ところが、小規模農産を行なう私にとっては結構出番が多く、年間を通じてよいパートナーなのです。

その利用法は大きく二つ。扇風機に補助具（ダクト）を付けて対象物に風を送ることで、①収穫した野菜を風乾したり、②穀物や種子類を調製・選別することもできます。

以下、いくつかの項目にわけて説明します。

収穫した野菜の風乾

①収穫物の表面や傷口の風乾——天気の悪い日のイモもすぐ乾く

イモ類を中心とした利用法です（表1）。

収穫した野菜を風乾する場合

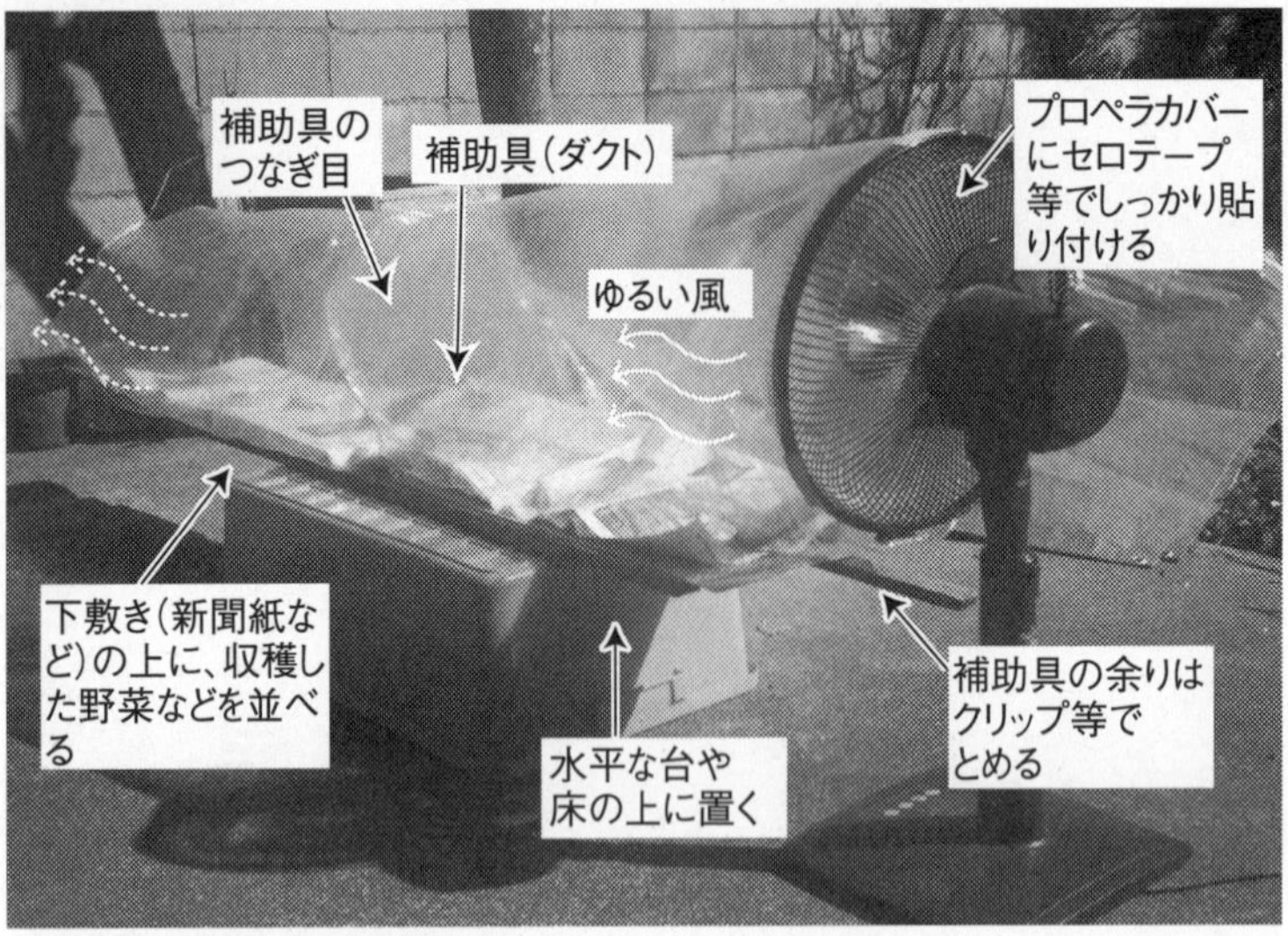
補助具の
つなぎ目
補助具（ダクト）
プロペラカバーにセロテープ等でしっかり貼り付ける
ゆるい風
下敷き（新聞紙など）の上に、収穫した野菜などを並べる
水平な台や床の上に置く
補助具の余りはクリップ等でとめる

強い風では野菜の表面と中心とで乾燥度の差が激しくなるので、ゆるい風（スイッチは弱で十分）を少しずつ長時間あてる。
補助具（ダクト）は、クリーニング袋などの大きい袋を利用する。対象物により補助具の幅や高さ、長さ（数）を変えるが、高さは対象物の最低3倍以上あるとよい。

表1　収穫物の表面や傷口を風乾させる作物と時期

タマネギ（6月）、ジャガイモ（6～7月、11月）、サツマイモ（10月）、ヤーコン（11月）、サトイモ（11月）、ショウガ（11月）

※サツマイモは、雑菌が入って日持ちが悪くなるのを防ぐために、キュアリング処理（25℃以上の日照下におき癒傷組織を形成させる）をするが、その条件が揃うまでの「つなぎ」として行なう。
※乾燥しすぎるとしなびるもの（ヤーコン、ジャガイモ、タマネギ、ショウガ）は、表面が乾燥しきったら風乾をやめて、過度に乾燥させないように。

補助具（ダクト）の作り方

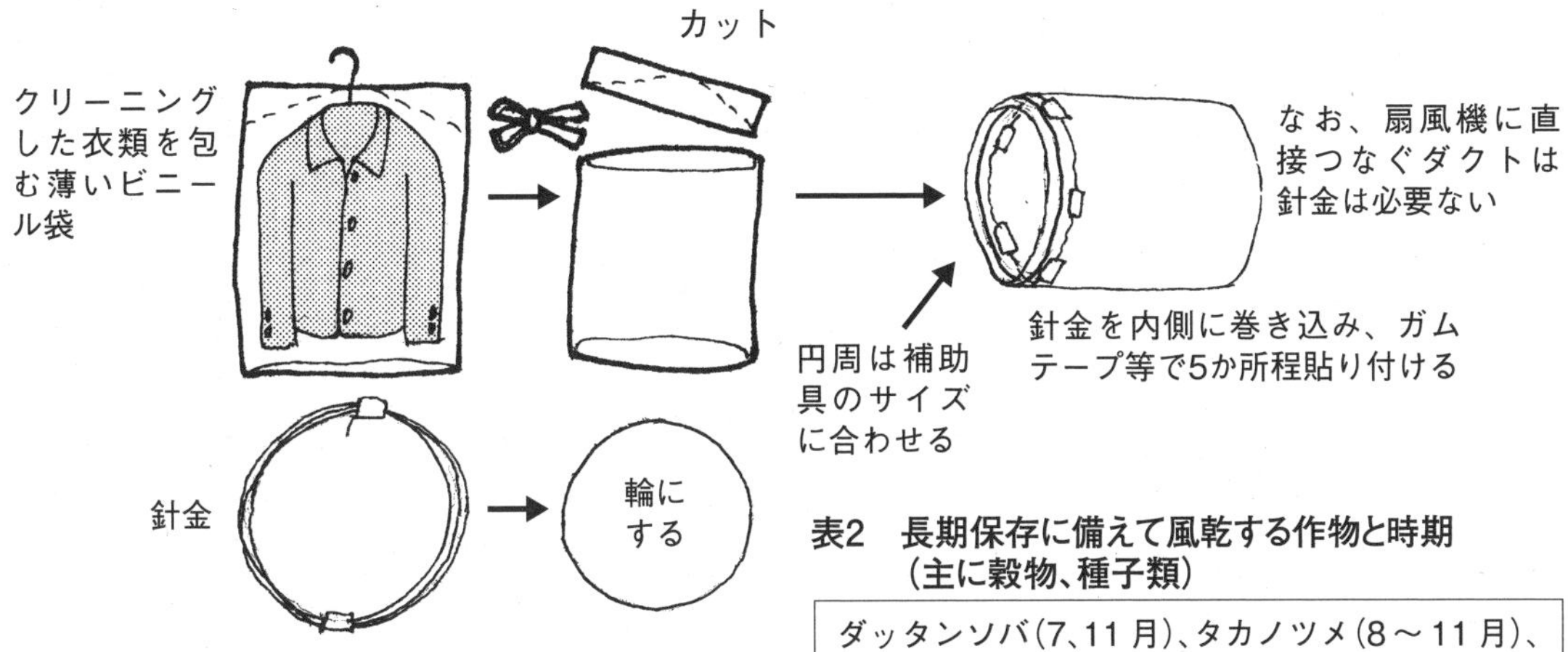
カット
クリーニングした衣類を包む薄いビニール袋
なお、扇風機に直接つなぐダクトは針金は必要ない
針金を内側に巻き込み、ガムテープ等で5か所程貼り付ける
円周は補助具のサイズに合わせる
針金
輪にする

補助具のつなぎ方

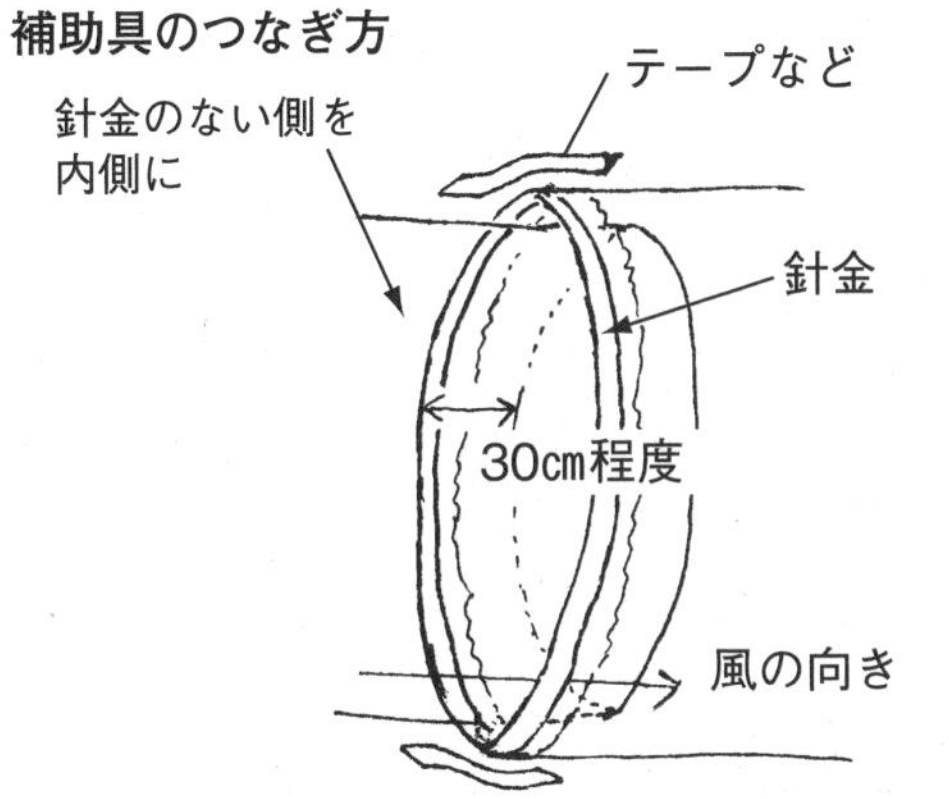
テープなど
針金のない側を内側に
針金
30㎝程度
風の向き

針金のない側をある側の内に入れ、外からセロテープで接着する(2〜4か所)。
時々開いて手を入れて対象物の上下をかえすので、あまり厳重に接着しない。

表2　長期保存に備えて風乾する作物と時期（主に穀物、種子類）

ダッタンソバ(7、11月)、タカノツメ(8〜11月)、ゴマ(9〜10月)、モロコシ(9〜10月)、アワ(9〜10月)、ダイズ（サヤ付きの状態で）(10〜12月)、各種種子(6〜12月)

※タカノツメ以外は、脱穀前に十分な乾燥ができていれば、この作業は省略可能。
※①と同様、本来、天日干しで行なわれていた作業だが、早く確実に乾燥させ、あとに続く他作物の諸作業に遅れを出さないためにも行なうとよい。
※乾燥を終え、保存する際には、穀物害虫に十分注意する。

表3　農産加工品の水分を抜くために風乾する作物と時期

塩蔵キュウリ(7〜9月)、スライスナタマメ(8〜11月)、干し柿(10月)、干しイモ(一名イモスルメ)(10〜3月)、スライスウコン(12〜2月)

※スライスナタマメは扇風機による風乾後、ミキサーで粉砕してさらに容積を減らして保存、使用している。干し柿は低温かつ悪天候の時間などに使用して、天日乾燥不足を補う。

イモ類は収穫後、濡れた状態で長時間経過させると品質が劣化する心配があるので、表面を乾かすことを優先します。

本来なら適温下の天日で乾燥できればよろしいのですが、夕刻や低温期に収穫したり、収穫後、悪天候や暑すぎる日が続いたり、後の利用を考えて水洗いした場合など、すみやかな乾燥を必要とする場面が多いものです。

そこで、扇風機を使うと、待ったなし、中断なし、しかも短時間で確実に乾くので、何としても安心の極みです。

② 収穫物を長期保存するための風乾
——貯蔵中のカビ防止

穀物を中心とした利用です（表２）。収穫後も水分が一定以下でない場合、カビが発生するなど、保存中に変質する恐れがあるので、この方法を利用して仕上げ乾燥をします。

なお、自家採種した多種のタネを保存する際にも利用することがあります。

③ 農産加工品の風乾
——これで最高の減塩漬物もできるぞ

一次加工した作物の重量と容積をさらに減

少させ、収納を容易にする場合などに処理します（表3）。同時に変質も防止できます。

たとえば、キュウリを塩漬けする場合（表3の塩蔵キュウリのこと）、最初から大量の塩を用いて塩漬けするよりも、一晩ほど浅漬け程度の薄い塩分に漬けて、それを扇風機でタクアンの干しダイコン程度の水分になるまで風乾すると、使う塩の量が減ります。

その後、私は梅酢（梅干しを作る際に出る水分）に漬けるのですが、すでに水分が抜けているので、キュウリの水分で梅酢が薄まってカビがつくというようなことがありません。キュウリの中の水分の出入りも少ないのでカサが増減することがなく、タルの中にキュウリをきっちりと詰めて漬けることができるので、余分なスペースをとらずにすみます。

この塩漬け・風乾後、梅酢に漬けたキュウリは、「すっぱ辛くて」おいしいです。そのまま漬物としたり、薄くスライスしてポテトサラダの中に混ぜるなどして食べています。

なお、扇風機による風乾の特徴は、表面水分の除去に優れることなので、①の場合には好適です。ただ、②、③の場合は、対象物の内部から水分を引き出して全体を乾燥させるので、場合によっては、中休みを置いて風乾したほうが有効な場合もあります。

収穫物の調製・選別

主に、脱穀した穀物（表4）を唐箕の原理と同様に、風の力を利用して　ホコリやゴミなどと子実を選別します。

補助具は風乾作業に使う場合よりも小さくします。

（京都府京都市）

二〇〇六年八月号　使えるぞ　扇風機　小型乾燥機、唐箕に

収穫物の調製・選別

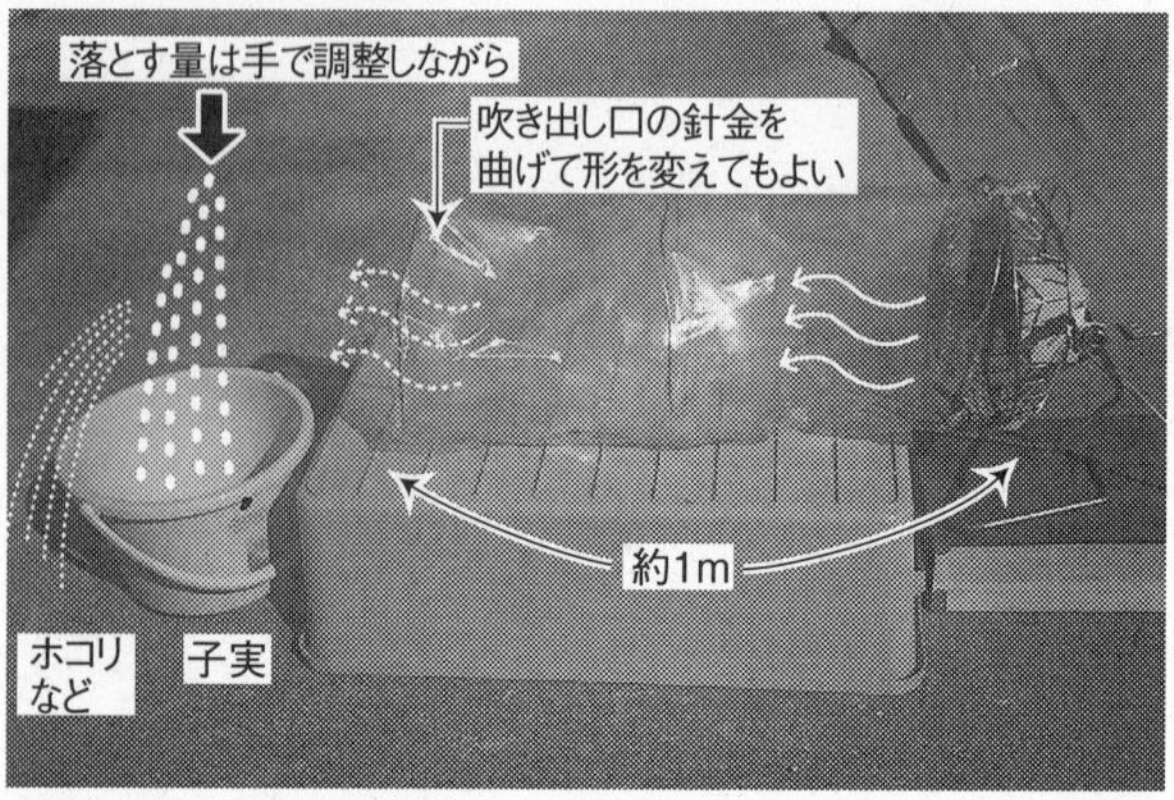

風量や落とす量を調整しながら、吹き出し口の先に選別したい穀物を落としてゆく。子実はバケツの中へ、軽いゴミやホコリなどは風下のほうへ飛んでゆく。
風乾作業に使う場合より小さい扇風機・補助具を使う。補助具はクリーニング袋では大きいので、厚手のビニール袋を使用。補助具は風下にいくにつれ少しずつ細くして風が拡散しないようにする。作物や量により吹き出し口の針金を曲げて形を細長い楕円形にするなどして風量を調節するとよい。

表4　収穫後、扇風機で調製・選別する作物と時期

ダッタンソバ(7、11月)、ゴマ(9～10月)、モロコシ(9～10月)、アワ(9～10月)、ダイズ(10～12月)

※事前の乾燥が十分であれば、この作業が若干遅れても支障ない。
※調製選別する場合、風選のみでなく、目の違うフルイ等も必要とする場合がある。

今回、私が例にあげた作物や使い方にこだわることなく、可能と思われるものは何でも試して利用範囲を広げてください。

補助具（ダクト）作りのコンセプトは、なるべく金をかけず、できれば廃品を利用してタダで作ること、そして、製作に多くの手間や特別の技術を要しない範囲で行なうことです。

扇風機は新たに購入するのではなく、ありあわせを利用しますから、高さや羽根の大きさなどがいろいろです。しかし、対象物に適切な風が当たればよいのですから、基本的にはどの扇風機も利用可能だという前提で作ってみましょう。

収穫する

カラサンで謡って、唐箕で和んで
エゴマの調製に古い農具は欠かせない！

水脇正司　福島物産しゃくなげ館

古い農具のほうが使い勝手がいい

福富町《ふくとみ》（広島県東広島市）では平成十四年秋、初めてエゴマの収穫を経験しました。

エゴマは軸と枝が大変にカサ張り、一抱えの容積が案外に大きくなります。その上、実が小粒で軽いので、穂から取り出しにくく、枝を揺すったり、振動させなければなりません。

そのため、調製に使える機械が見当たりませんでした。何とか根気で調製しましたが、すべて手作業だったので結構な手間がかかりました。

そこで思いついたのが、古くに使われていた農具の活用です。先人たちはいろいろと工夫して取り入れしていたのでしょう。かつては米のほか、アズキ・アワ・ソバなどの調製に使われていたカラサン・唐箕・千把《せんば》（足踏み脱穀機）・小米《こごめ》通しなどが、一部の農家の納屋に大切に保管されていました。

小粒で軽いエゴマの実

当地、広島県東広島市福富町のエゴマ栽培は一戸当たり平均一〇a程度と小規模です。能率の悪い、古い農具のほうが、結果的に使い勝手がよかったのです。

作業しながら謡える「カラサン」

カラサンはかつて豆類やゴマなどの脱粒に使われていた農具です。乾燥した鞘を叩いて脱粒します。

エゴマでは、刈り払い機で倒したものをひとところに集めて積み上げ、上からカラサンで叩いて振動を与えます。

カラサンは体力も必要なく、誠にリズム感が出せる農具です。農作業からたくさんの民謡が生まれたのもうなずけました。当地では調製の必要から使っていますが、当地を訪れる人は子供も大人も喜んで作業を経験し、楽しんでいかれます。

カラサンはやはり実りの秋の最高の風情ではないしょうか？

見ていても、使っていても遊び心で楽しめる農具です。本当に作業しながら民謡が歌えます。

のどかな秋にぴったり「唐箕」

唐箕は大豆、小豆、ゴマ、米などに混じった小さなゴミを取り除くために使われていた農具です。実の送量と送風を調整しながら選別します。

エゴマでは、枝のカケラやゴミなどが混じった実を左手で送り込み、右手でクランクを廻して送風します。

唐箕は意外と難しく、両手による微妙な動きが必要です。クランクの回転によって送る風量と、レバーによって送る実の量が、ちょうど合えばゴミが前に飛び、実が下に落ちます。

しかし、調節が合わないと、ぜんぶ飛散するか、ぜんぜん選別されないまま落ちてしまいます。

経験が必要ですが、今でもなくてはならない大事な農具といえます。たいてい馴れた年配者が使っています。とはいえ、唐箕は全戸にあるわけでなく、馴れない人は不要な扇風機を使い、自分と扇風機の距離で風速を調整しながら、手で実を落として選別しています。

カラサンをもつ福富エゴマ会・会長の井上光徳さん。可動式の先端部でエゴマの枝を上から叩いて脱粒

エゴマの刈り取りから選別まで

作業	古い農具を使う場合	古い農具を使わない場合
刈り取り	カマで手刈り	メッシュシートを敷き、刈り払い機で倒す
脱粒	カラサン	上からシートをかぶせて足で踏む
	千把	枝を板に打ちつけるなど
選別	唐箕	扇風機
	小米通し	粗通し

唐箕の風扇がたてるカラカラという音もまた、のどかな田舎の秋にぴったりです。

農業の原点は自然との調和とリズム

ほかに「小米通し」も使います。小米通しは唐箕と同じようなねらいで使われていた農具です。唐箕よりも均一で厳密な調製ができます。エゴマでは、円形の通しを両手に持ち、左右交互に上下しながら、円を描くように廻します。ときには息を吹きかけながら仕上げます。

当初は「千把」も使いました。米やアワなどの穀類の脱穀に使われていた農具です。エゴマで脱粒作業に使ってみましたが、足踏みのために作業がきつく、効率も悪いので、現在は使っていません。

農業の原点はスピードではなく、自然との調和とリズムではないかと思います。畑や田んぼを耕し、植え付け、収穫する。生きている喜び、収穫する喜び……。カラサンをゆっくりと振り下ろしながら作業していると、なんと現代の農民は貧しくなってしまったのだろうと悲しくなりました。

古い農具を使ってみて、みんなでそれを体で感じられたことが大変よかったと思います。

（広島県東広島市　福富物産しゃくなげ館・館長）

二〇〇五年十二月号　エゴマの調製に古い農具は欠かせない！　カラサンで謡って、唐箕で和んで

唐箕は右手と左手の微妙な調節でエゴマの実を選別

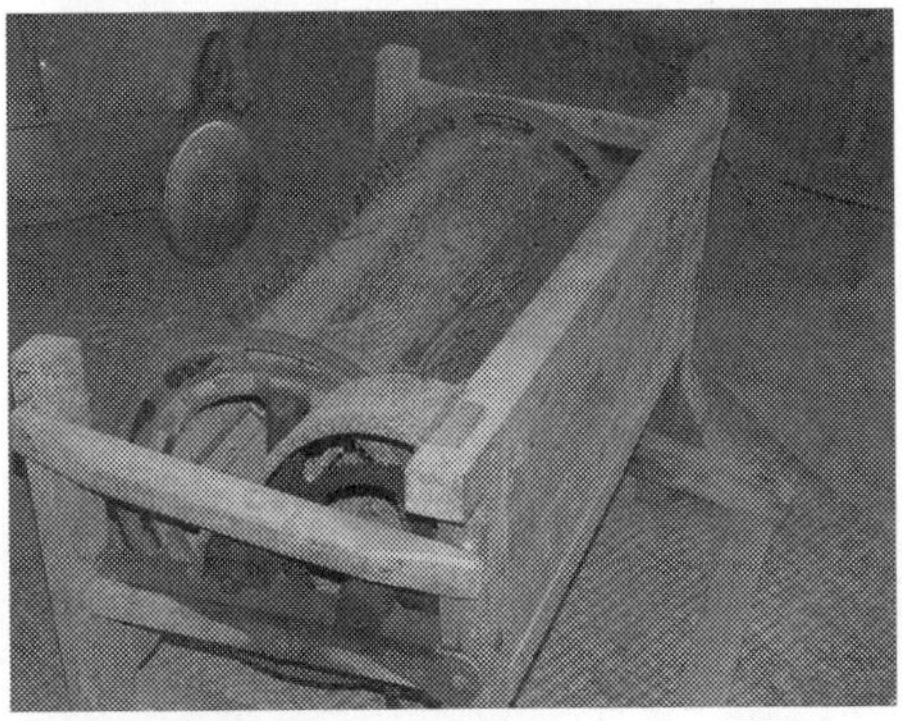

当初は千把でエゴマを脱穀したが、足踏みで作業がきつく、現在は使わない

エゴマの実や葉を使った料理を囲んで。左から2番目が著者

収穫する

ナメコ農家のじいちゃん・ばあちゃんが喜んだ
ブドウ手曲がりハサミ

(有)あいづサワノ　福島県湯川村

うちのお店に置いてあるハサミというと…これ。ブドウの粒を間引くときのハサミだけど、これがナメコを切るのにいいんです。刃の部分が少し曲がっているぶん、少し浮かせてあるから、根元を切るのにラク。

それに、バネがついてないのがいい。バネつきってハサミを戻す手間がいらないって思われるけど、それは若い人だから。じいちゃんばあちゃんは切るたびにそのバネを押さないといけないわけだから、長時間使ってるとかえって疲れるんですよ。

あと、指かけ収穫鋏もおすすめ。ハサミを使いながら、ちょっと他の作業もしたいとき、いちいちしまう必要がなくてラクでした。

作業がはかどると、農業って楽しくなるよね。

TEL〇二四一―二七―四八〇〇
(福島県湯川村大字田川)

「越路」(ブランド名)の「ブドウ手曲がりハサミ」。刃先が曲がっているぶん根元を切るのにラク。　越路 TEL 0256-32-3583

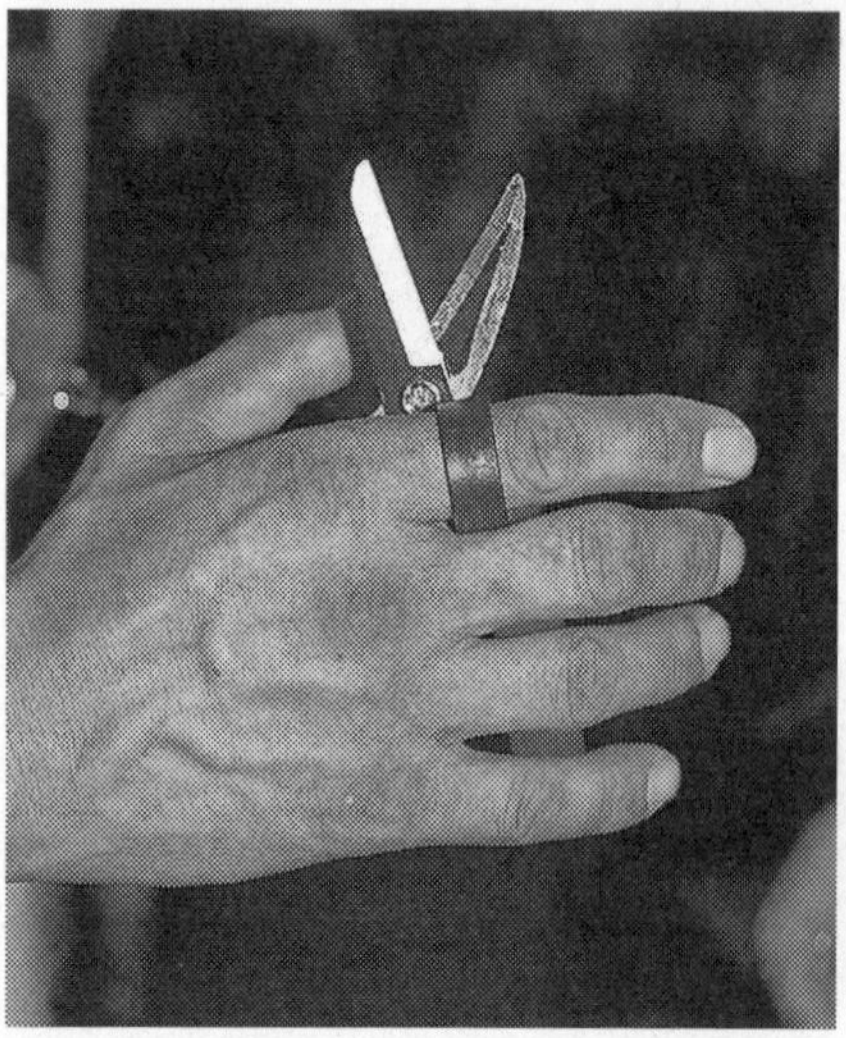

指にかけたまま使える「指かけ収穫鋏」。(ダリヤ刃物本舗製 TEL 0794-63-1141)

二〇〇五年十二月号　ザ・農具列伝　ブドウ手曲がりハサミ　ナメコ農家のじいちゃん・ばあちゃんが喜んだ

Part 2 いつでも快適に、長持ちさせるメンテナンス法

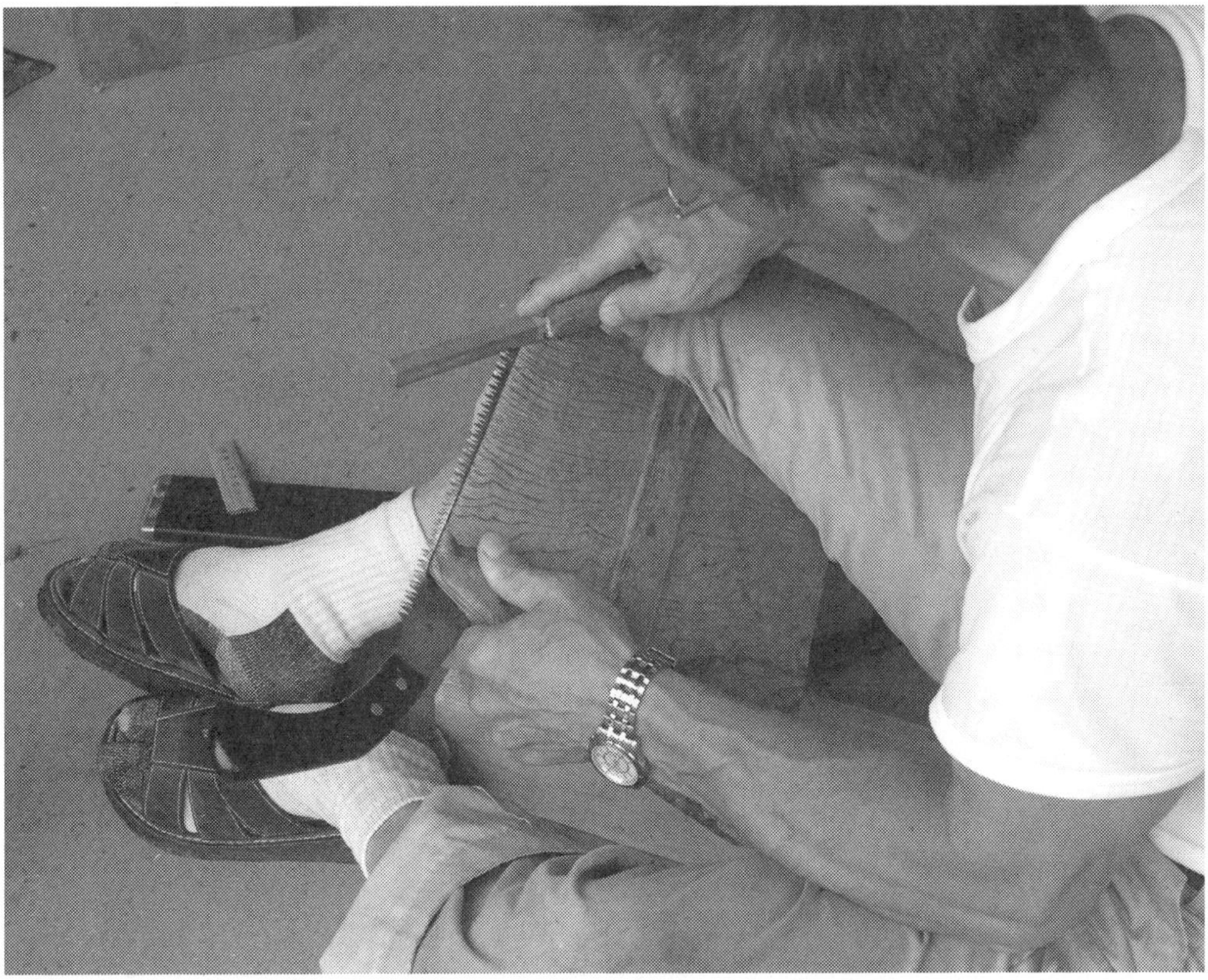

山林用手打ちノコギリの目立てに歯を固定する道具は、青木さんが父から引き継いだものだという

東京都森林組合の青木孝治さん

道具の整備

農機具修理のプロが選ぶ メンテナンスの工具はコレ

青木敬典　農の会会員、長野県内JA勤務

文と絵　トミタ・イチロー

農業機械・農業機具を常に使いやすく、そして長く使うために整備はかかせません。その整備に必要な工具について紹介したいと思います。

どうせならKTCの工具をぜひ

もう、いきなり結論からいきますが、「KTC社（京都ツール）製の機械用工具セット」を買ってください。もうこれでないと話になりません。

材質、品数とも申し分なく、われわれの仲間はみーんな使っています。しかし値段はチト高いです。お勧めセットは「SK38M」か「SK40M」で、六～八万円くらいします。JAなら一～二割安く買えます。

このセットにはプラス・マイナスのドライバーの大きさが二種類以上、一三㎜のメガネ・ソケット・スパナも入っており、しかもソケット角穴の規格が一二・七㎜で安心して使えます。

農事用工具セットというのも売られていますが、こちらはソケットの規格が九・五SQと小さくてダメです。

買ったら、イラストのように全部並べて、自分の好みのカラースプレーで色をつけておきます。

「俺はそんな大した整備はしないから、高い工具はいらない」という人がいるかもしれませんが、安物の工具を使ったために起こるトラブル、とくにボルトの頭がナメル（六角が潰れて丸くなる）ことを考えると、よい工具を買ったほうが得です。

だいたい、昨日や今日始めた農業ではないわけで、これからもずーっと、何だかんだいいながらやり続けるのですから、孫の代まで使うつもりで、この際、フンパツしてください。

ドライバーにはこんな改良

次に自分だけの補助工具を作ります。キャブレター等の細かいところに使うマイナスドライバーの改良です。用意するのは車を買ったときなんかについてくる車載工具のドライバーで十分です。これを、後にある図のようにグラインダーとヤスリを使ってジャマなところを削ります。そしてAの長さを三㎜、四㎜、五㎜と、三種類くらい作ります。次にBのように削ります。なぜこんなことをするかというと、ボルトをナメらせないためです。ヨーロッパのチェーンソー（ドイツ・スチール社）についてくる工具では当たり前にこうなっています。

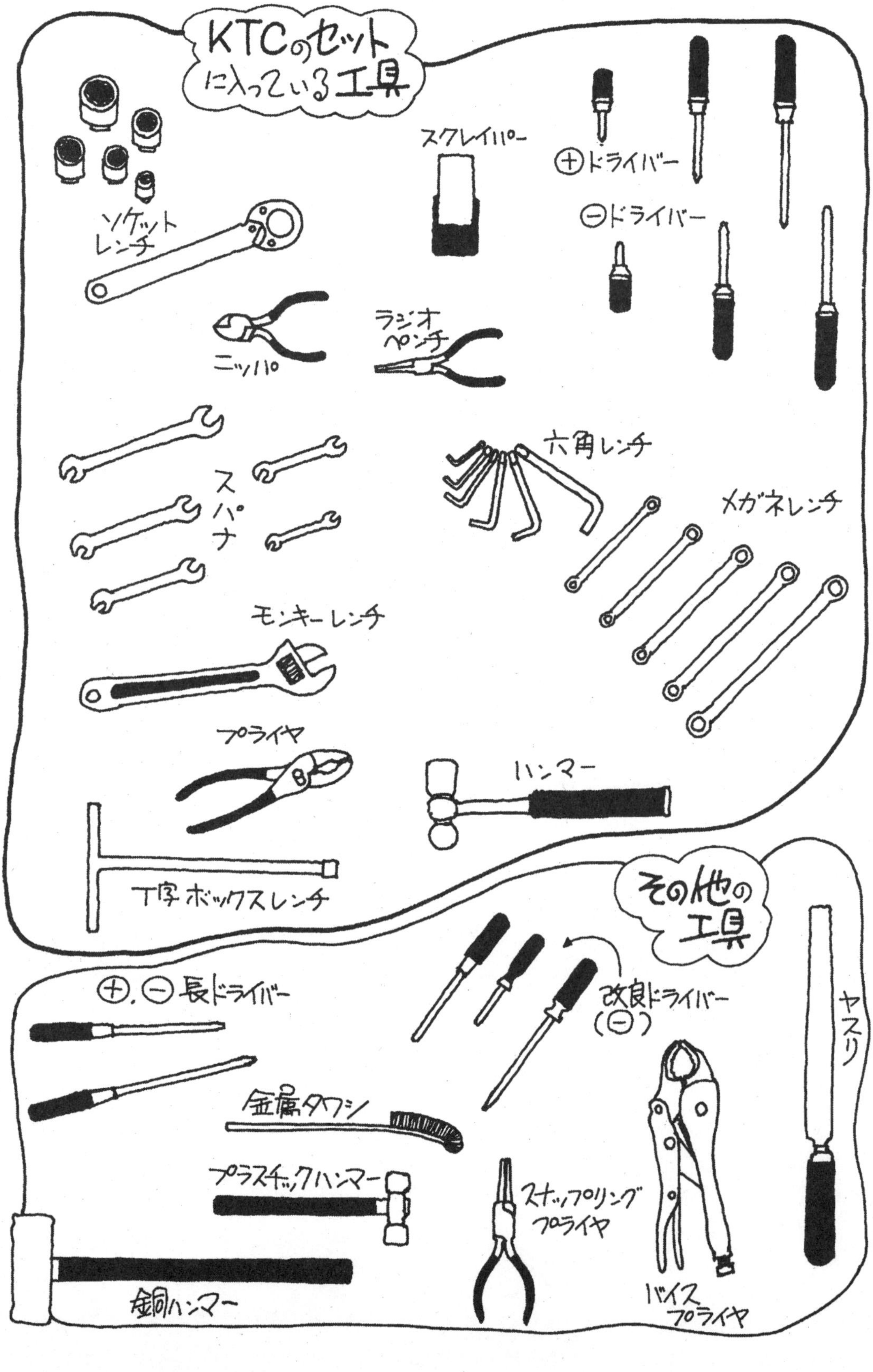
KTCのセットに入っている工具
ソケットレンチ
スクレイパー
⊕ドライバー
⊖ドライバー
ニッパ
ラジオペンチ
六角レンチ
スパナ
メガネレンチ
モンキーレンチ
プライヤ
ハンマー
T字ボックスレンチ
その他の工具
⊕,⊖長ドライバー
改良ドライバー(⊖)
ヤスリ
金属タワシ
プラスチックハンマー
スナップリングプライヤ
バイスプライヤ
銅ハンマー

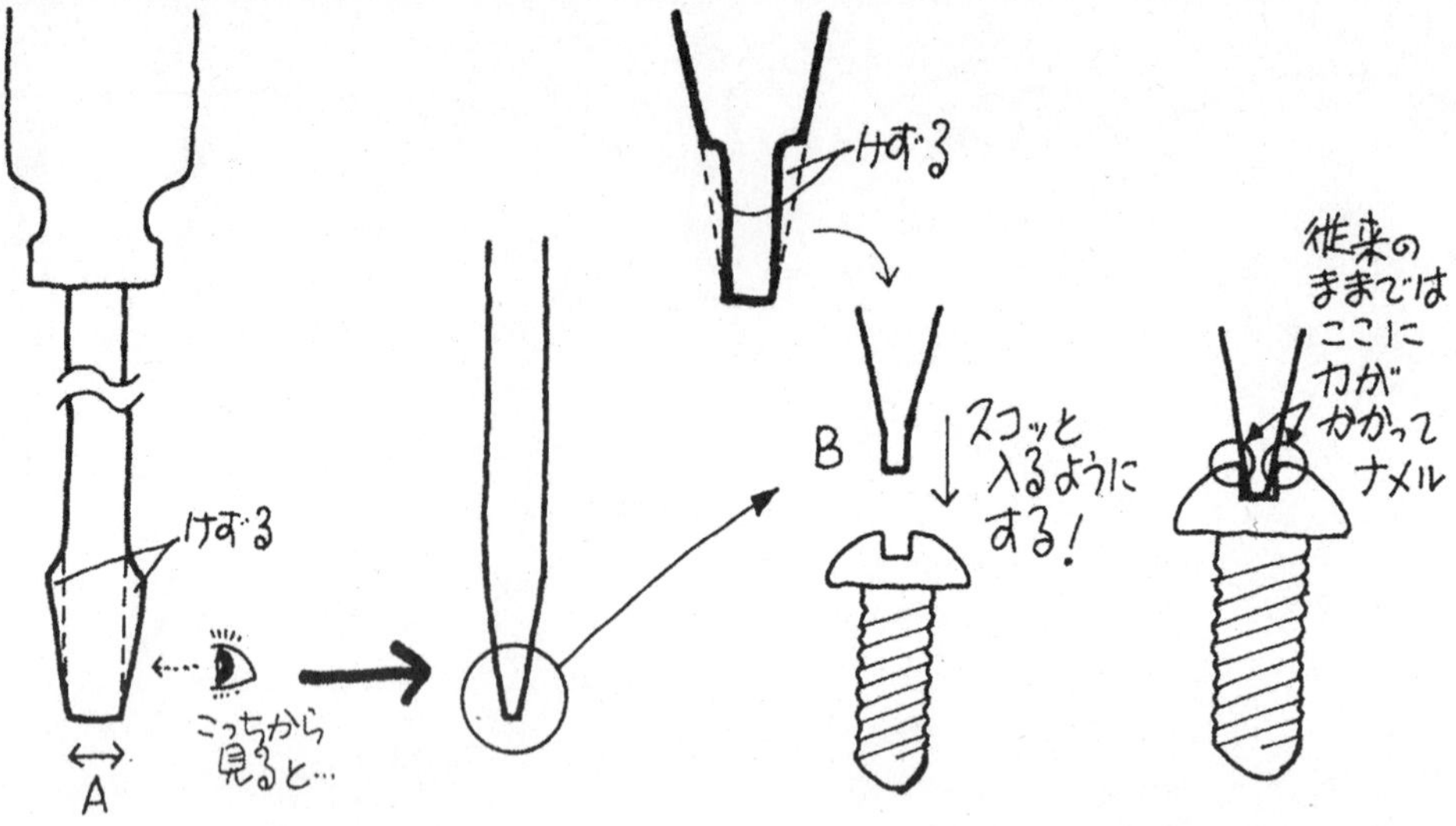
けずる
こっちから見ると…
A
けずる
B
スコッと入るようにする!
従来のままではここに力がかかってナメル

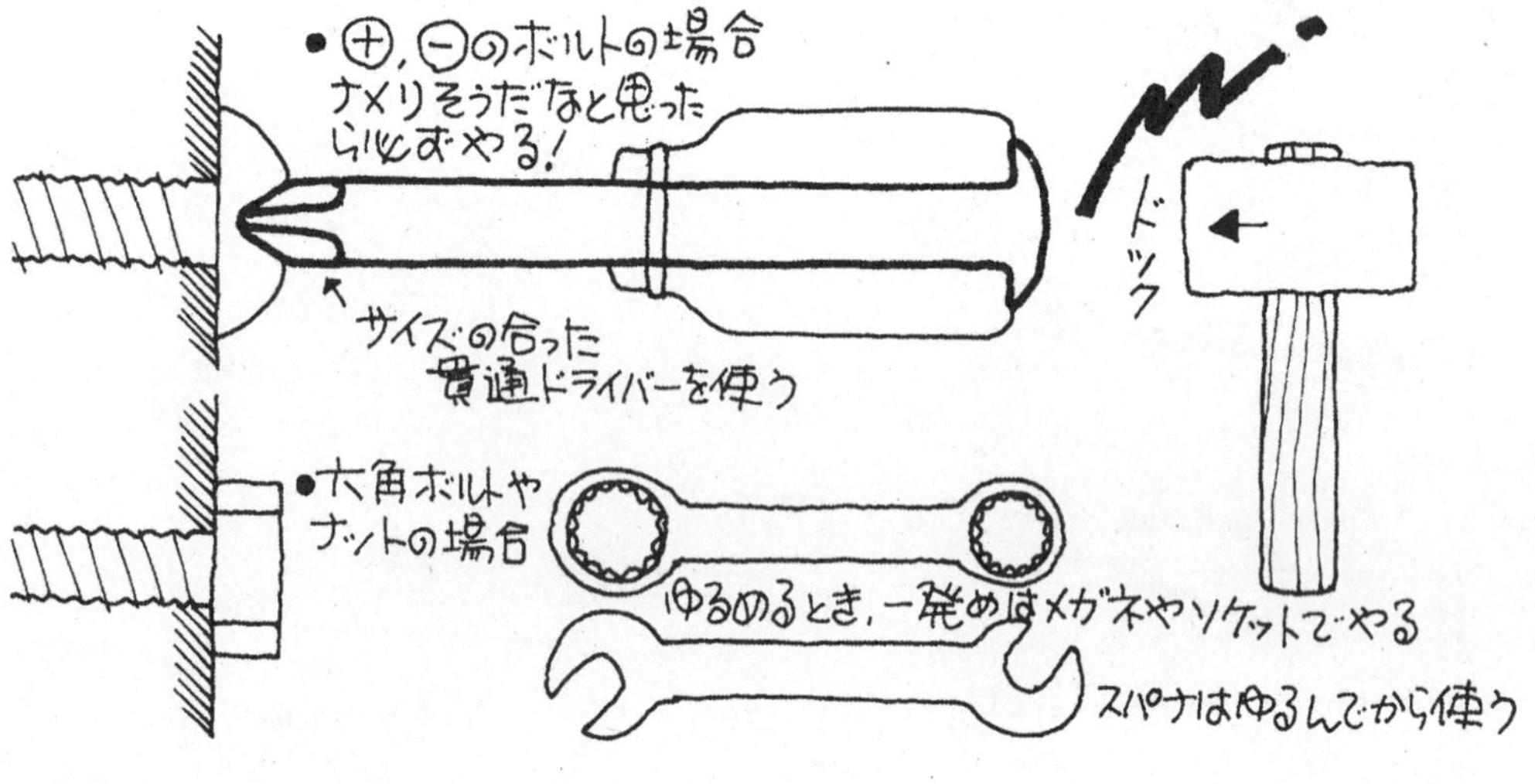
●⊕, ⊖のボルトの場合
ナメりそうだなと思ったら必ずやる!
サイズの合った貫通ドライバーを使う
ドック
●六角ボルトやナットの場合
ゆるめるとき、一発めはメガネやソケットでやる
スパナはゆるんでから使う

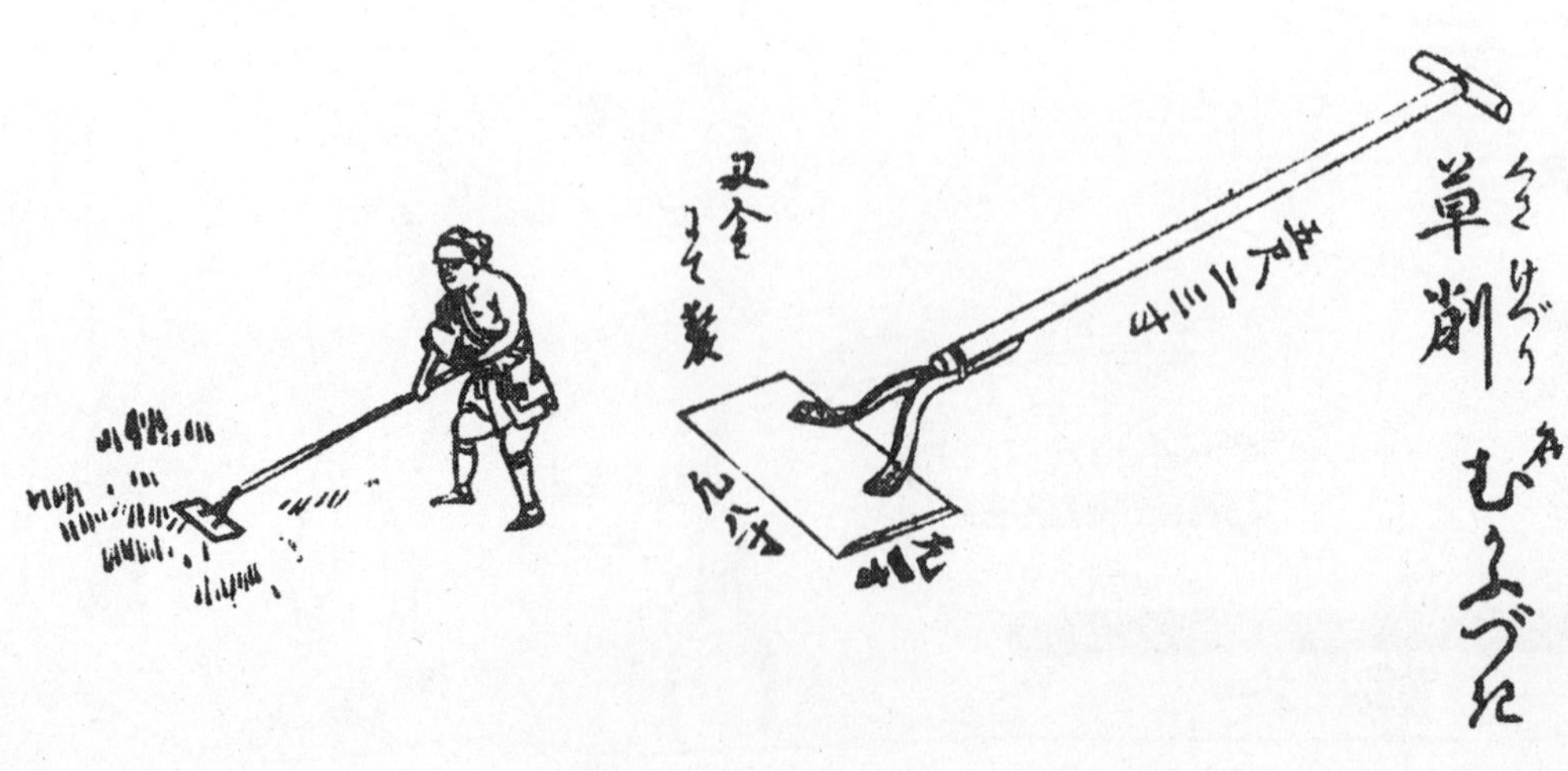

草削り　名、むこうづき。刃は鉄（かね）製。

あると便利な工具

●バイスプライヤ

私の場合、ホームセンターで買った安物ですが、ナメたボルトをガッチリはさんで回すと、ゆるめることができるスグレものです。

●インパクト・ドライバー

私は「ＶＥＳＳＥＬ」というメーカー物を使っています。これはナメリそうなのボルトをゆるめるときに使います。

●ケミカル用品

①ＣＲＣ—５５６　防錆潤滑剤（呉工業）
②キャブクリーン　キャブレターやバルブについたガム状物質を分解する。
③スプレーグリス　オイル挿しでも可。

●作業台

昔使った勉強机で十分です。

●ビスケットの缶

バラした部品をパーツごとに入れておきます。こうすれば、全部組み上げたとき、ボルトがあまったなどと悩むこともなくなります。

●ウエス（油を払き取ったりする布）・軍手

たくさん用意します。ウエスは下着の類が油を吸い取ってよいです（おかあちゃんのナイロンパンツはダメですが）。

●いずれは揃えたい道具

趣味の領域を超えてマニアになってしまった方は、万力・コンプレッサー・溶接機等、…これらはホームセンターにいけば、昔買った人がアホらしくなるほど安く買えます。

以上で終わりです。あれもこれもとクドくなってしまいましたが、皆さんの中で一人でも多く農機具を整備すること、いや、バラしたりイジったりすることでもいいですから、興味をもっていただいて、そのときに今回紹介した工具を役立てていただければと思います。

一九九六年三月号　敬典さんの農機具整備帳（６）　農機具の寿命をのばし修理のコストを下げる！

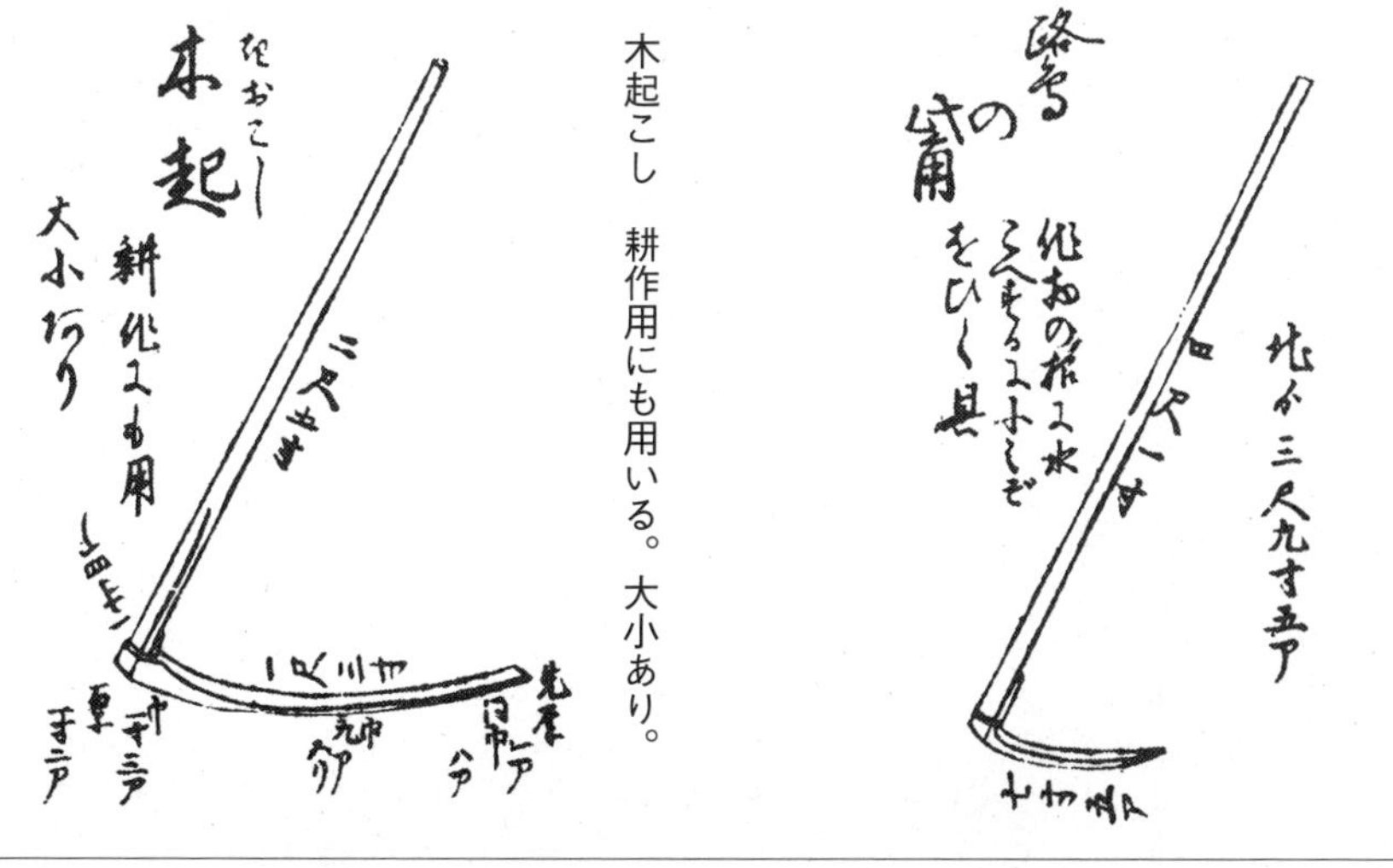

鷺の嘴（さぎのくちばし）　作物の根に水肥を施すために小溝を引く道具。

木起こし　耕作用にも用いる。大小あり。

刃物の研ぎ方

研ぎ方の研究　刈り払い機用チップソー

山下正範　兵庫県姫路市

直角方向を研ぐと危険?

ある農機具の展示会で目にした、刈り払い機のチップソーの研磨機が、どれも僕の我流のやりかたと研ぎ方が違っていて、担当の営業の方に聞いてみました。

「このチップソー研磨機は、チップの外側（円周方向）を研いでいますね。僕は我流ですくい面（直角方向）を研いでいたのですが、どう思われますか？」

「その研ぎ方をすると、チップが飛びやすくなるのでやめたほうがいいです」

そのときは、なるほどそういうことかと思い、帰ってきました。ところがよく考えてみると、一〇年ほど前にチップソーを使い始めたころは、たしかによくチップが飛んでいましたが、数年前に斜め埋め込み型のチップソーを使い始めてから、あまり飛ばなくなっています。四年前からバクマという会社の「使い捨て感覚で使ってください」という六〇〇円くらいの安いチップソーを使っているのですが、ほとんど飛びません。二haの耕作で年間五枚ほど使っているのですが、欠けるのは合わせても二〜三か所程度。今回、思い切って、すくい面だけでなく先端面（円周方向）も研いで使ってみると、新品のシュパシュパという切れ味がよみがえってきました。

そんな話を、研磨の様子を写真で見せなが

チップソーの構造と研ぎ方

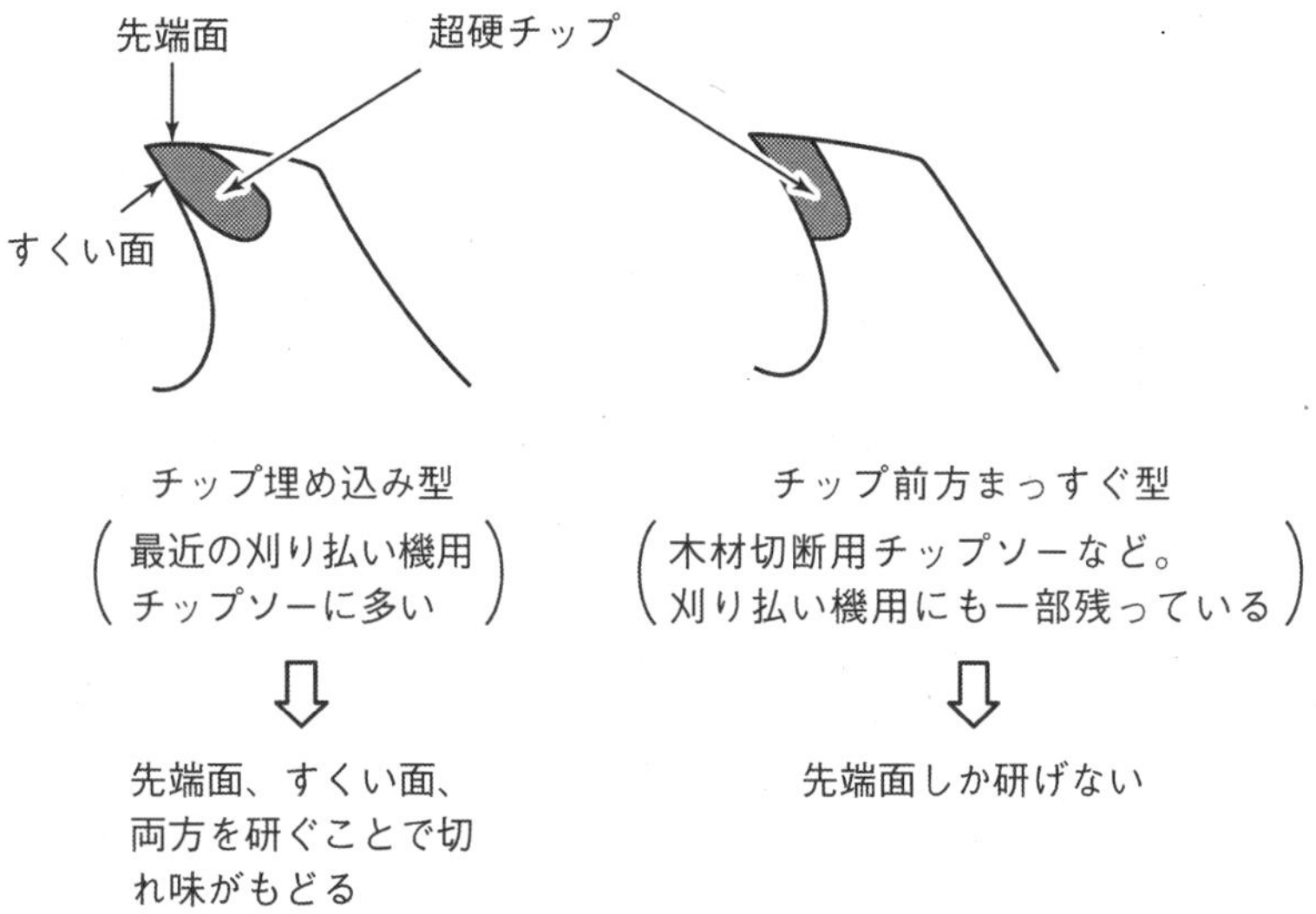
先端面
超硬チップ
すくい面
チップ埋め込み型
（最近の刈り払い機用チップソーに多い）
⇩
先端面、すくい面、両方を研ぐことで切れ味がもどる
チップ前方まっすぐ型
（木材切断用チップソーなど。刈り払い機用にも一部残っている）
⇩
先端面しか研げない

※チップ埋め込みロー付け方式は、刈り払い機で雑草を刈るときなどに、地面・石等との衝突でチップが脱落するのを防ぐ方法として考案された。こうした衝突の心配のない木材切断用のチップソーでは、前方まっすぐのロー付けでも強度上の問題はない

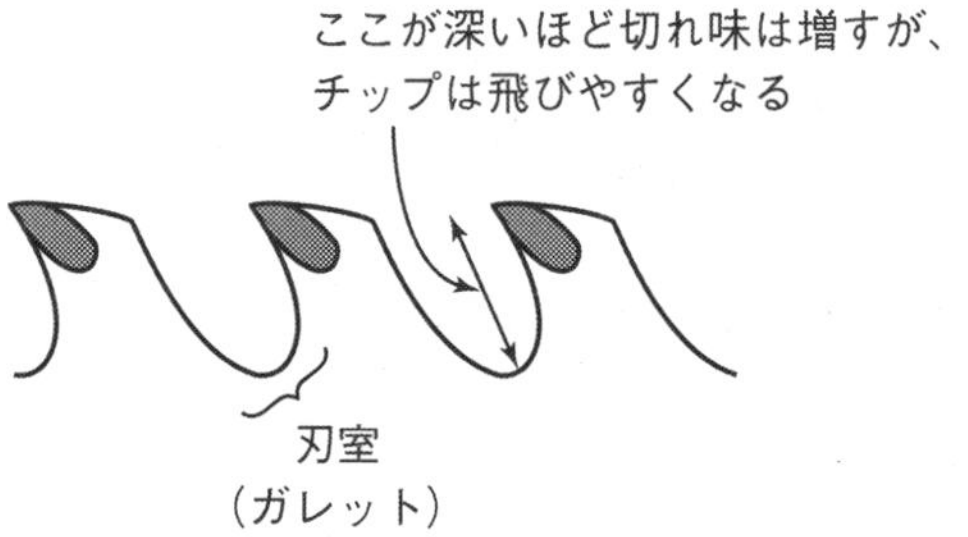
ここが深いほど切れ味は増すが、チップは飛びやすくなる
刃室
（ガレット）

ら百姓仲間に話したところ、「俺も研いでみよう」という人が相次ぎました。なんと皆さん、そもそもチップソーを研ぐこと自体、なかったというのです。

なんと、チップソーを研ぐのは少数派だった

　これは近所の本岡さんとの会話。

本岡「五haくらい作っていて、自走式草刈り機と背負い式、肩掛け式、それにナイロンコードの刈り払い機を使い分けているけど、チップソーの刃は一年半ほど取り換えたことがない。チップが丸くなっているけど、そのまま使い続けています。だから新品に取り換えたときの切れ味は感動もの。ハハハハ……」

山下「チップソーが出る前はどないしとったの」

本岡「鋼板の四枚刃を使っていて、それはこまめに研ぎ直しとったものです。四枚刃は、刃物で切ったように切れ味がいいけど、すぐ切れやむ（切れ味が落ちる）。チップソーのほうはそれほどの切れ味はないかわりに、時間が経っても切れ味が落ちずにそれなりに使える。チップソーの研磨機の値段を見たら二万〜三万円くらいします。それなら新品の

刃を買うたほうがましやと、結局、刃先の丸くなったチップソーをそのまま使ってるわけです」

栃木の上野さんは

「チップソーを使っているけど、研いだことはないよ。六～七町歩分くらい使うかなあ。チップが飛ばないように三五〇〇円の高いのを買ってます」。

次から次と電話して聞いてみると、どうもチップソーは研がずに、刃が欠けて使いものにならなくなるまで使い続けるという方がほとんどのようです。本誌編集部から「チップソーの研磨について書いてくれ」と言われたとき、そんなこと記事にするほどのことかなあと思ったのですが、これは書くに値するかなと思い直しました。

高価なチップソーほど飛ばない？

いろいろな方の話を聞くうち、次のような疑問が出てきました。

①値段の高いチップソーほど飛ばないという人が多いが、それは本当だろうか？　チップのロー付けは、おそらく自動の機械でやっていて、安いチップソーも、高いチップソーも同じ機械で製作しているはず。とすれば、値段の高い安いは関係なく、チップの埋め込み方式や、メーカーの技術力の差が出ているのではなかろうか？

②研磨し直したチップソーは切れやむ（切れ味が落ちる）のが早いように思うという方が何人かいた。それはどういうことだろう。

チップソーメーカーにきく

この疑問をチップソーのメーカー・日光製作所の福本幸男さんにぶつけたところ、その答えは明快でした。

▼プロのチップの研ぎ方

超硬チップの本体へのロー付け角度により、斜め後方にロー付けされているタイプ（三〇～四五度）は、先端面とすくい面の両方を再研磨したほうが新品時の切れ味に回復します。チップソーは、チップ先端のコーナー部で切っていくのでコーナー部を構成する先端とすくい面の両方を修整研磨するのがベターです。

しかし、超硬チップがまっすぐにロー付けされているチップソー（刈り払い機用では最近は少ない）の場合は、すくい面を研削しすぎるとチップの厚み方向が薄くなり、チップが破損して脱落してしまうので、このタイプでは再研磨は先端部分だけのほうがよいでしょう。ベターとはいえませんが、やむを得ません。

▼チップが飛びやすい、飛びにくい

たとえば石の多いところで飛びやすいチップソーと飛びにくいチップソーとの差は、商品の価格差とは関係ありません。通常の使用法でチップのロー付け強度に差があるのは、各メーカーの技術力と設計の違いでしょう。

基本的にチップは「超硬」という焼結合金でできているので、石等でチップソーの刃先に大きな衝撃が加わると破損してしまいます。ただ、その破損のしやすさは刃形にもよります。チップソーのひとつの刃先に被切断物が当たり、その次の刃先に当たるまでに、刃形の形状によって次の刃先のどの辺まで深く当たるかが変わるからです（一刃当たりの切り込み深さの関係です）。次の刃のすくい面を構成する刃室（ガレット）深くまで達するような刃形の場合はチップが飛びやすいでしょう。しかし、そのよ

うな刃形のほうが雑草は能率よく刈れるでしょう。一般的に、切れ味とチップソー刃先の耐衝撃性は反比例の関係と理解したほうがよいでしょう。

▼研磨し直したチップソーが切れやむのが早いのは…

それは、新品製作時の成形研削角度に再研磨されていないからです。現状の市販されている安価な目立てグラインダーでは本来の新品時の成形研削はとうていできません。

チップソーを安く研ぐコツ

すくい面を研いでいるところ

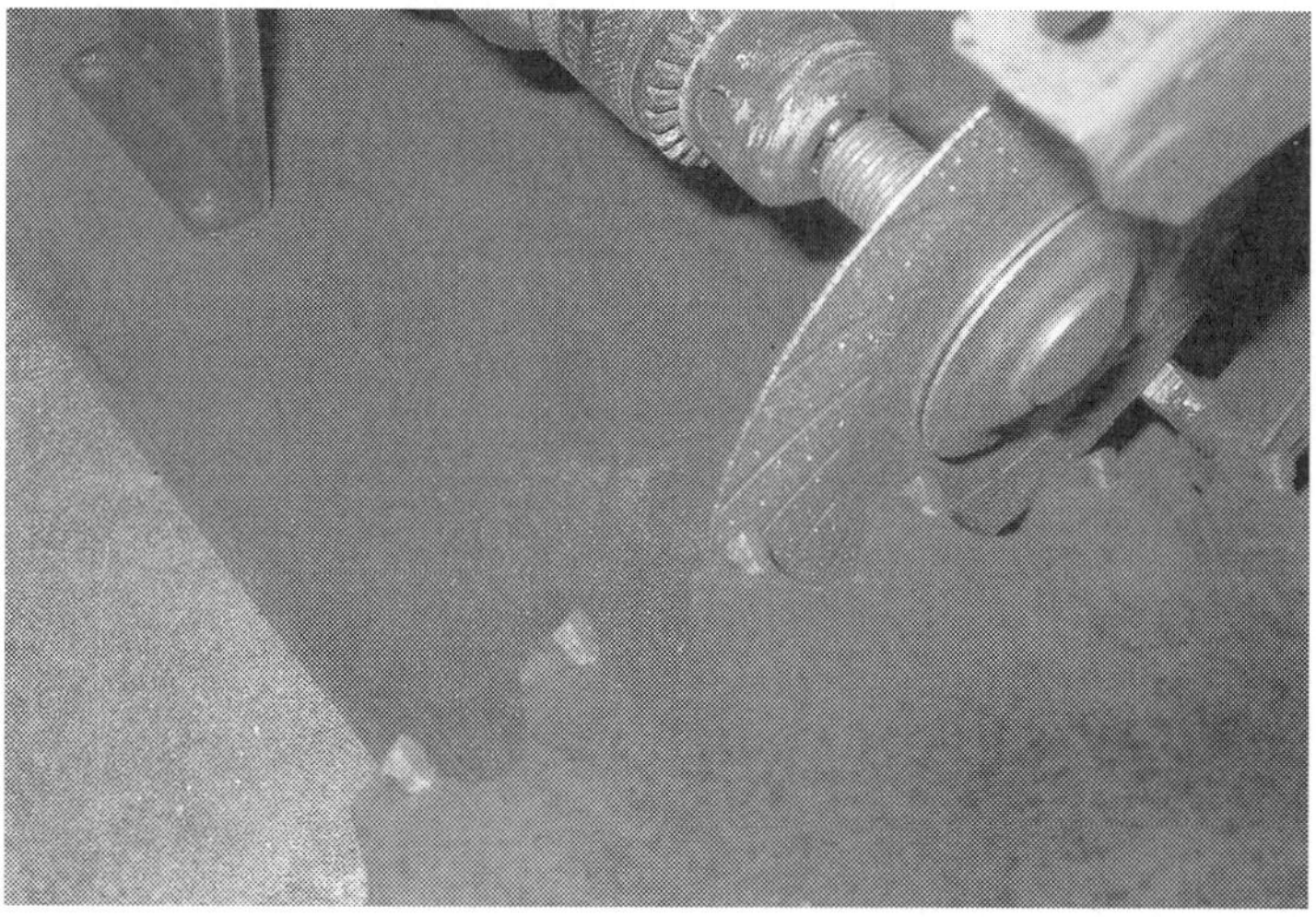

先端を研いでいるところ

なるほど、だいぶわかってきたぞ。新品のチップソーを製作するとき、まず刃形（鋼板）を打ち抜き、その刃先にチップをロー付けしてから、最後に成形研削して完成するんだな。ということは、研磨し直すときも、先端面（外側）とすくい面（内側）の両方を研磨して、できるだけ新品時の成形研削に近いようにやればいいわけだ。

古いお蔵入りしているチップソーも引っ張り出してきて雨の日にでも研いでおけばいい。雑草用のチップソーは、大工さんの木工チップソーほど正確な目立ては求められないし（近所の大工さんは、電動ノコギリのチップソーを一枚三〇〇～三五〇円で研ぎに出しているとのことでした）、包丁やハサミを研ぐのに比べれば簡単です。

ダイヤモンドホイール砥石で安く研ぐコツ

まず、研磨機の準備です。市販の研磨機は「安い」とはいえ二万～三万円もします。それなら新品のチップソーが何枚も買えるという理由で、研いでいない人が多いようです。だったら、ホームセンターに行って一〇〇〇～二〇〇〇円のダイヤモンドホイールの砥石を買ってこよう。僕は速度可変式のドリルをもっていたのでそれを使っていますが、両頭（砥石）グラインダーがあれば、それに取り付ければいい。三〇〇〇回転くらいだから、ちょうどいいんじゃないかな。

　中古の乾燥機などのモーターを改造してもいいでしょう。ディスクグラインダーを左の写真のように柱にゴムチューブで固定してもいいが、約一万二〇〇〇回転と高回転なので、熱をもつ心配があります。スピードコントローラーをつけて減速したほうが安心かな。

ディスクグラインダーを柱に固定してやる手もある

　機械がセットできたら、チップソーを両手で水平に持って、前ページの写真のように刃先をダイヤモンドホイールに当てて、先端（外側）とすくい面（内側）を研磨していきます。ひとつの刃ごとにチチチチと二〜三秒ずつくらいかな。一枚二〜三分で研磨できます。できあがったら、指の腹で刃先の感触を確かめてみよう。チクチクして気持ちいいはずです。

研ぐならここに注意

　さて、こんなことを考えて、日光製作所の福本さんにもう一度うかがうと、目立て直し（再研磨）について、こんな補足意見が寄せられましたので追記します。

①目立て直しをした刈り刃、チップソーの回転バランスが取れていることを確認することが大事。俗にいう「芯振れ」のないように、各刃の目立てをしてください。芯振れがあると回転バランスが崩れて振動の原因になるばかりでなく、疲労も重なります。さらに各刃の切り込み深さにバラツキができて、刃先のチッピング（欠け）の原因にもなります。

②目立て直し時の砥石で刃先を赤熱させないように注意してください。もし刃先が赤熱しても急冷はしないこと。刃先が異常硬化してチッピングの原因になります。場合によっては、本体の破損にもつながり、破片の飛散による目などの身体負傷のおそれがあり非常に危険です。

　いずれにしても、目立て直しをされる場合は細心の注意で行なってください。そのために、安い刈り刃・チップソーが普及している現在では、使い捨てが望ましいとお勧めしているのです。本当の目立て直しには、相当な熟練が必要なことも付け加えておきます。

（ホームページ　http://www.geocities.jp/yamasitanouen/）

二〇〇五年七月号　刈り払い機用チップソー　研ぎ方の研究

錆びさせない保管法

ハブラシと油で安いハサミを長持ちさせる手入れ法

岩本　治　和歌山県海南市

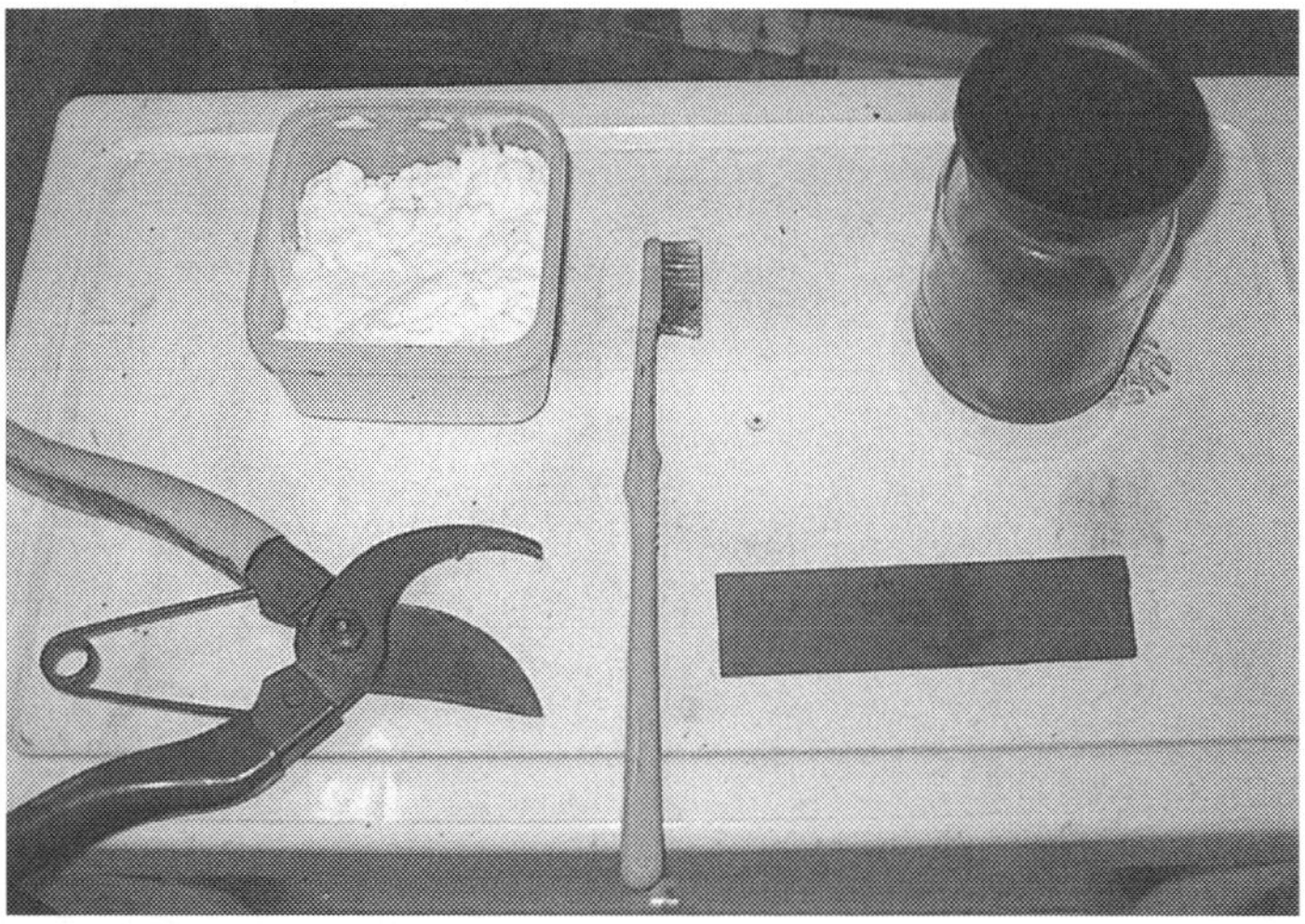

安い刃物を長持ちさせる手入れ道具
上左から洗剤のクレンザー、廃油、下左からハサミ、ハブラシ、油砥石

今まで、せん定バサミや鎌など刃物を研ぐときは、砥石と水でやっていました。しかし今は水の代わりに油を使うことでサビに強く、ハサミの動きも軽く切りやすく、手入れがすぐできる方法を実践しています。この方法はある視察先の方から教えていただいたもので、すごく感謝しています。

用意するものは、研ぐもの（ハサミでも何でも）、ハブラシ（使い古しでよい）、潤滑油（廃油でよい）、こまかい粉（灰、ハミガキ粉、洗剤のクレンザーなど）、油砥石（油用の砥石。薄い板状でコンパクト）、ふき取り用の布、です。

やり方はまず、ハブラシを油につけてから粉をつけ、研ぐものの刃に塗っていきます。片方の手で研ぐものを持ち、もう片方の手で油砥石を動かし研いでいきます。研ぎ終わったら布で油をふき取ればできあがりです。

この方法が良いのは、コンパクトな油砥石の角などでこすることで、せん定バサミなどネジをはずさないと研げないものまで研ぐことができることと、潤滑油のおかげでハサミの動きがよくなり、さびにくくなることです。しかも切れ味もよくなり、安いハサミでも鎌でも刃がなくなるまで大事に使えます。

食べるものを切る刃物の場合には、油をサラダ油に替えます。とにかく私はこの方法に変えてから物は長持ちするし、切れ味が良いから作業もラクだし、良いことずくめです。ぜひやってみてください。

＊油砥石は金物屋で取り寄せできるとのこと。

二〇〇五年十二月号　ザ・農具列伝　ハブラシと油で安いハサミを長持ちさせる手入れ法

錆びさせない保管法

設備・農具の錆び止めに
廃油をもらってこよう

南　洋　南農業研究会

道を走れば、すぐに出合えるガソリンスタンド。ここで車はオイル交換をします。車から排出された廃油は金属の粉末を含み、黒く汚く、もはや使い道のない立派な廃棄物です。

ガソリンスタンドでは一定量が溜まると、おカネを払って処理業者に引き取ってもらいます。

もし、出かけて行って「廃油ください」と言ったら、「こんなもの何するの?」と驚いた顔をされますが、オイル缶ごとタダでくれるでしょう。今回は廃油の活用について紹介します。

金属製設備の錆び止めは廃油で充分

私の畑は山中谷間の林地内にあり、イノシシ、シカ、野ウサギなど常に鳥獣被害にさらされています。最初は大した被害はなかったのですが、皮肉にもマルチ利用でまともな収穫が可能になった頃から農作物が狙われ始めました。

近辺の農家では、田畑の周囲に一定間隔で間伐材を打ち込んで柱にし、これに竹を括り付けてネットを張ったり、トタン板を挟んだりしていました。私は山を持っていませんので、木や竹を調達するのは一苦労。そこで、木の代わりに半永久的に使用できる鉄パイプを立て、竹の代わりに近隣の製材所で安く購入できる細い節ありの角材（六つ割り）を括り付けたのです。

しかし、半永久的とはいえ金属ですから、何もしなければ錆びが入ります。鉄パイプと一緒に防錆塗料も購入し、パイプ外側（表面）に塗って立てました。ところが、内側（中空）からの錆びに無防備であることに気が付きました。錆び止めの油はホームセンターで売っていましたが、一〇〇cc入りのビンが一本、なんと三五〇円。とてもお話になりません。

そこで代用物を探したところ、たまたまサービス品の農機具用オイルが見つかり、しばらくそれを使いました。しょせんもらいものですから最初は気になりませんでしたが、そのうち、「たぶん、もったいない使い方してるんだろうな」と思うようになりました。そしてある日、「いっそのこと、乗用車の廃油でいいんじゃないか」と、ひらめきました。

廃油は一八L入り一缶あれば相当もつ

私の畑には、内径約三cm×長さ一・一mの鉄パイプ七〇本のほか、外周約一〇〇mの有刺鉄線二本、三重のトタン板、漁網を

廃油による設備の錆び止め「南洋フデ（筆）」が便利！

①
細竹の先に、使い古しの軍手を針金でくくりつける。これが私のオリジナルの南洋フデ。

まず、このフデを廃油（アキカンに入れておく）に浸す。

廃油が付着しないよう上下雨ガッパにゴム手袋を着用する。

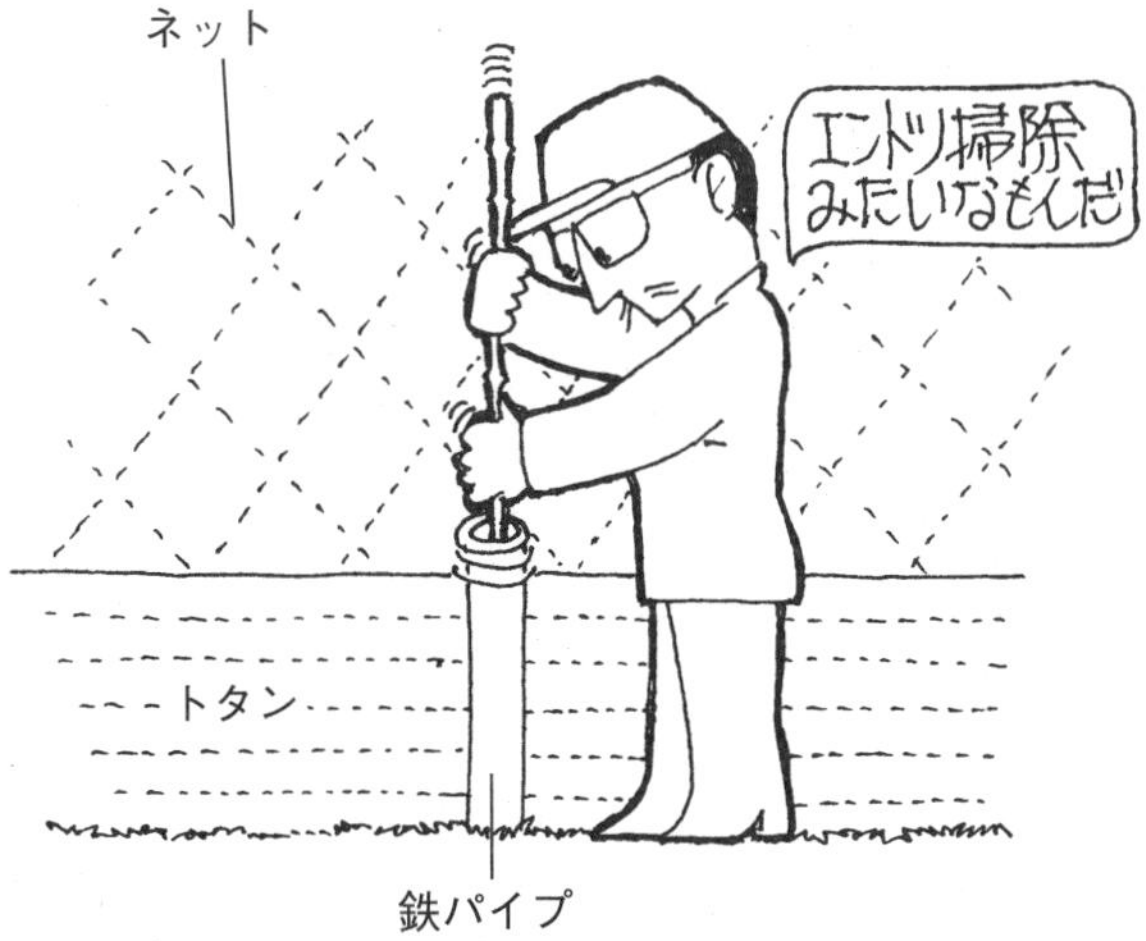

②
廃油に浸した南洋フデを鉄パイプの中に入れ、内側に廃油を塗る。外側は塗装がはげた部分だけを塗る。

③
有刺鉄線などは、なでると引っかかるのでたたくようにする。廃油はジワーッと表面を広がっていくので塗りムラは気にしなくてよい。トタンは塗装がはげた部分だけ塗る。

廃油による農具の錆び止め（農閑期）ここでも南洋フデが活躍！

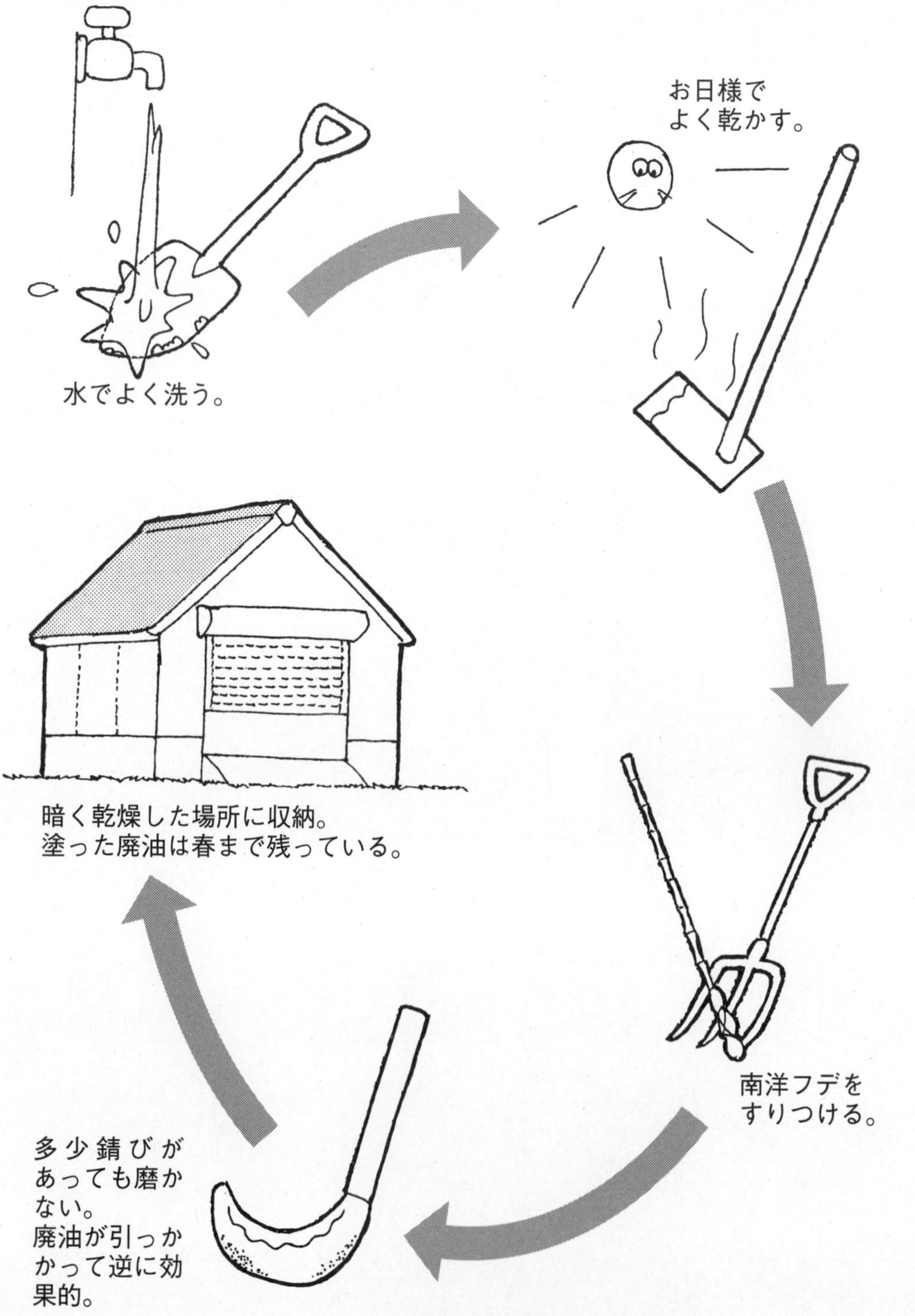
水でよく洗う。
お日様でよく乾かす。
南洋フデをすりつける。
多少錆びがあっても磨かない。廃油が引っかかって逆に効果的。
暗く乾燥した場所に収納。塗った廃油は春まで残っている。

吊る針金など金属製設備がたくさんあります。

　必要となる油の量はハンパでなく、まともなモノを使っていたのでは誠に不経済との結論に至りました。油なら何でもよいのです。

　廃油はまず行きつけのガソリンスタンドがあれば、そこで頼みましょう。給油のついでなら、ますます快く引き受けてくれるはずです。

　一回にもらう量は、畑の設備の種類・規模のほか、ガソリンスタンドにもよります。あまり小口でたびたび行くのもお互いに煩わしいですから、一度に一〇～一八Lくらい頼んでみてはどうでしょうか。

「この容器にいっぱいください」と言って希望量に合った缶を持参されるのも良いでしょう。

　ただし、どんなに繁盛しているガソリンスタンドでも廃油が常時あるとは限りませんから、事前に頼んでおき、いつ頃くればよいかを聞いておけば確実です。

　今どきは運搬中にもれてしまうようなパッキングの緩い容器はありませんし、廃油の注入も店員さんがやってくれるでしょうから、汚れる心配もありません。

　ただし、もらいに行くときは念のため、新聞紙や軍手くらいは用意しておいたほうがよいでしょう。

　もらってきた廃油缶（私のところでは一八L入り）は缶の外側に油を塗りたくり、自宅裏の軒下に置いておきます。

　一八Lあれば、よほど贅沢に使わない限り、一年で使い切ることはないでしょう。畑で使うときは一・五Lサイズのペットボトルに移して持ち運びます。

農閑期、鉄製農具の錆び止めにも

　畑の囲いの金属製設備に廃油を塗るのは農作業開始前の三月下旬、梅雨明けの七月中旬、農作業終了の十一月下旬です（できれば初秋も行ないます）。

　一回の塗布で冬は四カ月間以上もちますが、夏は降雨と高温が廃油を流亡・分解するので三カ月間が限界。防錆効果を高めるには精度よりも回数です。

　なお、十一月下旬には、錆び防止として鉄パイプの頭にアルミホイルをかぶせておきます。

　畑で一回に塗る量は一Lあれば充分です。

　私は最初の年に近所の人から中古のトタンを大量にもらったので、内側に廃油を塗って三枚重ねて囲いの下に使いました。

　そのため、その年は何Lも使いましたが、次の年からいちいちバラしてまで塗り直しはしていません。トタンの外側の塗装が剥げて錆びた部分にだけ油を塗ります。それで年間四L以内です。

　また、農閑期には廃油を鍬、スコップ、ホークなど鉄製農具の錆止めに使います。おかげで、翌春もまったくのピカピカ状態で私を待っていてくれます。

　ただし、農具は使用の都度、丁寧に水洗いし、乾燥させるという基本を忠実に守っています。

　廃油を塗る際は念のためにカッパにゴム手袋を着用しましょう。

　当初はヨゴレをかなり心配しましたが、作業後はゴム手袋に多少廃油が付着している程度で、カッパにはほとんど付着していません。農作業中は金属製設備に触れることはありません。塗った廃油は広がって薄い被膜となるため、万一触れても付着には至らないようです。

（京都府京都市）

二〇〇二年四月号　廃物活用のケチケチ菜園（4）　廃油をもらってこよう　その1　設備・農具の錆び止めに

錆びさせない保管法

サビだらけのナットは急速加熱ではずす

阿部哲夫さん　岩手県金ケ崎町　編集部

阿部さんは、一二haの田んぼを奥さんと二人できりまわす農家。自分の機械に自分で責任を持つのは、今や農家の大きな収入（支出がない）の一つと、考えている。
家族　哲朗じいちゃん、ヨシ子ばあちゃん、本人と妻の喜美さん、長男の敬悦さんの五人家族。

阿部哲夫さんは、もう使い物にならないと、農家が手放した中古の農機具を分解し、一つ一つ使えるものを選び出して、それに全く新しい生命を吹き込むプロ。

家のすぐ横を通る国道からの入り口には、「農業機械改造センター」の看板を建て、自らの名刺には「再生農機具」と印刷する。

ここでは、ガッチリ締め付けるためによく利用されている、ボルトとナットの部分のしつこいサビつきについて、そのコツを紹介してもらう。

まずはCRC（防錆潤滑剤）

私事で恐縮だが、先日、子供の自転車の修理のために車輪の軸受け部分をはずそうとしたときのことから話を始めさせていただきたい。

荷乗せ台、スタンド、ギアなど、自転車の後車輪の軸は、いろんなものを挟みこんで締め付けている。見ると、締め付けているナットにはサビが盛り上がり、ナットの周り全体をおおっている。

表面のサビをドライバーでこそぎ落とし、モンキースパナを合わせてグイッと回すのだが、スパナはナットの表面のもろくなった組織を削り取って滑るだけ。ネジ山の中までがっちりとサビついていて、なかなかナットが回ってくれない。

サビ落としショック療法

阿部さんが、サビついたネジはずし作業で、素人にできることとして教えてくれたことは

①サビとりスプレー（CRCスプレー）をかけたら、半日はそのままおいて中までしみ込ませないと効果はない。

②ショックを与えて、ネジを回りやすくする。

そこで、まずはサビとりスプレーをかけて、小休止。しかし半日も待てないので、金槌でコンコンとナットの周りを叩き、ショックを与えてみた。

苦戦すること一時間、やっとのことで分解して面目を保った次第であった。

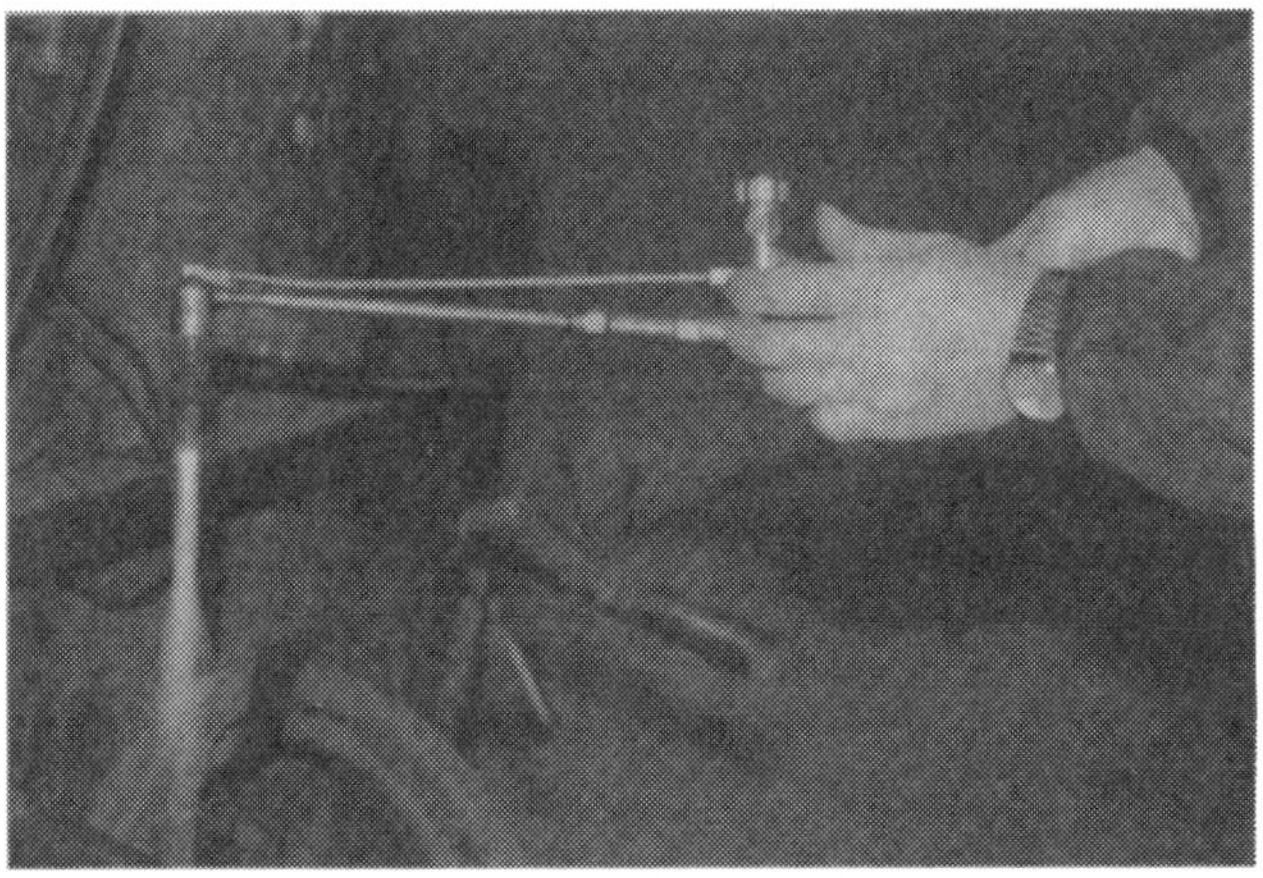

ガス溶接の道具

サビついたナット外しの巻!!

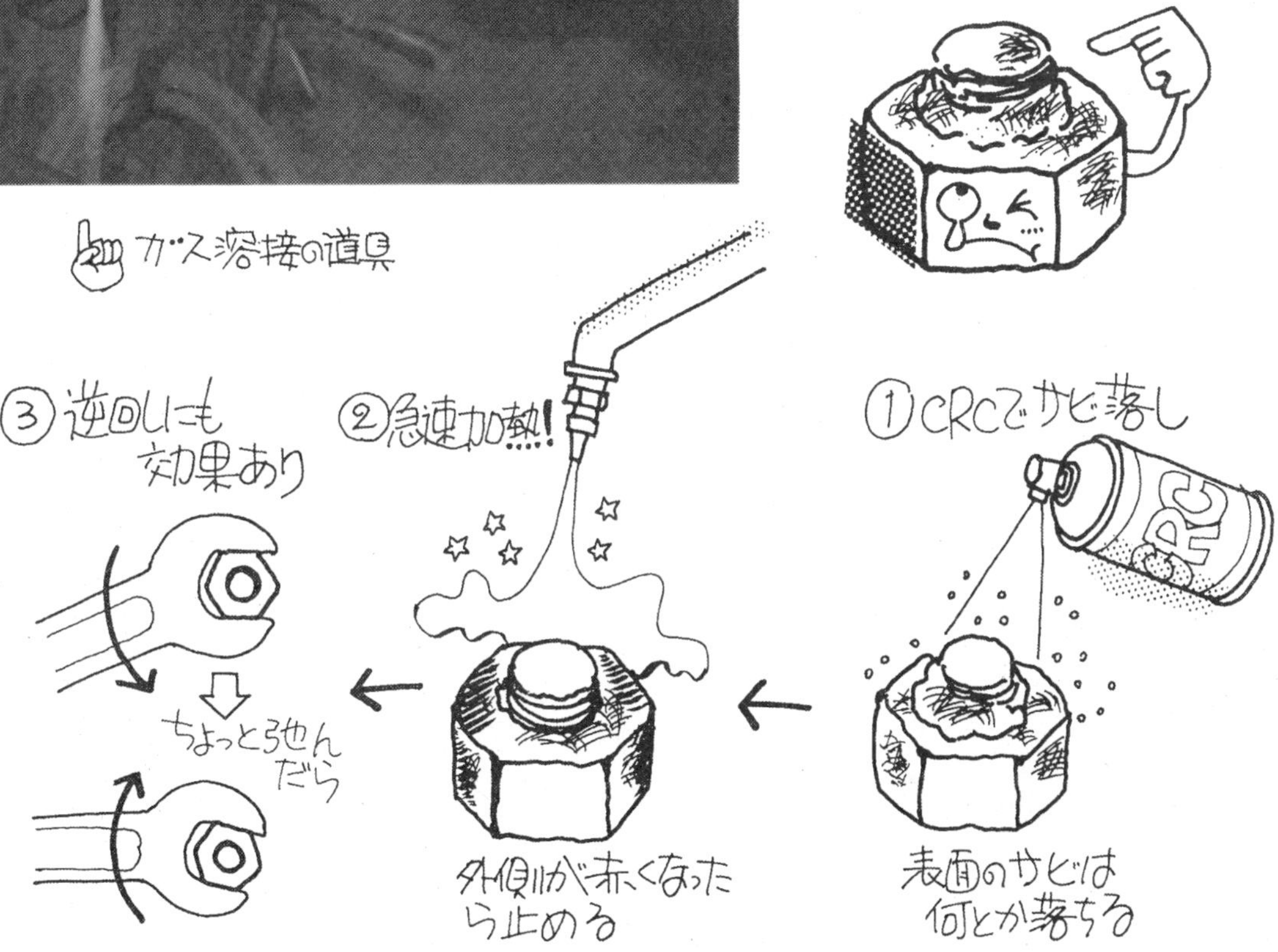
①CRCでサビ落し
CRC
表面のサビは何とか落ちる
②急速加熱!
外側が赤くなったら止める
③逆回しにも効果あり
ちょっと弛んだら

奥の手は急速加熱

さて、自転車の場合はそんな程度ですんだが、農機具の場合はどうだろう？　阿部さんに相談してみた。

「ナットの場合も、ネジと同じだね。サビとりスプレーをかけて、時間をおいてネジ山の部分にも液をしみ込ませてから、周りを叩いてショックを与えてやるしかないと思うな。それでだめなら、誰でもできるというわけじゃないが、熱を使う方法しかないな」

さてそのやり方だが（すでにスプレーをかけ、ハンマーで叩いてもうまくいかなかった場合を想定）

①ガス溶接機の炎で、さびたナットのぐるりをあぶっていく。ナットの外側がちょっと赤らんできたところで火を止める。

②ナットの熱が冷めるまで待ち、もう一度サビとりスプレーをかけて待つ（最初にかけておいた分は、熱によってふっとんでしまって役に立たない）。

③スパナでゆるめていくが、決して焦らずだましだましゆるめていくこと。

この方法のミソは、加熱によって起きる金属の膨張を利用して、ネジ山にまでがっちりとついたサビを落としてしまおうというもの。

だから熱の加え方が重要になる。

側だけを急速に加熱するのがコツ

「ナットだけを急激に暖めないと駄目なんだ。ナットだけが急激に膨張することで、軸の部分との間にずれが生じ、サビついた部分が自由になるというわけだ。ところが、弱い火でジワッと暖めると、ナットだけでなく軸の部分にも熱が伝わって、加熱した意味がなくなってしまう。やっぱり、ガス溶接機くらいの強い火がいるなあ。高温短時間ってやつだからな」

タバコのライター程度の火ではどうでしょう、と馬鹿な質問をしたところ、まったく使いものにならないとのこと。この方法は、器具がないと難しいのが欠点だ。なんとかならんものか……。せめてこれくらいは、ということで阿部さんが教えてくれたのが、スパナでのゆるめ方、初歩の初歩だった。

逆まわしに効果あり

「なかなかゆるんでくれないと、力まかせにゆるめる方向に回そうとするでしょう。それじゃ駄目。少しゆるんだかなと感じたら、今度は、逆に締める方向に回してやるんです。そうするとサビが細かくなるというのかなあ、回りやすくなるのです。いったん逆回しにすると、次にゆるめる方向に回したとき、倍以上回るようになっています。やってみてごらんなさい」

「だましだまし」と、阿部さんが言っていたのはこのことだったのだ。

一九九二年三月号　ここまでやれば機械自由自在(2)　サビだらけのナットは急速加熱ではずす

土覆い（つちおおい）

筋切り（すじきり）
種をまくために畦をつくるとき、筋をつける道具。柄に曲尺（かねじゃく）の目盛がついている。

ホコリを取る

動力散粉機でゴミとホコリをとばす

阿部哲夫さん　岩手県　絵と文　トミタ・イチロー

いつまでも農機具に元気よく働いてもらうために、汚れ、ゴミ、ホコリなどはまめに取り除いてやりたい。

トラクタの作業機、田植機、コンバイン、ハーベスタなどの泥の汚れ、モミやワラ屑、ホコリそして油汚れなどの取り方のコツと道具を、岩手の阿部哲夫さんに説明していただいた。

まずは手で落とす

はじめにやるのは大ざっぱな泥落とし。大きな泥は手でもいいから落としておく。

もちろん泥つきで家まで持ち帰る必要はないわけだから、圃場で落としておけば後の掃除が楽になる。

田植機のように水につかるものは、泥が乾かないうちに取っておくことが大事だ。

阿部さんいわく「これは簡単なことでかつ大事なこと」だそうだ。そして泥落としは毎日でなくともよく、二日に一回ぐらいでかまわない。

また掃除全体にいえることは、完璧をめざすのでなく、簡単でいいからまめにやって、最後の収納のときに丁寧にやればいい。そのほうが作業で疲れた身体のためにもなる。

空気で吹き飛ばす

細かなホコリ、モミやワラ屑は水をかけるとかえって取りにくくなるから、これを取り除いておかないといけない。水洗いの前にやる必要な作業だ。

それには強力な風を送ってゴミ、ホコリを吹き飛ばしてやるといい。阿部さんは、エア・ダスターを使うやり方と動力散粉機を利用するやり方の二とおりの方法で掃除をしている。

エア・ダスターは次のページの図のようなピストル型のものでエア・コンプレッサに接続して使う。

引き金を引くと強力なエアが吹き出て、農機の細かなところや複雑なところの隅の方まで風を送ってゴミ、ホコリを吹き飛ばす。エア・ダスター本体は二〇〇〇円程度で買える。ただしエア・コンプレッサを持っていることが条件になる。

動力散粉機をこう使う

手持ちの動力散粉機でも、その風を使って十分ゴミ、ホコリを飛ばすことができる。

動力散粉機は背負わずに下に置いて、長め

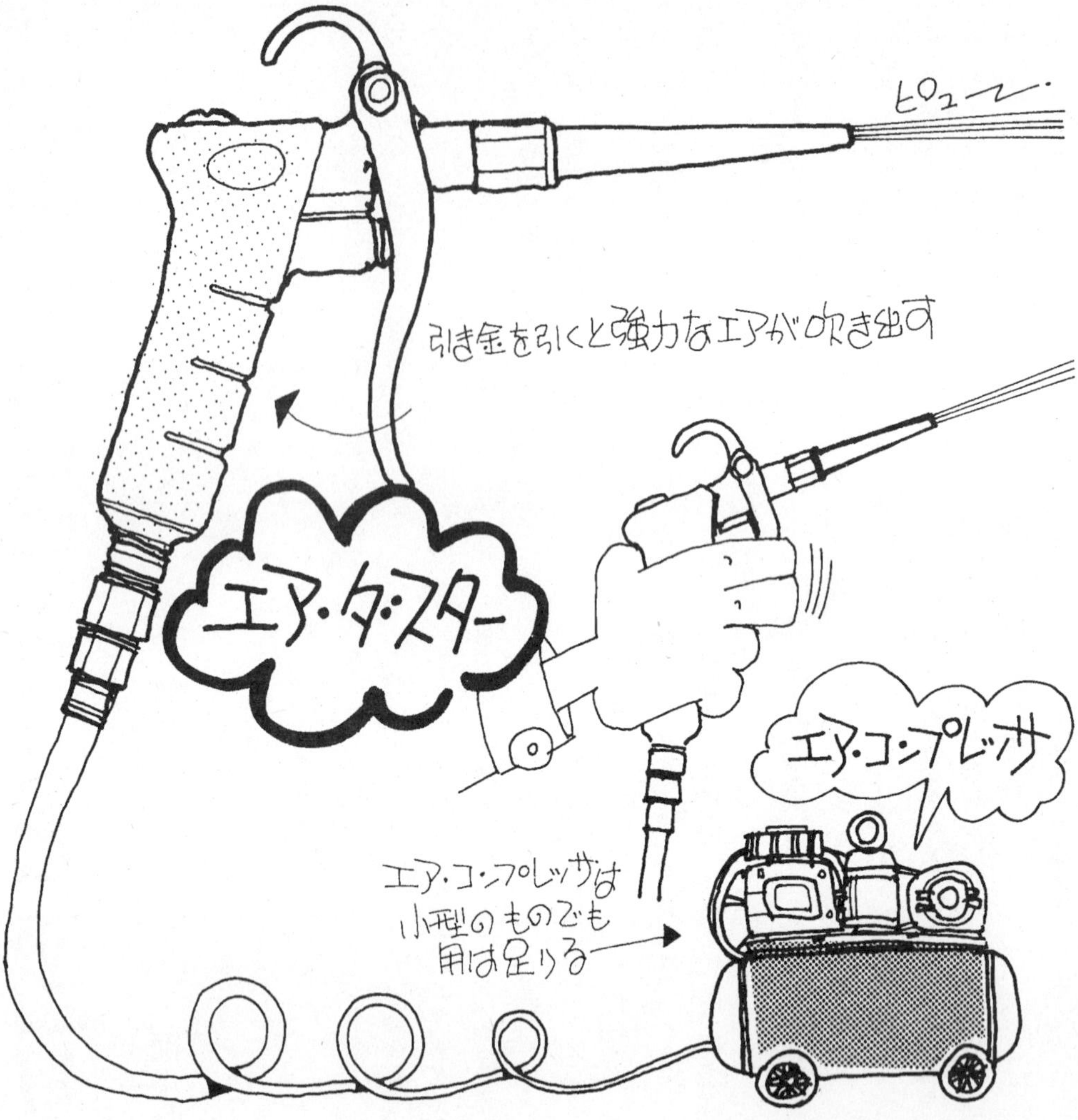
ピューー・
引き金を引くと強力なエアが吹き出す
エア・ダスター
エア・コンプレッサ
エア・コンプレッサは
小型のものでも
用は足りる

のダクト・ホース（五m）を接続し、その先に手製の噴頭をつけて、ちょうど電気掃除機を操作するような要領で作業する。

エア・ダスターのように細かな部分のゴミ飛ばしには向かないが、広い部分のゴミやホコリ飛ばしに威力を発揮する。

阿部さん自作の噴頭は、長さ五〇cm、直径六〇㎜の塩ビパイプを使い、先を熱してつぶして、次ページの図のような吹き出し口を作っている。

工作の難しい材料ではないので、自分の目的に合った噴頭をいくつか作ってみるのもいい。

阿部さんはシーズンの終わった乾燥機の上の部分や、天井近くにたまったゴミ、ホコリをこの動力散粉機で飛ばして、下に落として掃除をしている。

いずれも掃除をするにはおっくうなところだが、放っておくと容易には取れなくなってしまうから、ぜひやってほしい。

掃除ではないけれども、この機械のユニークな利用法を一つ。

収穫時にコンバインを田んぼに入れる前に、動力散粉機を使って（田んぼ一枚分）、朝つゆを飛ばしてしまうと後の作業がぐんと楽になるということだ。時間も三〇分あればすむ。

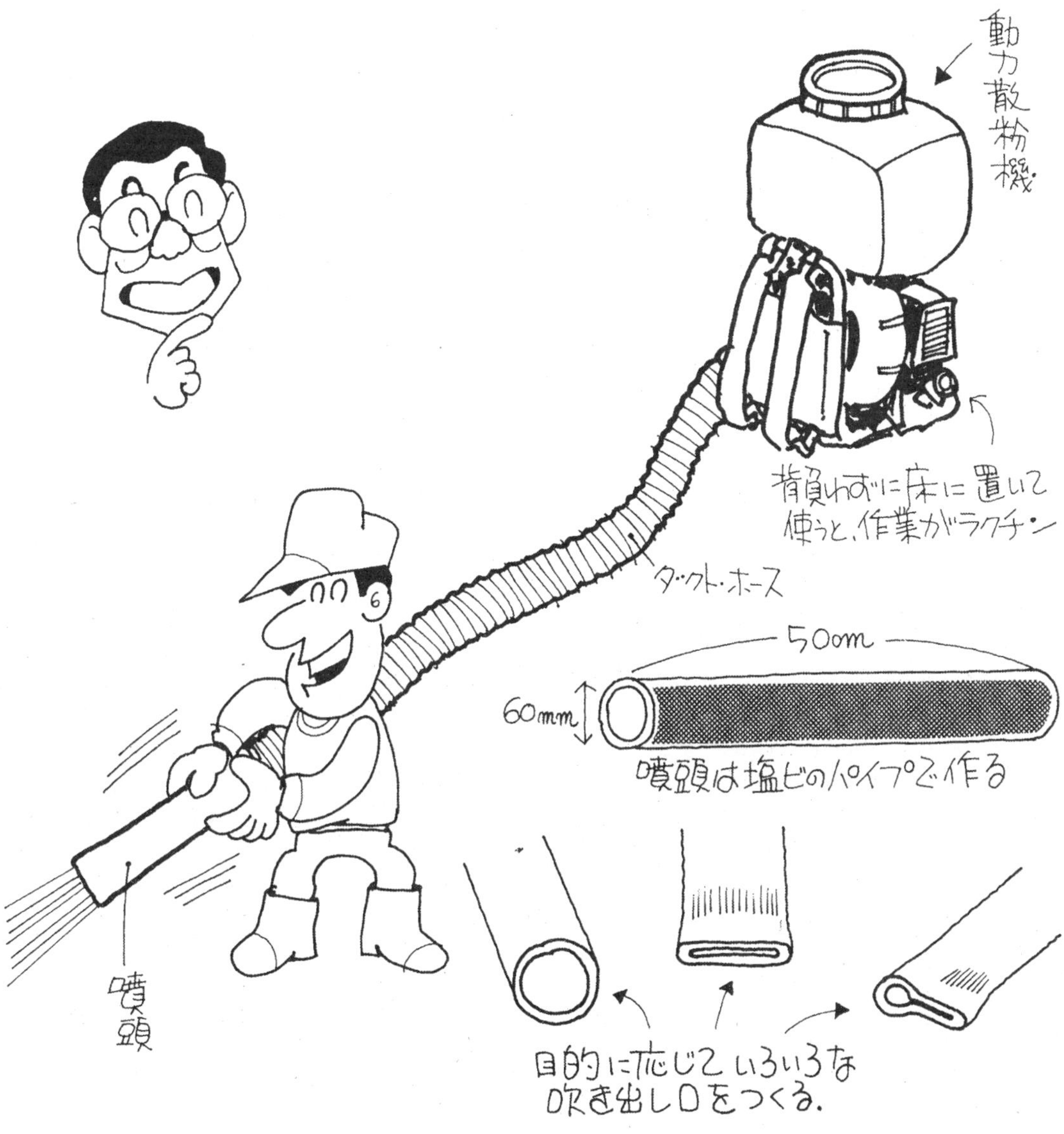
動力散粉機
背負わずに床に置いて
使うと、作業がラクチン
ダクト・ホース
50cm
60mm
噴頭は塩ビのパイプで作る
噴頭
目的に応じていろいろな
吹き出し口をつくる。

吸い取ってしまう

今度は、コンバインの残りモミなどを吹き飛ばすのではなく、逆に吸い取ってしまうやり方。

これには家庭用の電気掃除機でもある程度の仕事はできるが、やや力不足なので業務用の電気掃除機があれば重宝する。値段は四〜五万円くらい。

阿部さんはこれを使って、コンバインのほかに乾燥機の昇降機に残るモミも吸い取って掃除をしている。

一九九二年四月号　ここまでやれば機械自由自在（3）
動力散粉機でゴミ、ホコリをとばす

計量

空き缶、ペットボトル、古新聞が計量用具・漏斗・油新聞紙に変身

南 洋　南農業研究会

スチール缶は斜めに切って勺・升に

スチール缶は、上部を斜めに切ると、自家製堆肥、山土・畑土・鹿沼土、油粕・米ヌカなどの用土や肥料をすくう勺《しゃく》になります。そして、それらを混合するときには升《ます》にもなります。

スチール缶は大きさにより定量になっているので、切り取った分を差し引けば、おおよそ容量の見当がつきます。心配な人は計量カップで確認して内側に目盛りを打つとよいでしょう。大きさの異なる升を用意しておけば、大一杯に小二杯といった具合に細かい配合も可能です。

上ブタを取れば、金属製設備に廃油を塗ったり、少量の肥料をふって歩くときの容器になります。これも大小いくつか作っておくと必要量に応じて使い分けできます。廃油用、用土用、肥料用など用途別に専用にしておくと、使用のたびに洗わずにすむので便利です。

また、細身の缶は害獣防護柵の鉄パイプのフタにすれば、中に水が入ったり錆びたりするのを防げます。切断面を加工することで、マルチの穴あけ器にもなります。

アルミ缶やペットボトルは漏斗に

アルミ缶は、スチール缶より硬さが劣りますが、加工しやすく、錆びないという長所があります。これは、液体や粉末を口の小さな容器に移す漏斗に加工します。グラグラと安定しないときは、中に針金を一本立てれば倒れません。容器と同様に用途別に専用にしておきます。また、アルミ缶はドラム缶の受け口が破損したときにも代用できます。

ペットボトルは廃油を運ぶ容器のほかに、液肥や水も運べます。

材質が極めて軽く、透明なら中身が判別でき、空き缶と同様に落としても割れず、量らなくてもだいたいの容量がわかるなどの長所があります。

さらに、横半分に切ると、上部は漏斗として、下部は底に穴を開ければポットとして利用できます。ペットボトル漏斗はアルミ缶漏斗よりも大きめの口・容器に移す場合に便利です。移す液体の化学性で使い分けてもよいでしょう。

また、我が畑にも飼った覚えのないモグラがたくさんいます。被害を受けないうちに、ペットボトルでモグラ除け風車を手作りし、設置しようと考えています。

果菜類の泥ハネや虫の食害、それが原因の腐敗などを防止するために、果実の下に敷く

空き缶を加工して利用

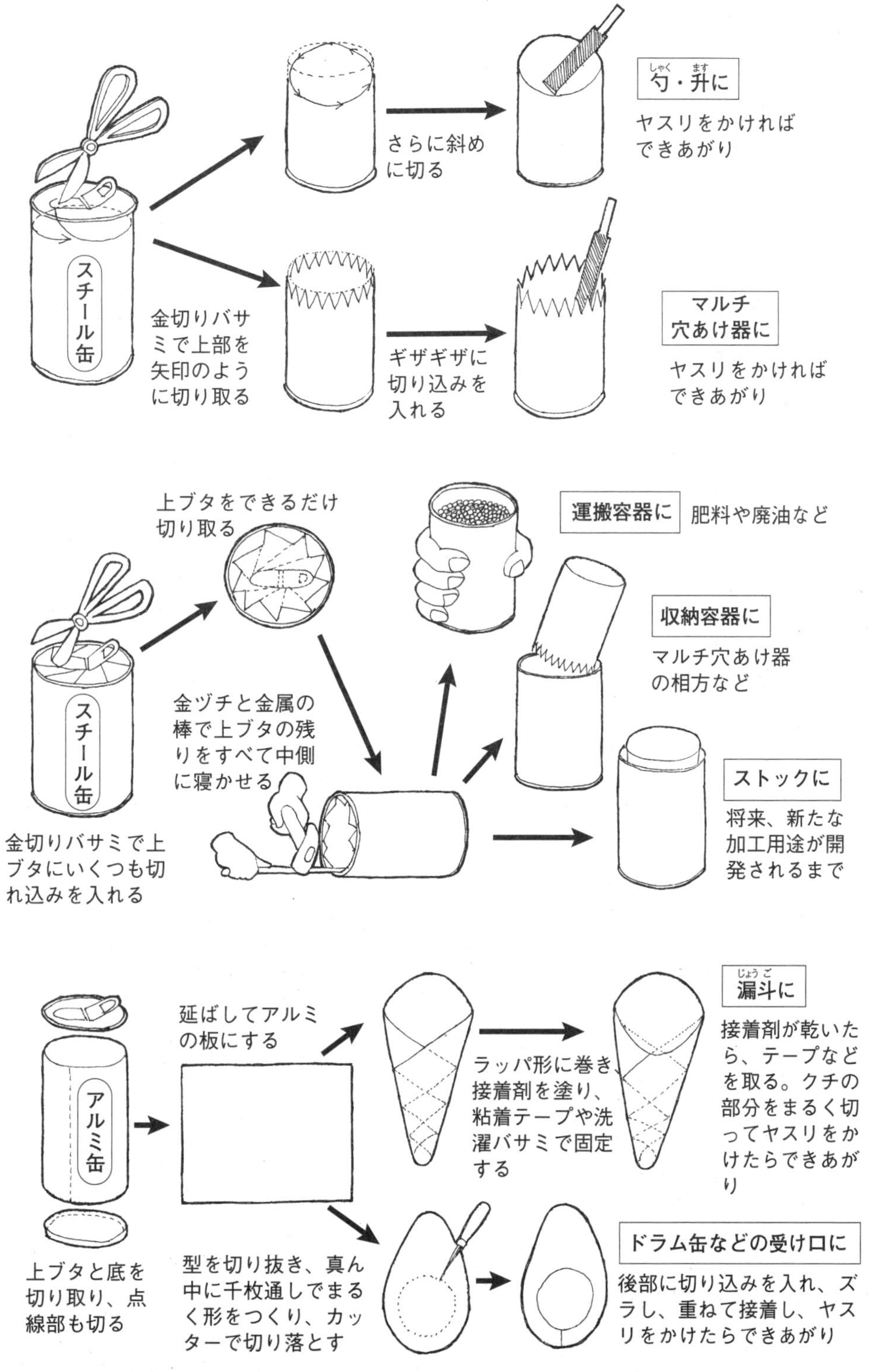
スチール缶
金切りバサミで上部を矢印のように切り取る
さらに斜めに切る
杓《しゃく》・升《ます》に
ヤスリをかければできあがり
ギザギザに切り込みを入れる
マルチ穴あけ器に
ヤスリをかければできあがり
スチール缶
金切りバサミで上ブタにいくつも切れ込みを入れる
上ブタをできるだけ切り取る
金ヅチと金属の棒で上ブタの残りをすべて中側に寝かせる
運搬容器に
肥料や廃油など
収納容器に
マルチ穴あけ器の相方など
ストックに
将来、新たな加工用途が開発されるまで
アルミ缶
上ブタと底を切り取り、点線部も切る
延ばしてアルミの板にする
ラッパ形に巻き接着剤を塗り、粘着テープや洗濯バサミで固定する
漏斗《じょうご》に
接着剤が乾いたら、テープなどを取る。クチの部分をまるく切ってヤスリをかけたらできあがり
型を切り抜き、真ん中に千枚通しでまるく形をつくり、カッターで切り落とす
ドラム缶などの受け口に
後部に切り込みを入れ、ズラし、重ねて接着し、ヤスリをかけたらできあがり

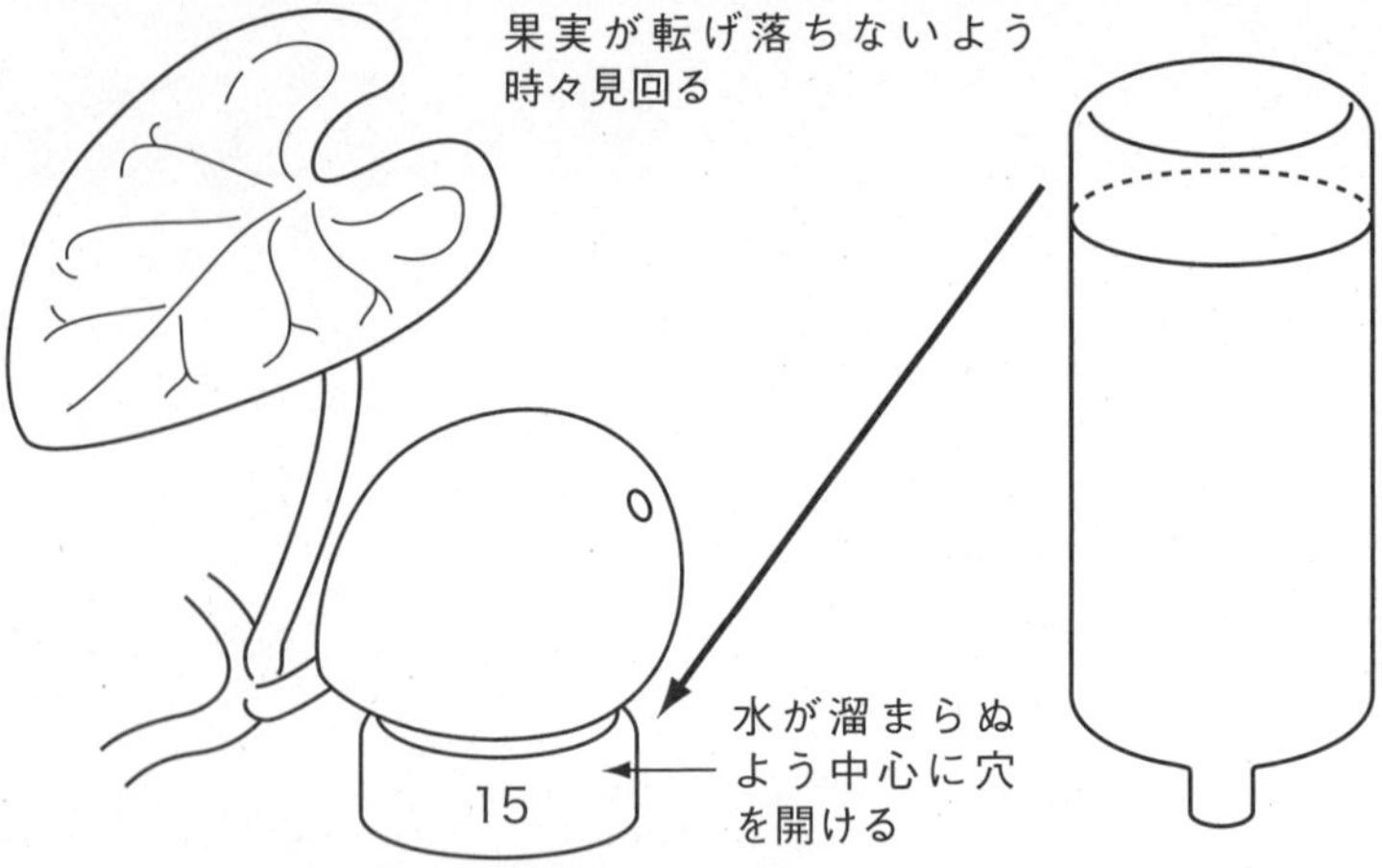
果実が転げ落ちないよう
時々見回る
水が溜まらぬ
よう中心に穴
を開ける
15

果実の下に敷く枕（台座）にペットボトルの底を利用

枕（台座）にはペットボトルの台座が便利です。この場合、大形（2L）が適しています（図）。

古新聞は油を塗ったり、紙ポットに

古新聞は、油を塗って廃油新聞紙に。新聞紙は新品であれば相当の強度があるのですが、湿気を含んだり、日光に当たると、時間の経過とともにもろくなっていきます。

油新聞紙であれば、強い日差しや多少の風雨にさらされても強度は変わりません。

油新聞紙は金属製の小農具や工具をぐるぐる巻きに包んで錆を防いだり、ポリバケツ、ポット、ジョウロ、ホースなど、直射日光で劣化しやすい合成樹脂製品の上に載せておきます。

古新聞は油を塗らなくとも用途があります。育苗でポリポットの内側に新聞紙を張り付けておくと、定植のときに根鉢が不十分でも鉢土がバラけません。

定植では、根鉢の周りに土を埋め戻し、押さえる前に新聞紙を引き抜きます。私の経験上、引き抜けずに多少残っても生育にあまり影響しないようです。

ただ、あらかじめ、張り付ける新聞紙は重ねず、一枚程度にしておきましょう。

また、用土や肥料を混合するときに、容器内に古新聞を広げておくと、作業後に容器を水洗いせずにすみます。

食品用トレイやヨーグルトカップは育苗容器に

食品用トレイ

食品用トレイはサツマイモ挿芽苗の育苗容器として利用できます。

ウコン、サトイモ、ショウガの芽出し、フクシアなど花苗の挿芽などにも同じように使えます。トレイに砂を入れるだけの床ですが、地床などよりも細やかな管理ができます。

また、大きめのトレイなら育苗ポットの受け皿にもなり、生育に差が出てきたときにクラス替えすれば、施肥・かん水が容易になり、定植日も揃えることができます。

ヨーグルトカップ

ヨーグルトカップはサツマイモ挿芽苗の運搬容器として使えます。

苗だけでなく、少量の肥料なども運べるほか、底に小さな穴をいくつかあければ、ポリポットや鉢の代用になります。

育苗容器としては、同じサイズで数を揃えなければなりませんが、カップは小さいもので一〇〇㎖、大きいもので五〇〇㎖まであるので、大苗でない限り、利用できます。

（京都府京都市）

二〇〇二年九月号　廃物活用のケチケチ菜園（9）　空き缶、ペットボトル　脇役の廃物たち　その1

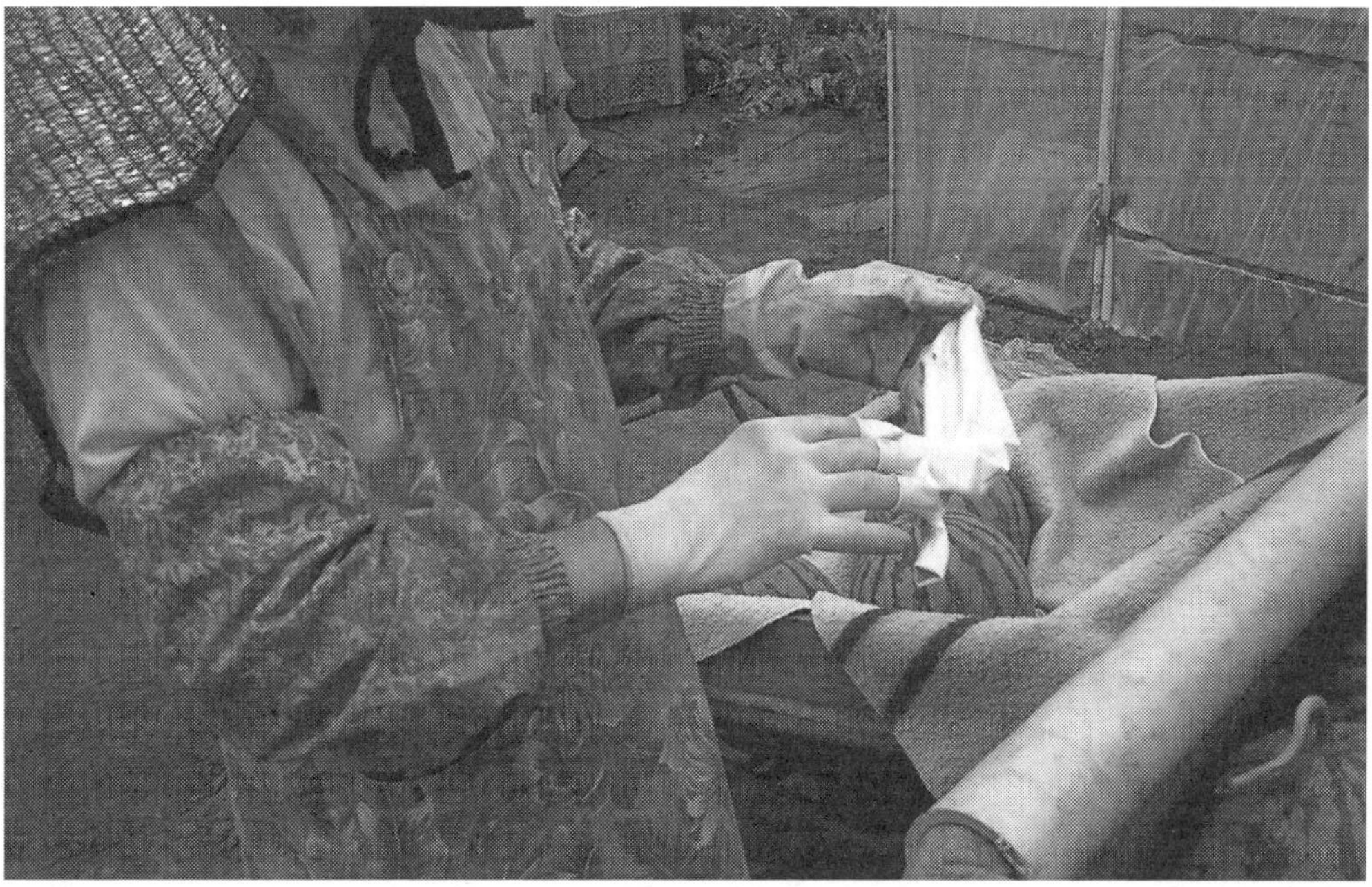

ゴムの手袋を取ると、もうひとつ、薄手の綿の手袋が出てきた。
ゴムの手袋は水を通さず便利だけれど、その中は汗でべたついてくる。内側に綿の手袋をすれば、べたつくことがなく快適だ　千葉県八街市の立崎小夜子さん

手袋

手荒れ・しもやけを防ぐ手袋の実力

山下正範　兵庫県姫路市

ホームセンターでも近頃にわかに充実の手袋売り場

夏は真っ黒、冬はしもやけ

まずは百姓の呑み会の与太話から…。

僕　農家の相互交流のホームページ「除草剤を使わない稲づくり」の管理者

「この手はね、農作業の時に手袋をしないから、こんなに真っ黒やけど、一週間ほど仕事を休むと、百姓の手とは思へんほどぽっちゃりとした白い手に戻るんやで。触ってみてください。冷たい手やろ。若かりし頃に『手の冷たい人は心が温かいのよね』などと女の子にいわれたものです。

要は血のめぐりが悪いんやね。冬になると、しもやけで赤くふくれあがってしまいます。ハハハハ…」

稲坂さん　兵庫県有機農業研究会の先輩

「山下さん、もう年なんやから、手袋するようにせなあかんで。最近は背抜き手袋というええ手袋が出てるんやから。手の甲側にゴムがコーティングされてないから、蒸れんでええんや」

僕はそれまで手袋というと軍手専門でした。というより、あまり手袋をせず、なんでも素手でやるほうでした。草むしりもトマトの芽かきも素手でやって、おかげで夏場はいつも手が真っ黒でした。

もっと困ったのが、冬場の野菜を洗うときです。ゴム手袋をしていると、少しはましなんですが、菜っ葉の枯れ葉の掃除がまどろっこしいのと、野菜の結束テープ（たばねら）を使おうとすると、テープの粘着面がくっついて仕事にならないので、結局素手でやることになるのです。

直売所に来たお客さんが「冷たいやろ、たいへんやねえ」とねぎらってくれます。

でも、「井戸水ですので温かいんですよ」と、やせ我慢です。ドラム缶でたき火をしたり、お湯を用意してそれで手を温めながらやるのですが、寒風に当たって手の神経がなくなってくることもありました。

筆者。今日は、蒸れにくい背抜き手袋の「スーパーソフキャッチ」を使用中

ほとんど素手感覚、蒸れない背抜き手袋

そこで、ホームセンターに行き、稲坂さんのいう背抜き手袋を探して、「ピッタリ背抜き」（ショーワ）を買ってみました。

ナイロンの薄手の手袋に、発泡性ウレタン樹脂が手のひら側だけにコーティングされているのですが、たしかに通気性があってゴム手袋のように蒸れません。

まず、夏野菜の収穫に使ってみたのですが、軍手のようなまどろっこしさがなく、素手に近い感覚でいけます。たばねら（結束用テープ）を使ってもくっつきません。

もちろんトマトの芽かきをしても指先が真っ黒になりません。

以来、苗箱の土入れ、播種、果菜類の支柱への結束などなど、全部手袋をはめたままやるようになりました。

ピッタリ背抜き（ショーワグローブ）

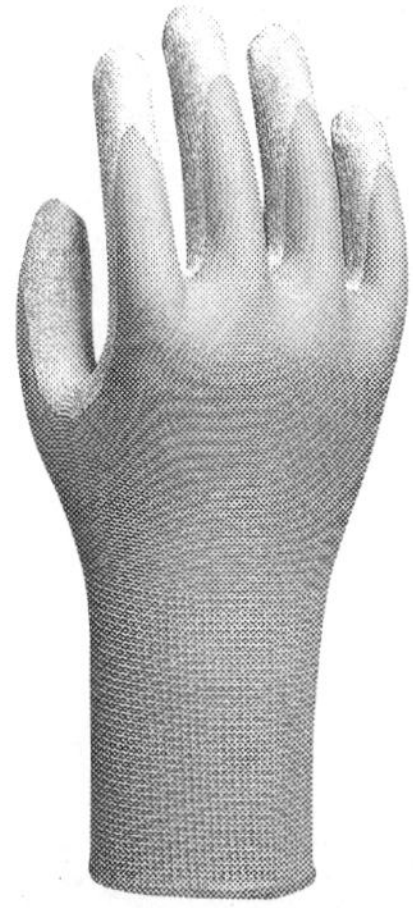

背抜きタイプは、手の甲側に樹脂がコーティングされていないので蒸れにくい

ニトリルゴム製は機械作業向き

そんなある日、『への字稲作』でおなじみの岡山の赤木さんがやってきました。

僕「背抜きっていう、ええ手袋を見つけたんや、これや」

赤木さん「この背抜き手袋ならもう使っているよ。ひもを結ぶにも、はめたままできるからね。汚れても手にはめたままゴシゴシ洗えばきれいになるから便利やね」

越前の北潟湖の近くで稲づ

くりをしている中出さんからは、こんなメールが届きました。
「同じ背抜きタイプでも私のおすすめは『組立グリップ』（ショーワ）です。指の先

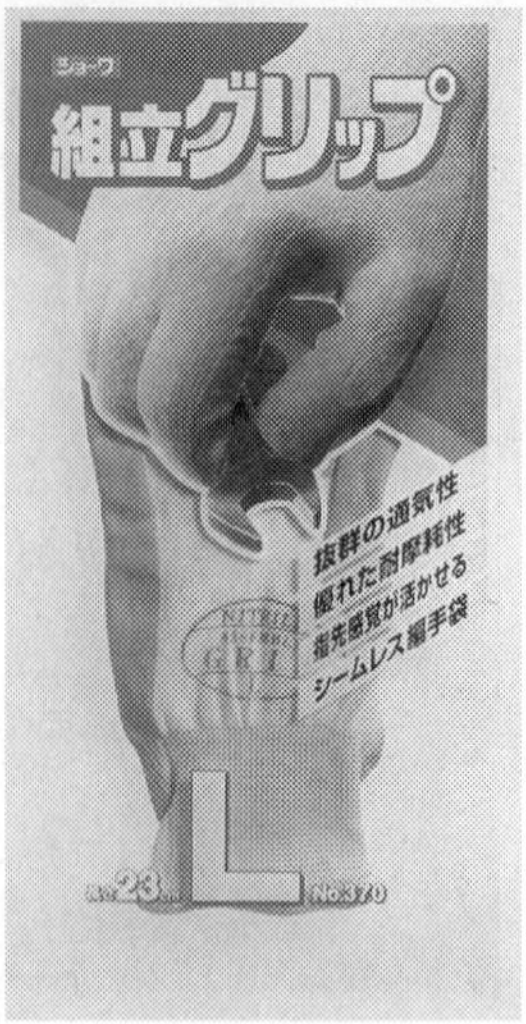

組立グリップ（ショーワグローブ）

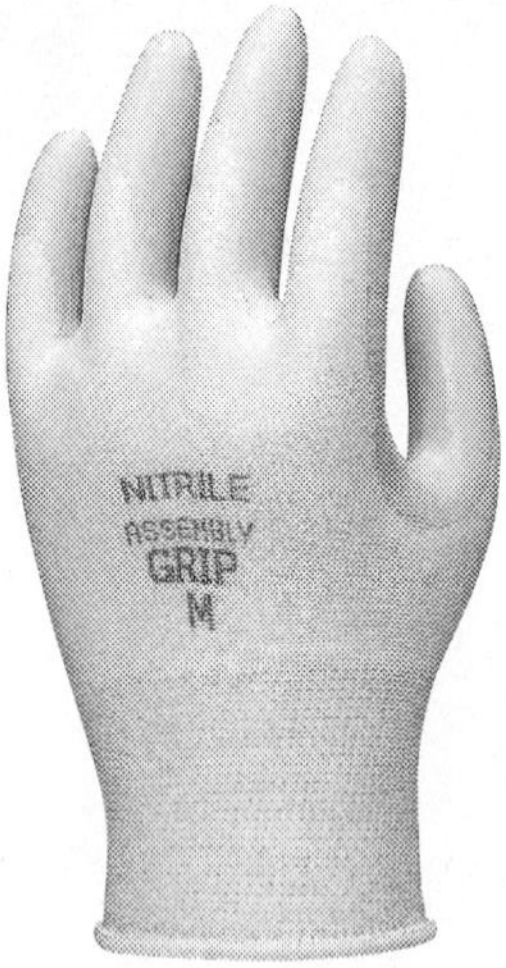

背抜き手袋だが、油や薬品に強いニトリルゴムをコーティング

までフィットすることや丈夫さ、油にも強く、洗ってもすぐ乾くこと、どれをとってもいいです。これをしたまま本のページもめくれますよ」

「どれどれ」と「組立グリップ」なる手袋を買い求めて使ってみると、ポリウレタンではなく、ニトリルゴムを貼り付けたタイプです。たしかに丈夫で細かな指先作業にも向きそうでした。

ただ、表面がつるつるしているので、野菜の収穫のとき、湿った泥がズルズルと滑るので困りました。

どうやらニトリルゴムは油に強いので、機械整備などに向くのでしょう。中出さんもコンバインやトラクタなど農業機械に乗るときに愛用しているようでした。

タフな天然ゴム製

ずっと素手派だったので気付きませんでしたが、この一～二年、にわかにホームセンターの手袋売り場がにぎやかなようです。

今までにない新しい意匠の手袋が次々登場してきています。新しいもの好きなので、気がむいては六～七種類買い求めてみました。

その中の一つが「スーパーソフキャッチ」（おたふく手袋）。

やはり「ピッタリ背抜き」と同じように背抜きタイプなのですが、発泡性ウレタン樹脂ではなく、こちらは天然ゴムがコーティングしてあります。

発泡性ウレタン樹脂のほうは長時間使っていると、ちびて摩耗してくるのです。それに、ぬらして乾いたあと縮む傾向があるようで、装着しなおすとき、ＬＬでも僕の手では窮屈です。

その点、天然ゴムのほうがタフで耐久性があるように思われました。

ただ、トラクタの作業機を付け替えるときに、この「スーパーソフキャッチ」を使ったところ、ゴムがニチャニチャと溶け出してきました。

まあ、これは僕の不注意かな。どうも天然ゴムには耐油性はないので、油を触るときには「組立グリップ」のようなニトリルゴム製がいいのでしょう。

冬はデジハンドでしもやけから解放

背抜きタイプは夏は蒸れないのでよいのですが、水は通すので冬野菜を洗うときは困ります。

そこでまた手袋売り場をきょろきょろしていて、「デジハンド」（ダンロップ）に出会いました。使ってみると、具合がいい。たばねらを使ってもくっつかないのです。

ピッタリ手の形に沿うように成形されているので、厚手のわりには指先感覚がすぐれ、手先の細かい作業もそれなりにできます。ホウレンソウなどを束ねるのも、はめたままでいけました。内側に綿が編み込まれていて保温性があるので、しもやけから解放されました。これは掘り出し物でした。

スーパーソフキャッチ（おたふく手袋）

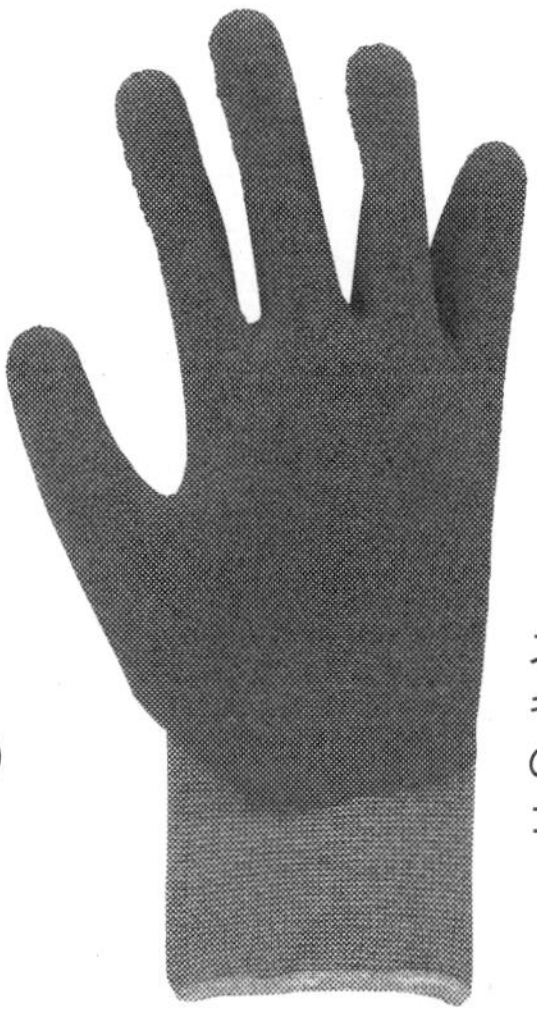
スーパーソフキャッチの手の平側。天然ゴムで丈夫

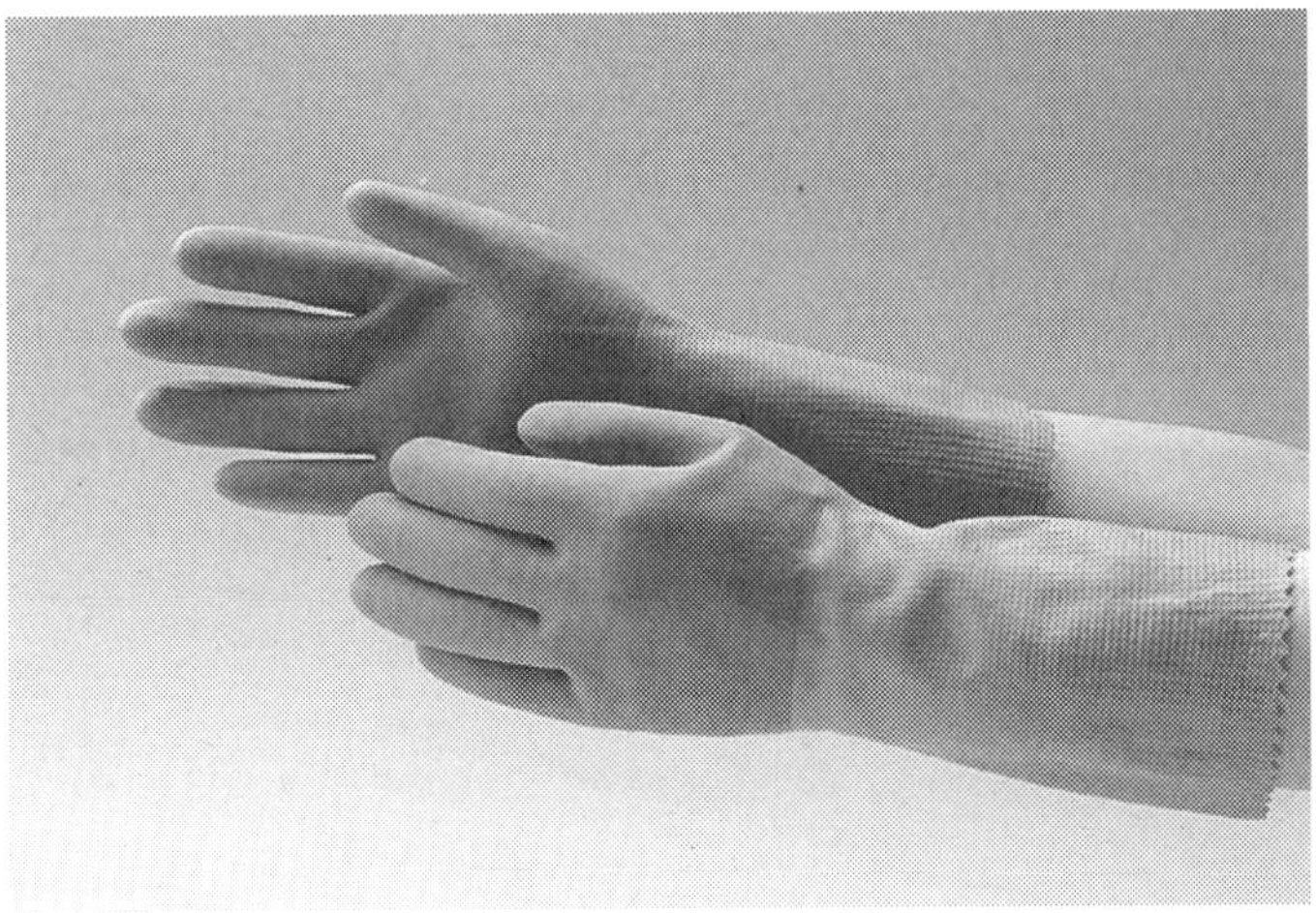
これで冬のしもやけから解放された「デジハンド」（ダンロップ）

ただ二か月ほど使っていると、たばねらの粘着面がひっつき始めました。

「あれっ?」とよく見ると、表面のザラザラが摩耗して、つるつるになっていたのです。

「なるほどなるほど、この微妙な表面の凸凹によって粘着テープがひっつかなかったのか」と感心した次第でした。きっと、ご飯しゃもじのウロコと同じなのでしょう。

ホームセンターなどの陳列棚でいろんな手袋を眺めたり、また使ったりしてみたのですが、各メーカーは使用用途に合わせ、それぞれ意匠を凝らしているように思われました。ゴムの種類や厚さ、表面のザラザラ加工の具合なども、用途に合わせて工夫されています。滑り止めの凸凹を「タコの吸盤」をモデルにしているメーカーもあります。ぜひ一度手袋コーナーを散策してみてください。

二〇〇五年十一月号　手荒れ・しもやけを防ぐ手袋の実力　手袋って偉大やな〜　冬はしもやけにならない、夏は蒸れない手袋探し

手袋

農家の女性たちのおすすめの手袋はコレ！

編集部

「肘まで長〜い革手袋」（中部物産貿易㈱ホーケングローブ事業部）

手袋・腕抜き一体型 肘まである革手袋

高知県四万十市 三つ又ゆず婦人グループ・林浩子さん

前はね、革の手袋をして、そして腕抜きをしていたんだけど、つながっていないから、そのすき間がいっちばんトゲのあたるところになってね。

それで、手首からひじの下まで包める「ぱっちん手袋」っていうのを手作りしたの。すごい評判よくてね。でも、今は同じようなのが市販されているから、うちではそれを使ってる。

たまに急いで仕事したりすると、ハサミで先をちょっと切っちゃうことがあるんだけどね。

それしなければ、ずーっと使えるよ。今、私のやつも二年ぐらい使いよるよ。

収穫する一か月ぐらいの間は、一〇人前後、雇用の人をお願いするんだけど、その人たちにも喜んでいただいてね。

もう十月も半ば過ぎたらゆずの収穫が始まるから、この間、何十組とまとめて買ってきたんよ。

溶接用の革手袋が使える

島根県益田市美都町・海老谷経介さん

わしなんかは、ひじのほうまである長い革製のを使ってるよ。農業用のじゃなくて、鉄工所の人なんかが使う溶接作業用のやつ。

牛の革でも、表側の厚くていいところは普通の手袋や革靴になるんだけど、その革をはいだあとに床革っていって、薄い革が残るんよ。

その残った薄い革で作ってるんよ。やっぱり革だからゴムなんかよりも通気性がいいみたいで、汗がこもらん。

わしはホームセンターで買ったけど作業着の専門店にも揃ってるかもね。左右で七〇〇円ぐらいよ。

ただサイズが大きい大きい。わしらでもガバガバじゃもん。

でも、慣れると革のほうも自分の手になじんでくるから、摘果なんかの細かい作業もこれでできるようになるよ。

長いといってもひじのちょっと下ぐらいだし、革が柔らかいから手をつっこむのもラクだよ。

ただ濡れると乾きが悪いから、いつも替えは持っとるよ。とくにこれから秋、寒くなってくると、朝露がつくでしょう。

だから午前中は、ふつうのビニールの手袋にして、昼からは、革の手袋に取り替えてる。ビニールのやつを取り替えながら使う人もいる。

まあ人によりけりだけど、革なら汗も吸うし、こっちのほうがわしは好きじゃ。

慣れんうちはせん定バサミで切ったりもしたけど今は平気。

破れることもないから今わしが使いよるの、もう三年目ぐらいよ。

選別するときは濡らした軍手で

福岡県みやま市・中山君子さん

ナスを収穫したあと、AからDまで選別して、きれいなコンテナに入れなおすのですが、そのときには両方の手に濡らした軍手をしています。たまにナスに花びらやカスがついているのですが、それをとるのにいいのです。

また、消毒も月一～二回なのですが、ナスに水滴のあとが残っているときがあります。それを拭き取るのにも都合がいいです。

ナイロン製の軍手もあるようですが、綿一〇〇%の軍手を使っています。そのほうがナスビさんにもやさしいし。

熱いものは軍手を中に

長野県飯田市・小池手造り農産加工所

加工の場面ではとくに熱いものをよく扱うからね。だから、外はゴムの手袋をしていても、中に軍手とかで二重にして、厚くしている。

手袋のストックは常時加工所に置いといて従業員がいつでも持っていけるようにしている。

従業員が自分で買ってくるようなしくみにすると、つい倹約するから。

「もうちょっと使おう」なんてしているうちに手袋に無理がいくし、汚れもつくしね。

手袋の殺菌は、消毒用のアルコールを工場の中にいくつか置いといて、仕事中もときどき手袋に吹き付けながらやるといいよ。

二〇〇五年十一月号　手荒れ・しもやけを防ぐ手袋の実力　私の使っている手袋はコレ！

手荒れ対策

つら〜い手の荒れを救ってくれた一〇〇円グッズ

室井雅子　栃木県那須塩原市

作業よりもつらい手の荒れ

農業のことをほとんど知らずに京都から栃木に嫁に来た私でも、農作業はそれほど大変だとは感じませんでしたが、一番泣かされたのは手が荒れることでした。

はじめは素手で作業をしていましたが、たちまち手はガサガサになり、ささくれだちました。ハンドクリームをつけても、とても間に合いません。主人やばあちゃんの手は長年の農作業で鍛えられ、グローブのようになっているので何をしても平気なのですが、手の皮の薄い私には本当に辛いものがありました。しかたなくゴム手袋をはめて作業をしましたが、やはり田植えのときのさし苗（補植）など、細かい仕事はとてもやりづらく、はかどりません。

もっと大変だったのは、手袋の中で汗をかいて蒸れてしまったのでしょうか、手にブツブツができて、それが割れると皮がズルッとむけてしまうことでした。なかなか治ってくれないし、乾いてくると皮が突っ張ってこれまたせつないものがありました。治っても手の皮が薄くなっているので、熱い湯のみ茶わんも持てない状態でした。

お助けグッズ紹介

▼ビニール手袋の下にはめた綿の手袋

仕方なく、皮膚科に行ったところ、「あっ、これはいわゆる主婦湿疹ですね。水仕事をしなければ治りますよ。まっそれも無理でしょうから薬出しときますね」と私の大変な事情も知らず、簡単にいわれてしまいました。

でも、このときに「そうだ！　手袋の中でかいた汗をなんとかすればいいのだ」と気付きました。

そして思いついたのが、一〇〇円均一のお店で売られている綿の手袋。これを薄手のビニールの手袋の中にはめて汗を吸い取らせたら大成功。手袋の中は汗をかいてもベタベタせず、とても快適です。手袋のサイズさえ自分の手にきちんと合っていれば、かなり細かい仕事までこなせることがわかりました。それでも間に合わないときは、ピンセットを使えばもう完璧で

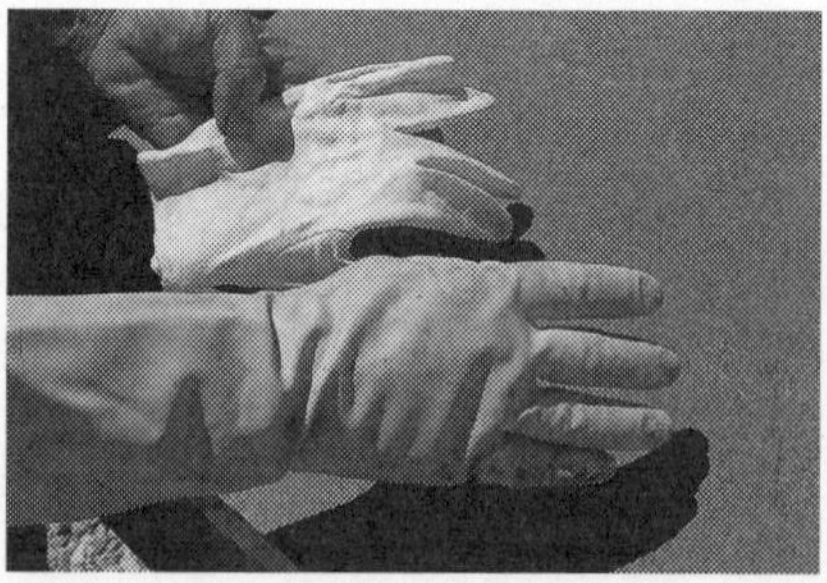

薄手のビニール手袋の中にはめた綿の手袋（上）。汗を吸うので手袋の中は快適

す。

このやり方にしてから手荒れに悩まされることはほとんどなくなりましたが、それ以上に得たのは仕事の範囲が広がったことです。

覚悟を決めて汚れてもよい格好をして手袋をはめれば、かなりひどい仕事でも思ったより快適にこなせるように思います。たとえば、思わず手をひいてしまうような汚いグジュグジュした気持ち悪い物に触れねばいけないとき。百姓の仕事にはこういったことをしなければならない場面がけっこうありますが、手袋をしていれば触ることができるのです。

▼リストバンドで手袋がめくれるのを防止

きちんと手袋ができると仕事の範囲も広がってきましたが、一つ気になることがありました。とくに長袖の作業着を着ていると手袋の端がめくれてきて、邪魔になるということです。一生懸命仕事にうちこめばうちこむほど気になってイライラします。

そんなとき、目に留まったのがこれまた一〇〇円ショップで売っているリストバンド。スポーツ選手が汗を拭くために手首にしているやつで、タオル生地が伸縮します。手袋の端をこれで押さえてしまえば完璧！　もう恐いものなしです。

ちなみにビニールの手袋といってもいろいろありますが、スリップオン加工とか、粉なし加工とかの表示のあるものが、手袋をはめるときにスルッと入ってとても使いやすいです。

▼脱ぎやすいソフト長靴

一〇〇円グッズではないのですが、もう一つ紹介したいすぐれものアイテムがあります。それは田植え用長靴。

従来の田植え長靴の欠点は、脱ぎ履きのしにくいこと、とくに脱ぐときに足に吸い付いてしまって脱ぎにくいということは、誰にでも経験のあることだと思います。農作業から疲れて帰ってきたのに長靴を脱ぐのに大汗かいて、またどっと疲れが出てしまったということはありませんか？

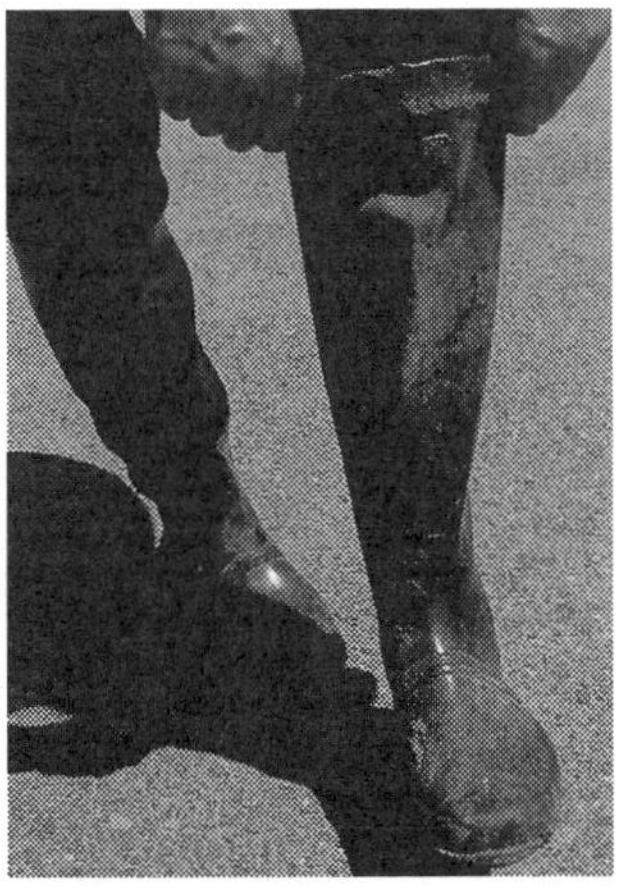
これがソフト長靴。スルッと脱げて気持ちいい。入手はホームセンター等で取り寄せを

数年前、とってもいい長靴にであいました。それは「弘進〈こうしん〉」（仙台市）というメーカーの「ソフト農業長」です。ストッキングのようにするすると脱ぎ履きができるのです。これが田植え長靴だけに使うにはもったいないほどのすぐれもの。とにかく軽くてとても仕事しやすいので、田植え作業ばかりでなく畑仕事のときはもちろん、堆肥を切り返すときなどにもとても重宝します。

また、畑仕事をしていて長靴や地下足袋の中に泥が入って靴下が真っ黒になったことはありませんか？　この長靴だと膝近くまでカバーできるから泥はほとんど入りません。

ただし、歩くための長靴ではないために靴底が滑りやすくなっているので、気を付けてください。またスネの部分が立たず、長靴の中まで乾きにくいので、使ったあとは洗濯バサミでとめて干しておくとよいようです。

薄手のビニール手袋、綿の手袋、リストバンド、ソフト長靴…これらの農作業必須アイテムにより、私の農作業は飛躍的に快適になり、可能性も広がっていきました。

二〇〇五年三月号　今年の菜園をラクにする　とっておきのアイデア小道具　つら～い手の荒れを救ってくれた　100円グッズ

暑さ対策

「涼かちゃん」と「インナー手袋」
快適防暑グッズで仕事が涼しい

立崎小夜子さん　千葉県八街市　編集部

「涼かちゃん」をかぶってスイカ収穫中の立崎小夜子さん

後ろ半分が寒冷紗の日よけ帽子 涼かちゃん
かぶってびっくり、こんなに涼しいなんて

おばあちゃんが「小夜子さんならあそこにいるよ」と屋敷裏のスイカのハウスを指さす。ハウスの中にフワッとした光が、曇ったビニールごしに見える。ハウスの入り口で声をかけると、日よけ帽「涼かちゃん」をかぶった立崎小夜子さんが出てきた。

「ちょっと、あなたもかぶってみなさい。涼しいから」。

かぶり方を教わり、一緒にハウスの中に入る。たいして日が照っていないのにハウスの中はとても暑い。汗が吹き出してきた。ただでさえ暑いのに、背中に覆いをつけたらもっと暑くなるのではないかと最初は思う。

しかし、ハウスの暑さに慣れて汗が引いてくると、後頭部から背中にかけて風が通るのがわかる。

「最初はつけるのが恥ずかしくってねえ。このあたりは宅地の中に畑があるでしょう。道を通る人から見えるのよ。こんなキラキラしてるの着て何だろうって思われたらね」

「涼かちゃん」は三年前、印旛農業改良普及センターの中田香織さんがかぶってきた。もともとラッキョウ農家の作業性改善のために開発されたもので、同じように炎天下でしゃがむ仕事が多い管内のスイカ農家でも使えるんじゃないかと中田さんは考えたのだ。

日よけ帽「涼かちゃん」のしくみ

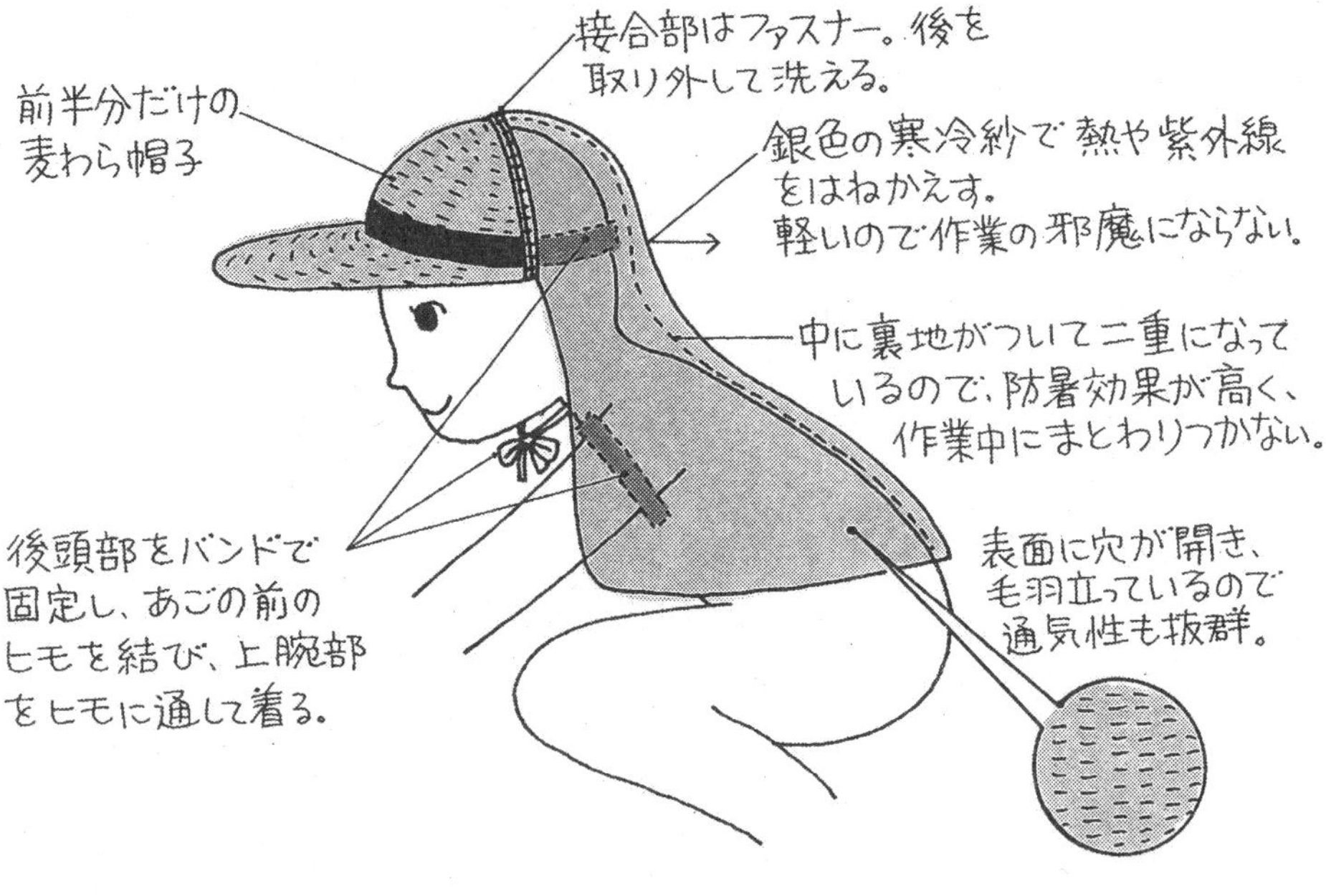
接合部はファスナー。後を
取り外して洗える。
前半分だけの
麦わら帽子
銀色の寒冷紗で熱や紫外線
をはねかえす。
軽いので作業の邪魔にならない。
中に裏地がついて二重になって
いるので、防暑効果が高く、
作業中にまとわりつかない。
後頭部をバンドで
固定し、あごの前の
ヒモを結び、上腕部
をヒモに通して着る。
表面に穴が開き、
毛羽立っているので
通気性も抜群。

お日様に背中がさらされるスイカの仕事

スイカは地を這うので、ほとんどの仕事がしゃがんだ姿勢でのカニさん歩きだ。定植、整枝、わき芽かき、着花のしるしつけ、摘果、玉返し、そして収穫。横ばいしながら背中は長時間、お日様に向けられたままになる。

襟足・肩・背中の暑さ、汗、日焼けは半端じゃない。さらに、下からの照り返しも強い。敷いたマルチは暗色系でも意外と光をはねかえすのだ。

小夜子さんも以前は汗を止めるために額にハチマキをし、照り返しを遮るために鼻から口・あごにかけてタオルを巻き、その上から普通の作業帽（後ろにあて布がついた麦わら帽子）をかぶっていた。

しかし、これだと背中がどんどん焼け付いていくのがわかる。

「涼かちゃんをかぶって仕事してみたら、あんまり涼しくて。背中のチリチリ感がなくなってね。人の目も気にならなくなった。自分がかぶってる姿は自分には見えないしね」

小夜子さんは三月のスイカの定植から後作の抑制トマトが終わる十月までかぶり続ける。今年はご主人の義久さんにもかぶってもらった。

すると、義久さんは毎年、スイカの交配時にミツバチに刺されるのだが、今年は全く刺されなかったのだ。

とくに暑いときは蜂もイライラしているのか、糖液の給餌など巣箱の近くで作業すると必ず刺される。

スイカはイチゴなどよりもハウスが狭いので刺されやすいとも言われる。銀色のキラキラにミツバチの忌避作用があるのかもしれない。

ゴム手袋の下にもう一枚　インナー手袋
汗を吸うから、かえって蒸れない

「それから、これこれ」。小夜子さんは収穫の手を止めて、ゴム手袋を脱ぎはじめた。ゴム手袋の下にもう一枚手袋をしている。

「これもいいのよ、インナー手袋」

小夜子さんがゴム手袋を脱ぐと「インナー手袋」があらわれた。これで手が汗でベトベトにならない

小夜子さんたちにとってゴム手袋は必需品だ。素手のままスイカを扱うと茎葉にすれてかぶれたり、手が黒くなる。爪の間が黒くなるとなかなかとれない。

いや、スイカはまだいい。スイカ後作の抑制トマトでは茎葉に触ると真っ黒になって洗っても落ちない。

しかし、このゴム手袋、暑いときは中が汗でベトベトになってペタペタくっついたりして気持ち悪い。手が蒸れてふやけて荒れたりする人も多い。また、トマトのわき芽かきやトーンつけなど、暑い時に腕を上げる仕事は汗が袖口から流れ、ひじから腋のあたりまで伝わり、これまた気持ち悪い。

さらに、ゴム手袋は汗をかくとなかなか脱げなくなり、ストレスもたまる。休憩が終わって汗のついたゴム手袋をもう一度つけるかと思うと、気が滅入る。

インナー手袋とは、そんなストレスのたまるゴム手袋の下に、あえてもう一枚つける内側の手袋だ。手袋の下にもう一枚手袋をするともっと暑くなって蒸れるのではないかと最初は思う。しかし、これが意外に快適なのだ。インナー手袋は綿素材で吸湿性が高く、汗をよく吸うので手がサラリとしてベトベトしない。汗が袖口から流れることもない。ゴム手袋との摩擦が小さくなるので着脱も簡単。蒸散性も高いので休憩中に干しておけばすぐに乾く。

インナー手袋で仕事がずいぶんラクになった。

「背中にブラジャーの跡がつかないよ」って若い人に勧めてあげたい

「若いとき、小学校の集まりなんかで子供と一緒に海に行くでしょう。水着になると日焼けが目立つのよ。顔や腕だけが焼けてるからね」

日焼けは顔や腕だけでないという。日光は意外に服を透るらしい。綿の上着をつけていても、一夏終わればブラジャーの紐の跡が背中にくっきりついている。

「これが水着の紐の位置と微妙に違ってたのよね」

水着をつけないまでも目立つのが「腕の三段焼け」だそうだ。イベントや会食などでちょっとおしゃれをして袖の短い服を着るとわかる。

「腕の色が三段階に違うの。仕事中は半袖

腕の三段焼けもなんとかしたいなあ

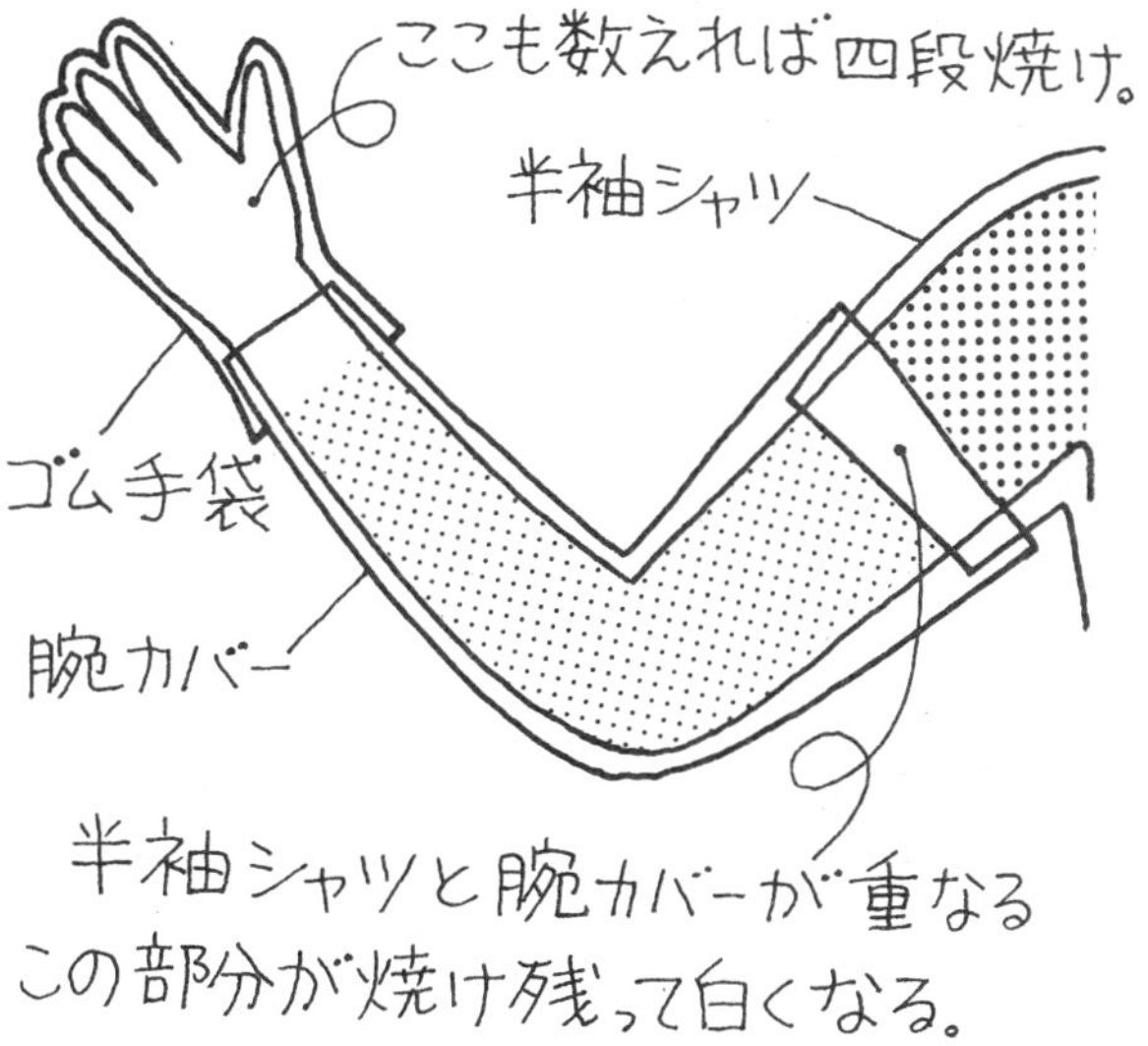
ここも数えれば四段焼け。
半袖シャツ
ゴム手袋
腕カバー
半袖シャツと腕カバーが重なる
この部分が焼け残って白くなる。

シャツに腕カバーをつけるでしょう。その重なったところだけが白くなる。そこから下の手のほうが焼けてて、上の肩のほうがさらに濃く焼ける」

さらに手袋のところで白くなる部分を入れれば、なんと四段焼けだ。この腕の日焼けだけはさすがの涼かちゃんでも防げない。

だけど、若いうちは日焼けのことを口にするのははばかられた。お嫁にきたときはすぐに畑に出て、麦わら帽子をかぶってスイカの仕事を教わった。

一年と経たないうちに日焼けで顔も腕も真っ黒になった。日焼けは働き者の証拠だし、農家の嫁なら仕方がないと思っていた。

ところが、四〇代の半ばころから身体がいうことを聞かなくなってきた。スイカのカニさん歩きの仕事は腰とひざにくる。

「年をとったし、少しは身体をいたわらねば」

と思い始めたころ、お母さんたちの間で日焼けが話題に上るようになった。

「下着の跡の話なんて若いときは恥ずかしくてできないでしょう。どうやって隠そうか、とか」

今の農家のお嫁さんはいきなり畑に出ることはないという。

子供の面倒をお姑さんがみていた小夜子さんたちとは違う。本格的に畑に出始めるのは子供の手が離れて落ち着く三〇代半ばから。それでも、畑に出たときに、恥ずかしがったり我慢したりさせずに少しでもラクになるようにしてあげたい。

「これつけると背中にブラジャーの跡がつかないよ。汗でベトベトしないよ。ほんと涼しいんだから。って言ってあげるのよ」

「涼かちゃん」のお問い合わせは、（株）丸福繊維（TEL〇五六三―五四―二五二五）まで。

「インナー手袋」のお問い合わせは、ショーワグローブ（株）お客さま相談室（TEL〇一二〇―六四―二四五）まで。

二〇〇一年八月号　快適防暑グッズで仕事が涼しい
「涼かちゃん」と「インナー手袋」で日焼けと汗が気にならなくなりました

暑さ対策

日よけ帽子
かぶるだけで全部ＯＫ！

佐藤光子さん　山形県鶴岡市　編集部

布①②を縫い合わせる際、目の出る部分をあけておく
布②
布③（後ろ側）
針金
安全ピン
布①（前側）

できあがり。鼻筋があたるところに針金を入れて縫うと、自分の鼻の形にあう。裏側にあごひもをつけてもよいが、安全ピンでさっと縫ったように寄せると外れにくい。家族の名前と満天の太陽を消しましょうという意味から「MTケシーラ」の商品名をつけた。特許出願済

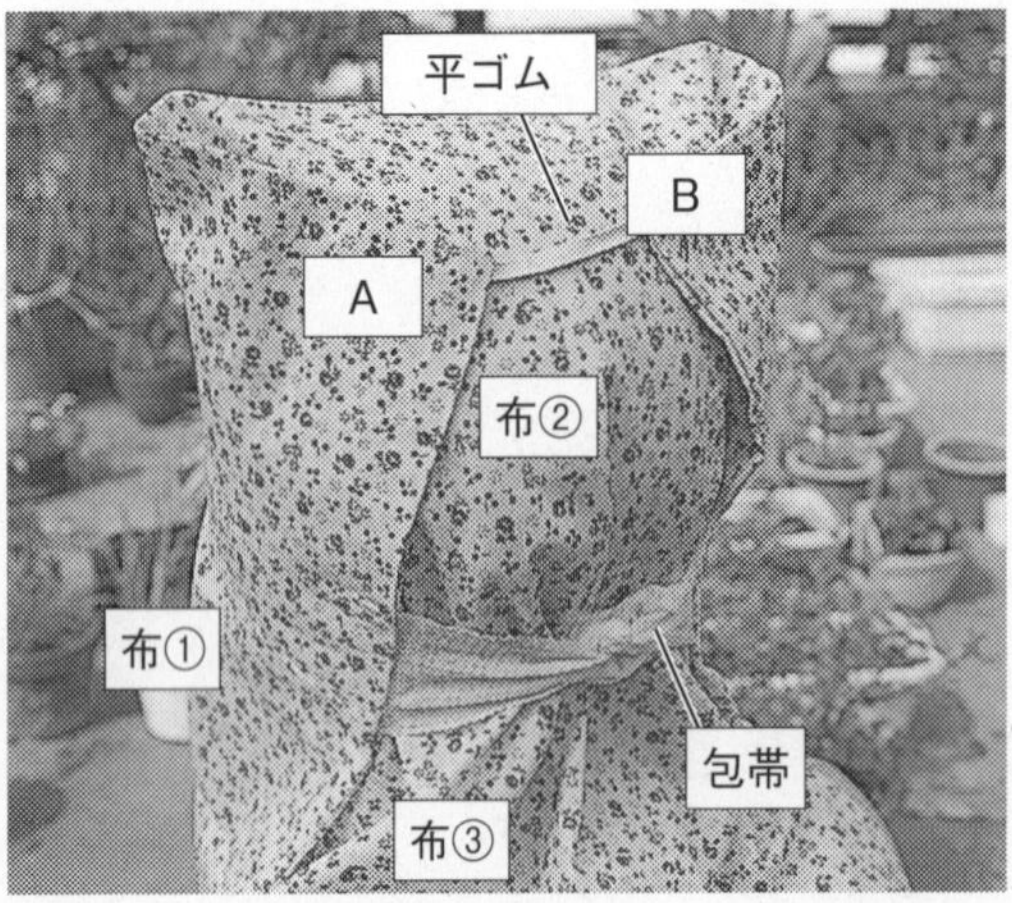
平ゴム
B
A
布②
布①
包帯
布③

両隅をとめる平ゴムでずれにくい。包帯はきちんと結ばなくとも2本をよりあわせるだけでとまる

農家の女性たちは本当に頑張っていると思います。でも、やはり女としていつまでもきれいにあり続けたい。そんな気持ちからこの帽子を考えました。

手拭いをかぶったり口元にあてたり…という手間が、かぶるだけで一回ですむので、早く簡単に身につけることができます。

これで毎日を楽しく頑張っていけたらと思います。

二〇〇五年八月号　日焼け、暑いの　もうイヤッ！　夏でもこれで快適作業　かぶるだけで全部ＯＫ！の日よけ帽子

日よけ帽子の作り方（単位cm）

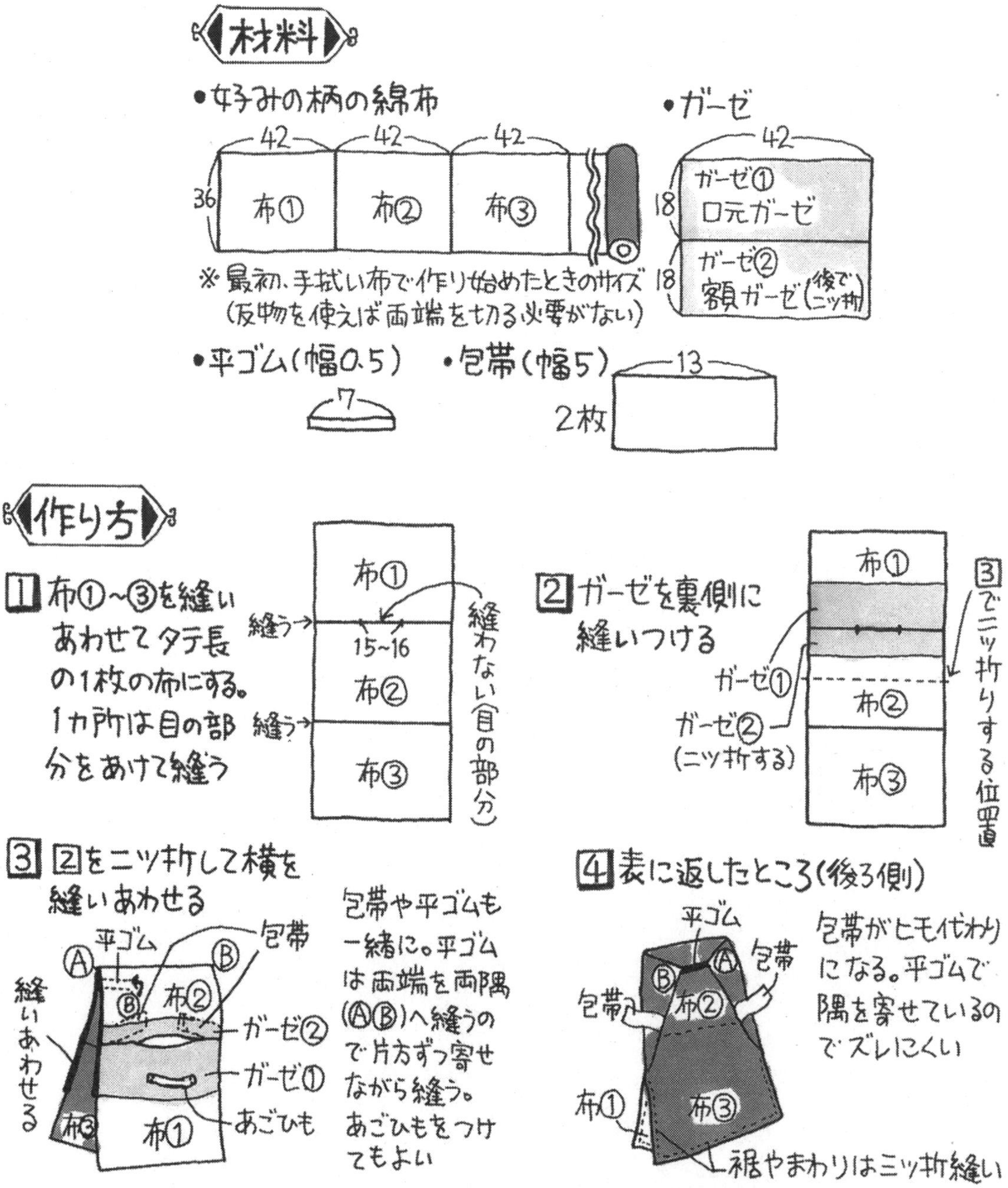

材料
●好みの柄の綿布
42
42
42
36
布①
布②
布③
※最初、手拭い布で作り始めたときのサイズ
（反物を使えば両端を切る必要がない）
●ガーゼ
42
18
ガーゼ①
口元ガーゼ
18
ガーゼ②
額ガーゼ（後で二ツ折）
●平ゴム（幅0.5）
7
●包帯（幅5）
13
2枚
作り方
1 布①～③を縫いあわせてタテ長の1枚の布にする。1カ所は目の部分をあけて縫う
縫う
15~16
縫う
縫わない（目の部分）
2 ガーゼを裏側に縫いつける
ガーゼ①
ガーゼ②
（二ツ折する）
3で二ツ折りする位置
3 2を二ツ折して横を縫いあわせる
平ゴム
包帯
Ⓐ
Ⓑ
縫いあわせる
ガーゼ②
ガーゼ①
あごひも
包帯や平ゴムも一緒に。平ゴムは両端を両隅（ⒶⒷ）へ縫うので片方ずつ寄せながら縫う。あごひもをつけてもよい
4 表に返したところ（後ろ側）
平ゴム
包帯
包帯
包帯がヒモ代わりになる。平ゴムで隅を寄せているのでズレにくい
裾やまわりは三ツ折縫い

暑さ対策

ブランドまで作っちゃった夏のファーマーズ・ウェア大公開

三好勝枝　北海道上富良野町

トイレにすぐ行ける夏用つなぎ服の秘密

モデルは友人の「ミセス・いちご」。作業服のままの買い物はちょっと気後れするもの。でも、これなら行けます。脱がなくてもトイレに行けるよう、前のバックル（ベルトの留め具）を外して両脇のファスナーを下ろすと腰の部分だけを出すことができる、女性用ならではの工夫も。

夏用つなぎ服
子供が小さい頃に使っていた兵児帯(へこおび)
布は着なくなった浴衣
バックル

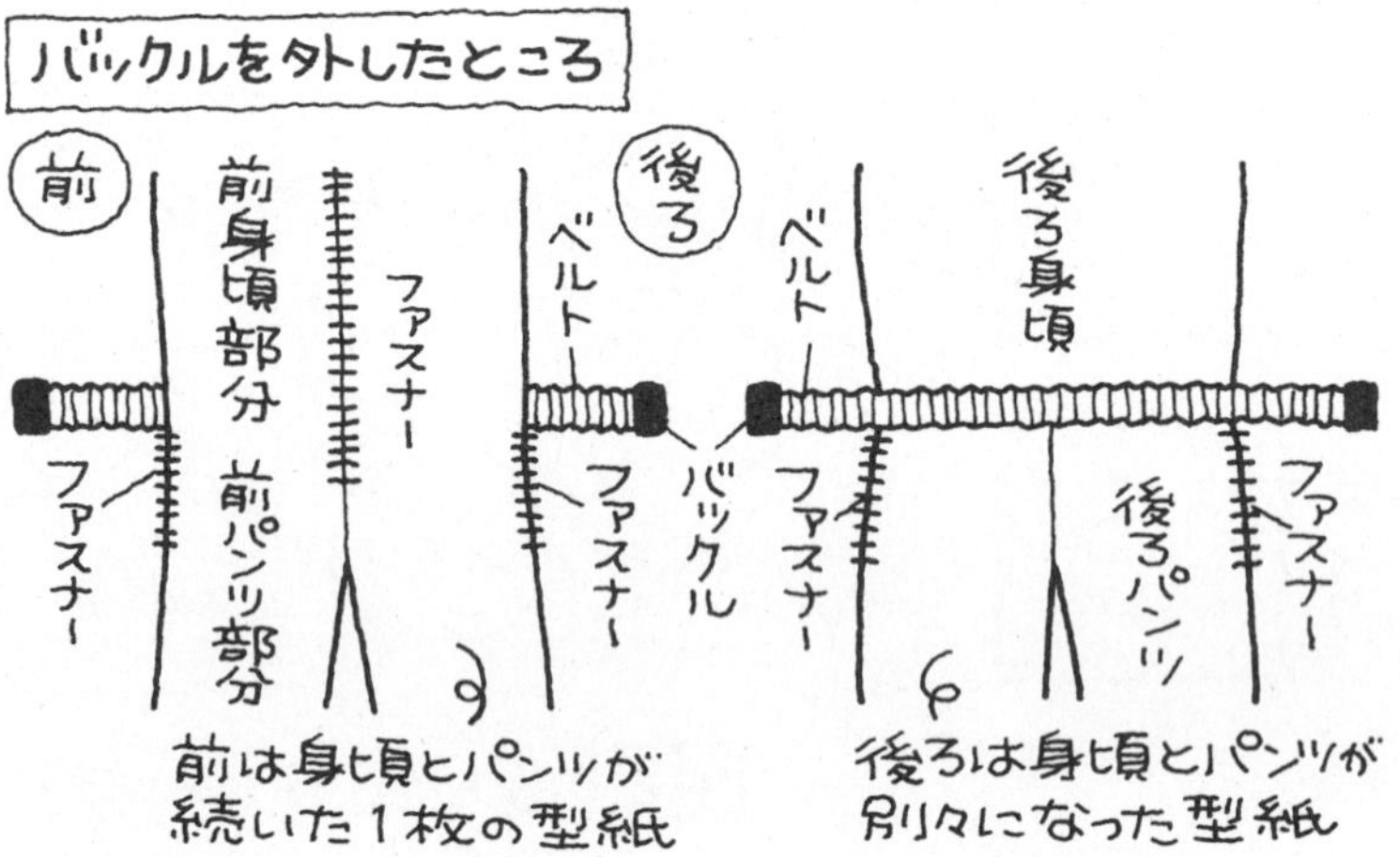
バックルを外したところ
前
前身頃部分
ファスナー
前パンツ部分
ベルト
ファスナー
ファスナー
後ろ
ベルト
バックル
ファスナー
後ろ身頃
後ろパンツ
ファスナー
前は身頃とパンツが続いた1枚の型紙
後ろは身頃とパンツが別々になった型紙

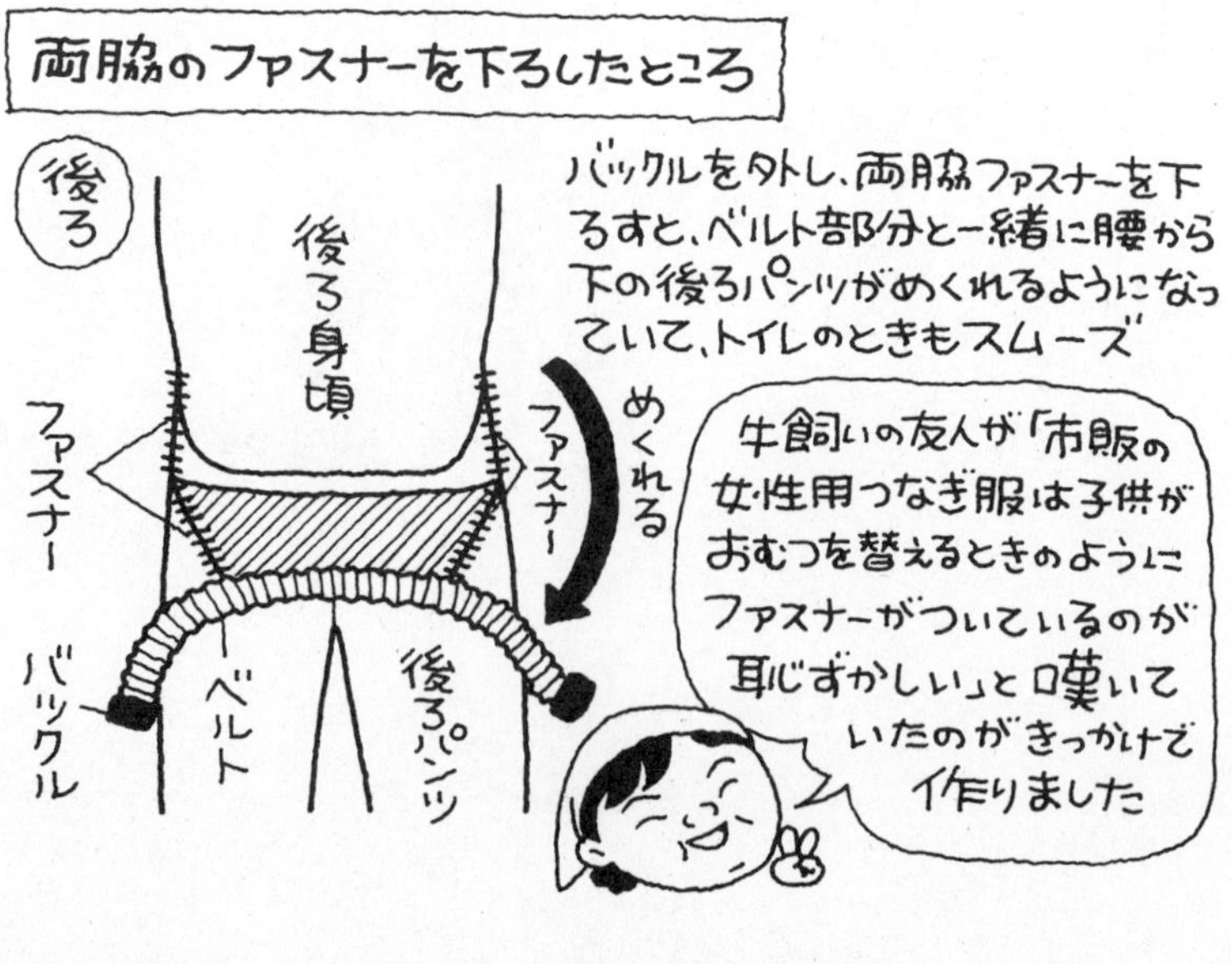
両脇のファスナーを下ろしたところ
後ろ
後ろ身頃
ファスナー
めくれる
ファスナー
バックル
ベルト
後ろパンツ
バックルを外し、両脇ファスナーを下ろすと、ベルト部分と一緒に腰から下の後ろパンツがめくれるようになっていて、トイレのときもスムーズ
牛飼いの友人が「市販の女性用つなぎ服は子供がおむつを替えるときのようにファスナーがついているのが恥ずかしい」と嘆いていたのがきっかけで作りました

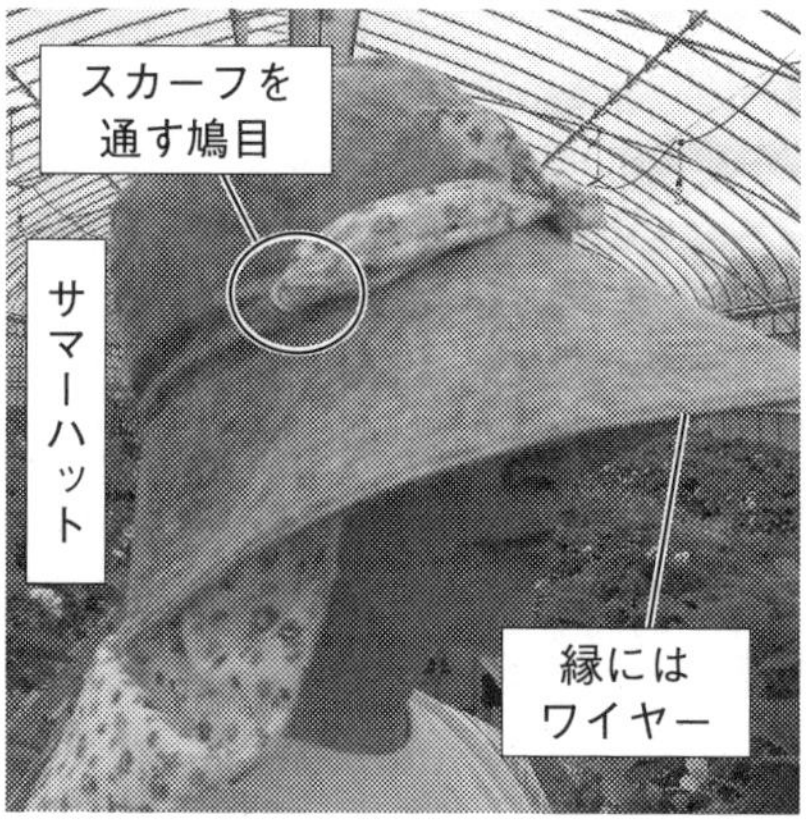
スカーフを
通す鳩目
サマーハット
縁には
ワイヤー

日焼け対策にニューフェースのサマーハットが登場。つばを広めにとってあり、縁にはプラスチックのワイヤーを入れてあるので自由に形がとれます。日の射す方向につばを下ろして片側を上げると、視界もラクですし、おしゃれっぽく見えませんか？
両サイドに開けた鳩目には、首筋の日焼けを防ぐための木綿のスカーフを結ぶことができます。頭部の裏布はスカーフと同じものを使用。
つばに入れる芯があまり硬いと家庭用ミシンでは縫えませんし、通常の接着芯だと洗濯で形が崩れてしまいます。そこで、着物の帯用の接着芯を二重に貼り、ステッチを細かくかけてみたら洗濯機で洗えるように。縁のワイヤーも洗濯後の形を整えるのに役立っています。

アームカバーはUVカット生地を使用。半袖用に少し長めにして、肌にあまりつかないように幅もゆったり。イチゴと彼女のネームを入れることができるのもハンドメイドならでは。

ファーマーズ・ウェア、夏向きの一揃い
サマーハット
UVカット
アームカバー
サマーエプロン

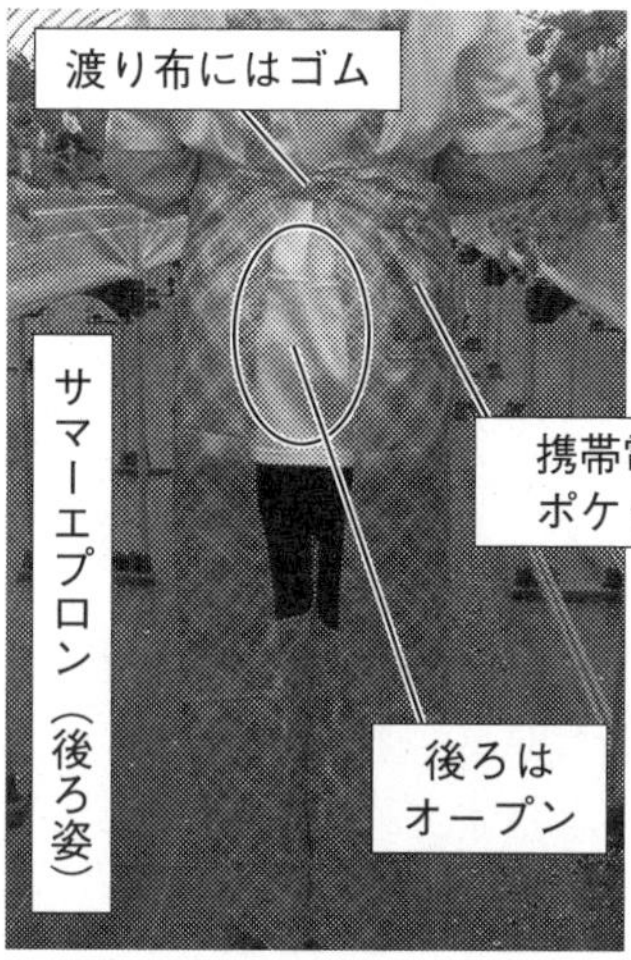
渡り布にはゴム
サマーエプロン（後ろ姿）
携帯電話
ポケット
後ろは
オープン

作業時に汚れを気にしてヤッケパンツをはくと夏場は蒸れるのがつらいもの。そこで、特に汚れる部分だけを覆い、後ろを開放したら、とてもラク。肩ヒモが落ちないようにヒモの間の渡り布はゴム入り。
かがんでも携帯電話がじゃまにならないようポケットは腰の後ろに。電話が落ちにくいように口元にゴムを入れ、また、重さがあるものなので、生地を二重にして口元の裏に補強の布を付けてあります。

「田舎生活を楽しもう！」をテーマに、ファーマーズ・ウェアの新しいスタイルを提案したいと、ハンドメイドのウェアや型紙を製作している「トマト・ホーム」の三好です。わが家は米、豆類、施設園芸（トマト、イチゴ）の経営です。私はトマトを育てることが一番好きです。主人から「トマトのハウスに布団を敷いて寝たら」とからかわれるぐらい。

でも不満だったのが、安価であるけれどありきたりな農作業着のデザイン。今、多くの農村女性たちが「さえない服」は快適ではないと感じています。毎日着るものだからこそ、機能的であることと同じぐらいおしゃれであることを求め始めています。そんな彼女たちとのコミュニケーションと、同じ農村女性としての私の経験から「トマト・ホーム」の商品は生まれています。今日も暑くなりそうですが、お気に入りのウェアととびっきりの笑顔で、愛しのトマトに会いに行きましょう！

※できあがった商品だけでなく型紙も販売。

（連絡先：北海道空知郡上富良野町東四線北二〇号「トマト・ホーム」三好勝枝　FAX〇一六七－四五－五八〇〇）

二〇〇五年八月号　日焼け、暑いの　もうイヤッ！
夏でもこれで快適作業　ブランドまで作っちゃった
夏のファーマーズ・ウェア大公開

暑さ対策

UVカット・フード付きジャンパー　首筋から背中の日焼けを守る

富岡亜帰子　神奈川県農業技術センター三浦半島地区事務所普及指導課

UVカットの布で作った作業着を愛用している加藤博美さん。ダイコン、キャベツ、スイカ、カボチャ等を栽培している気さくな女性

三浦半島は露地野菜の生産が盛んな地域です。日差しが強くなる五月から夏にかけては、カボチャ、メロン、スイカ等、炎天下での作業が続きます。かがんだ姿勢の作業なので、背中に日差しを浴びる時間も長くなります。

この三浦半島の若い女性農業者で組織する「チューリップの会」。友人と温泉や海へ行ったりしたときに、背中の日焼けがひどいと感じたそうです。とくに首筋から背中にかけてが真っ黒。作業着、下着等を重ね着したとおりに日焼けの跡が浮かび上がるといったことが、日頃の悩みとなっていました。

ちょうどその頃、チューリップの会の定例会に出席した普及員がたまたま着用していたのがUVカット作業着で話題となりました。

「そういうものがあるなら、この日焼けも少しは解消するのではないか」

と、半ばあきらめていた日焼け対策に、会員と普及員で取り組むこととなりました。

一番日焼けの激しい部分は背中です。まず背中の部分だけを隠すベストを考えてみました。これは、暑さ対策としてなるべく覆う部分を少なくしようとしたためです。イメージとしては背負子〈しょいこ〉型です。

しかし、かがんだ時に首筋の部分が出てしまい、「ちょっと見た目も今ひとつ」との意見でさらに改善が必要となりました。親しみやすい形としてはヨットパーカーが浮上して、フード付きのジャンパータイプに落ち着きました。

三浦半島で日差しとともに強いのが風。ジャンパーの裾がしまっていないと風が入り込んで作業しにくく、袖口が開いていると土埃が入ってしまう課題についても検討しました。また、あれば便利なのがフードですが、常時フードが出ていると作業上好ましくないこともわかりました。そこで、次のように改善をすることとしました。

①フードは必要な時に使えるようにするため、襟の部分にたたんでしまえるようにする。フード収納時は、襟が立つような形になるため、首の日焼け防止に役立つ。

②袖口はゴムにして手首にフィットさせる。

③裾はひもを通して絞れるようにする。体型に合わせて調節ができるのでよい。

④脇にポケットをつける。

実際に着用している会員の方からは、

「日焼け防止はもちろん、作業もしやすく快適です」との声が寄せられました。

二〇〇五年八月号　日焼け、暑いの　もうイヤッ！
夏でもこれで快適作業　UVカット布のフード付きジャンパー　首筋から背中の日焼けを守る

暑さ対策

手作りマスク　ズレないって快適！

山口よしさん　茨城県玉里村　編集部

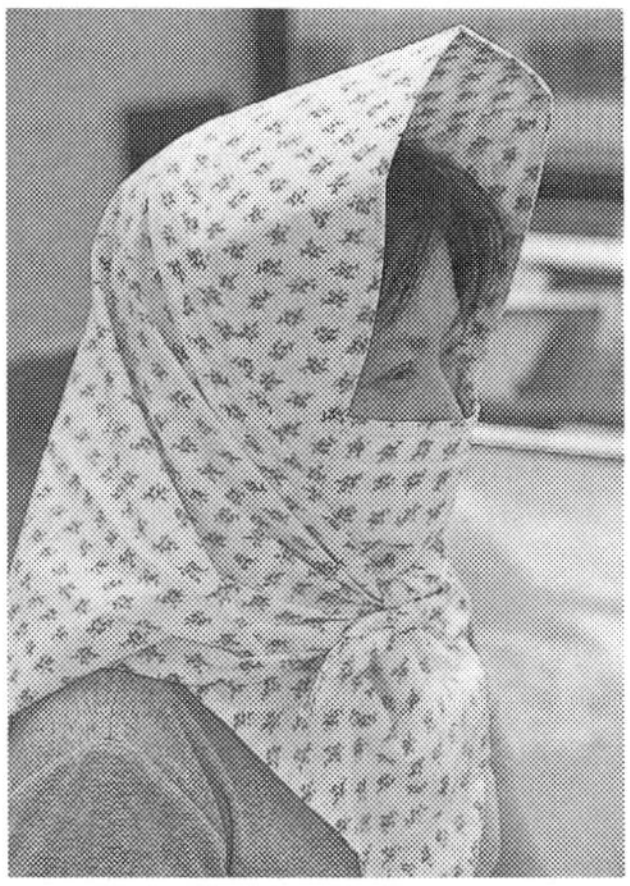

手作りマスクと共布で作った帽子との組み合わせ。帽子のつばは広いが、軽トラを運転していても視界が狭くならないような角度にしている

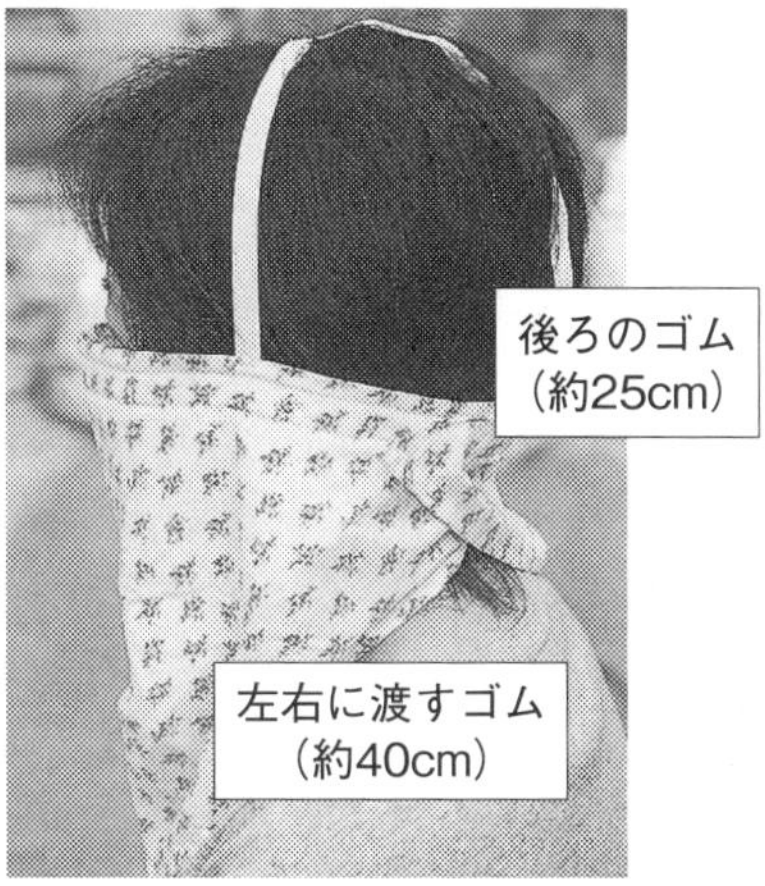
後ろのゴム
（約25cm）
左右に渡すゴム
（約40cm）

ズレ落ち防止のゴムの位置

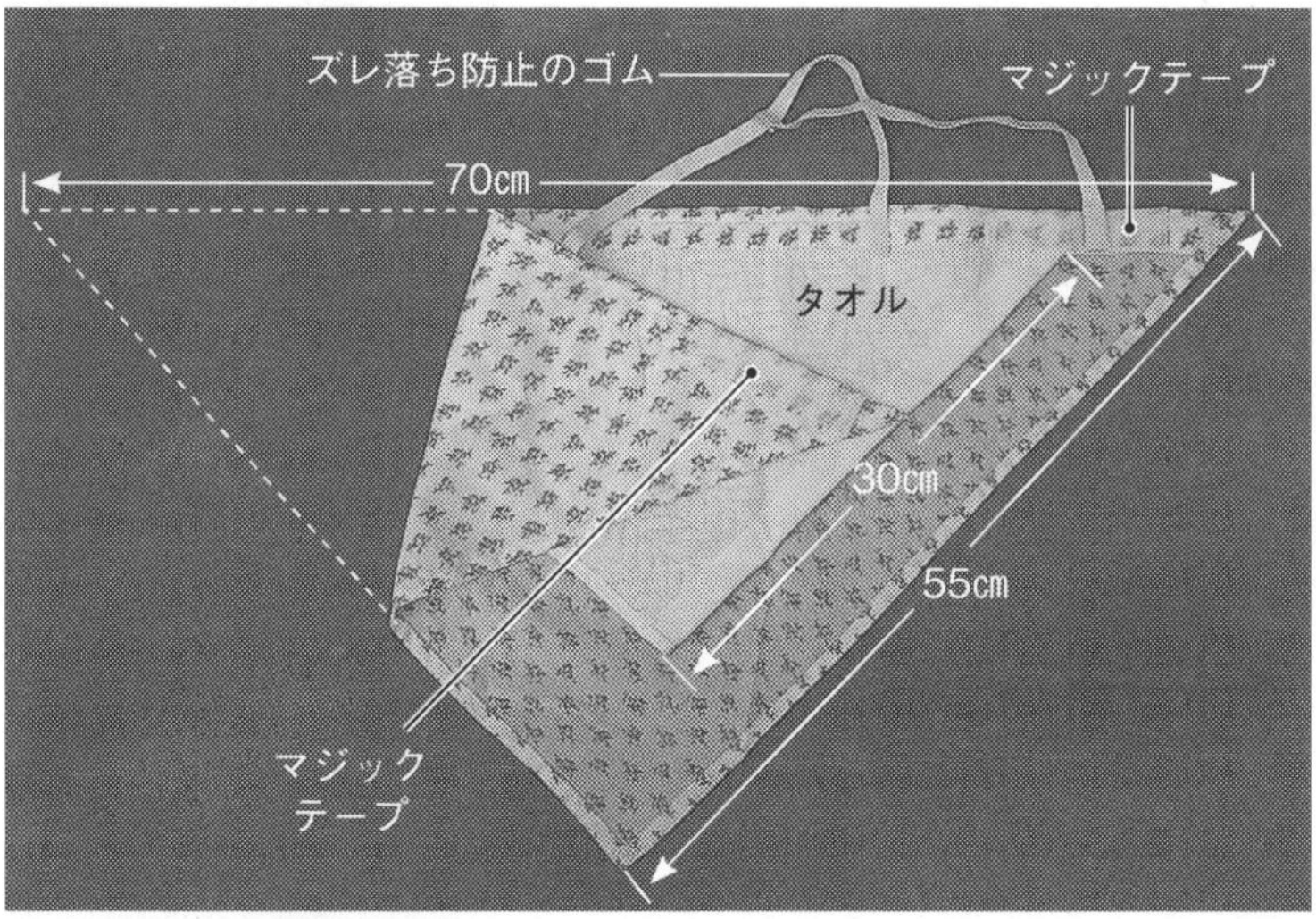
ズレ落ち防止のゴム
マジックテープ
70cm
タオル
30cm
55cm
マジック
テープ

手作りマスクの構造（裏側）

以前は顔にタオルを巻いていましたが、長時間作業しているうちにズレ落ちてくるのでマスクを考えました。

頭の上にズレ落ち帽子のゴムをつけました。それでも前にずれてくるので、最近、改善して、後ろにゴムをつけて引っぱるようにしてみました。

内側につけたタオルは、夏は汗を吸い取り、冬は防寒にもなります。

二〇〇五年八月号　日焼け、暑いの　もうイヤッ！　夏でもこれで快適作業　ズレないって快適！　手作りマスク

ぶきっちょフーコの
無農薬イネつくりに挑戦!!
道具の便利発見!熊手
冬の落ち葉かきに
初夏の畦・土手の草集めに
竹製の熊手は
スグレモノだ!
やっぱり竹がいちばん!
使い道いろいろ
大きい熊手
ダイナミックに落ち葉かき
すぐ枯れ葉がくっつい
ちゃって・・う〜ん!
愛用の竹製の熊手の手が
欠けてしまったので
ステンレス製のを
買ってみたら・・・。
ステンレス製は、先がしっかりしているから、潮干狩りに使うといいかも。

文　横田不二子
絵　キンタ

横田不二子「週末の手植えイネつくり」著者。
近況〜現在は東京暮らし。せま〜い庭ですが、落ち葉・米ぬかなどで土づくり。冬〜春に鳥たちが運ぶタネなどが自然発芽し、毎年色とりどりの花を咲かせてくれるのが楽しみ。

大きさいろいろ
発酵したら田んぼに入れるんだね
草払い機で刈ったら、青草を集めて積んでおく。
ちょっと細めの熊手
力のない人もラクラク
小さい熊手
すきまに便利
ミニ熊手
熊手で集めるのは、お金？　幸運？　それとも豊作？
軽くて助かるわ
狭いところでもカンタン

ぶきっちょフーコの無農薬イネつくりに挑戦!!

筋まき器づくり

薄い板でかる〜く
まき溝を付ける。
太い竹が入手できなかったので、ガムテープで１列おきに溝を塞いでまいている。

文　横田不二子
絵　キンタ

筋まき器

茨城に通っているあいだに工夫を重ねたのが、この「筋まき器」。

これさえあれば、上から種モミをぱらぱらと落とすだけで、きれ〜いに筋まき。

なんて簡単！きれいに筋まきできていれば、筋以外は雑草とみなして迷わず除草できます。

私はイネの種モミ用に苗代で使ったけど、野菜の種まきにも応用できます。長方形につくり、筋の間隔は野菜の種類に合わせて。粗く蒔くなら上辺にガムテープを貼って調整。竹製なら、軽くて持ち運びに便利ですよ。

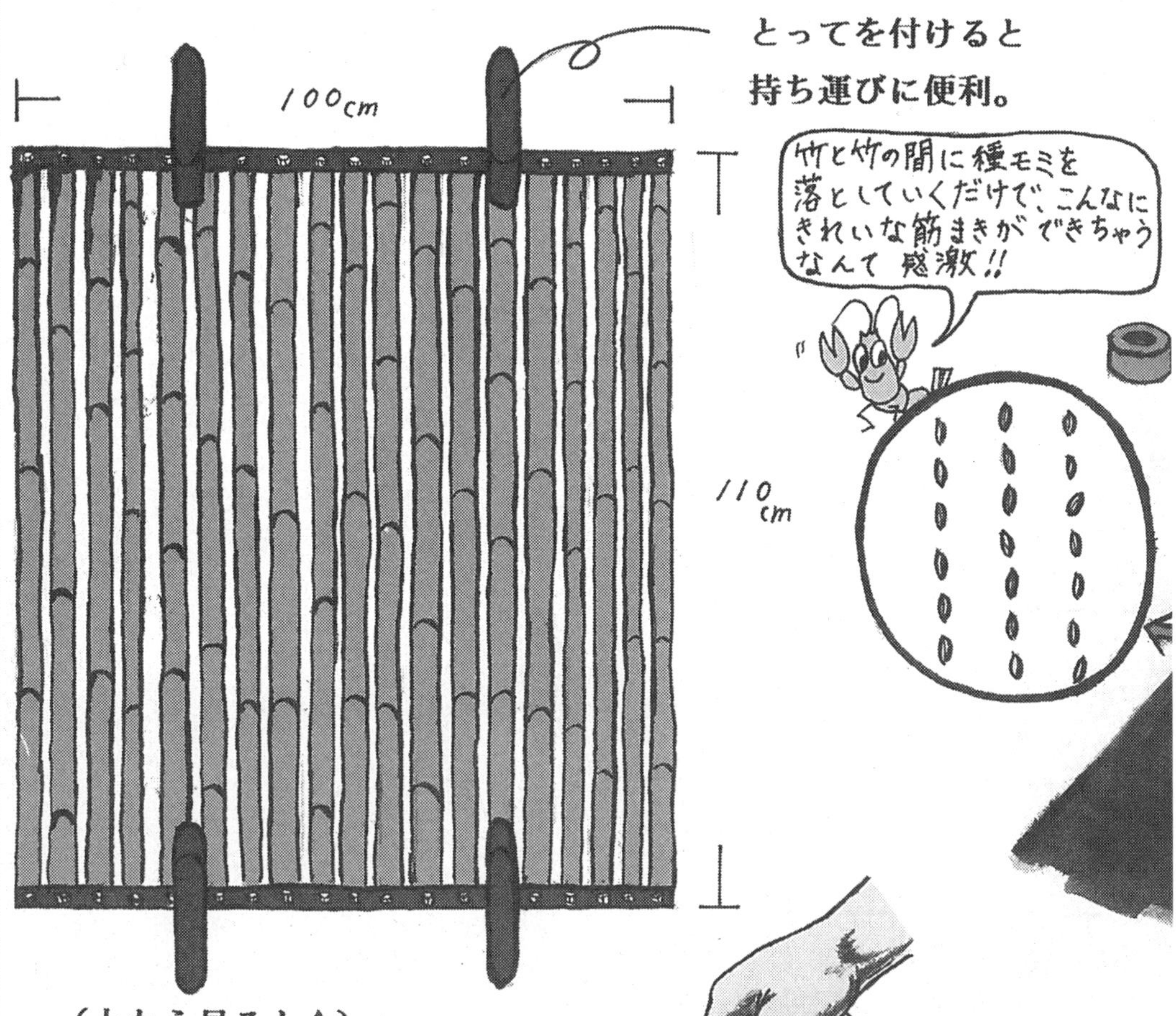
とってを付けると
持ち運びに便利。
100cm
110cm
竹と竹の間に種モミを落としていくだけで、こんなにきれいな筋まきができちゃうなんて感激!!

(上から見ると↑)
(横から見ると↓)

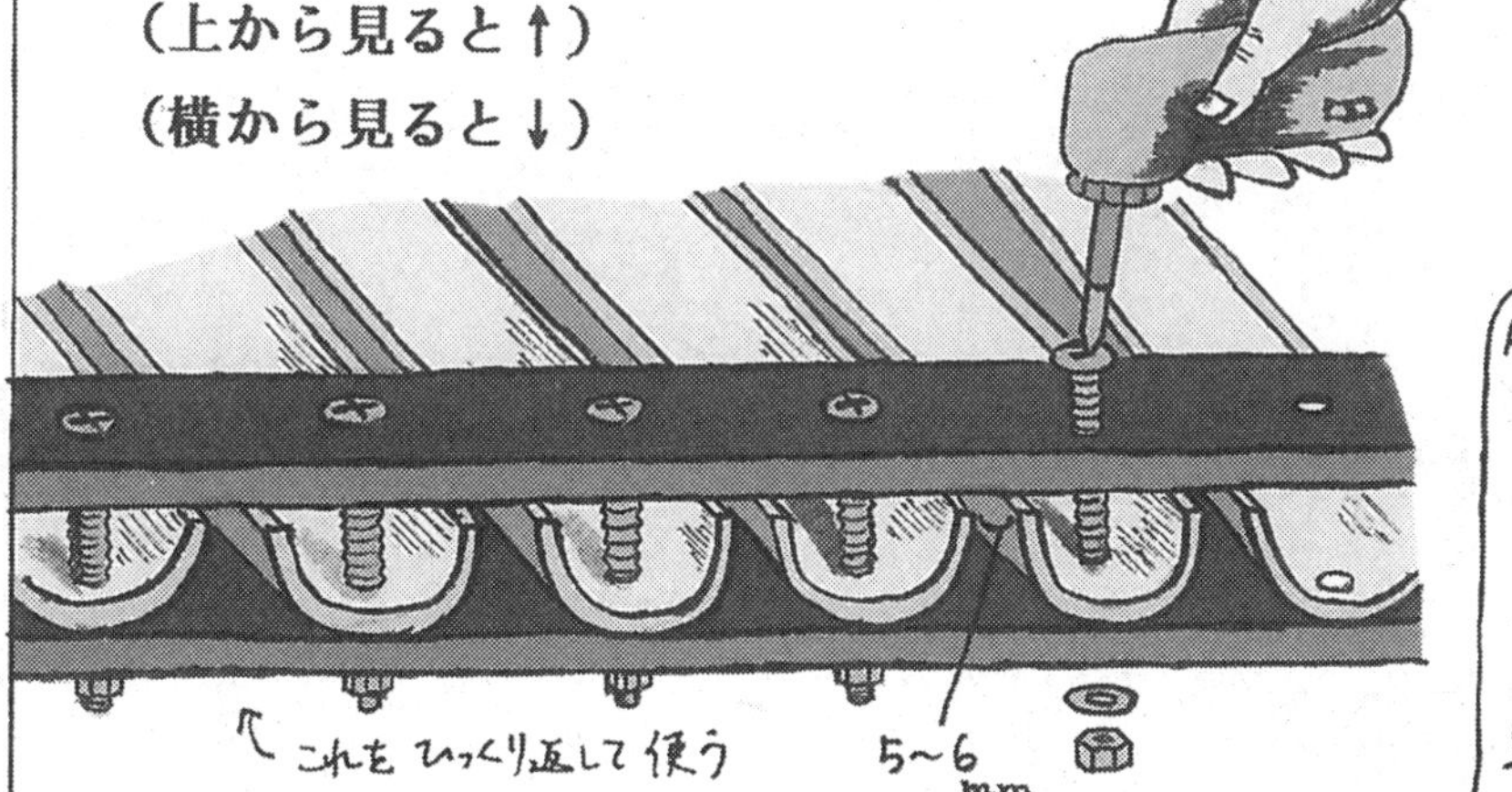
これをひっくり返して使う
5~6mm

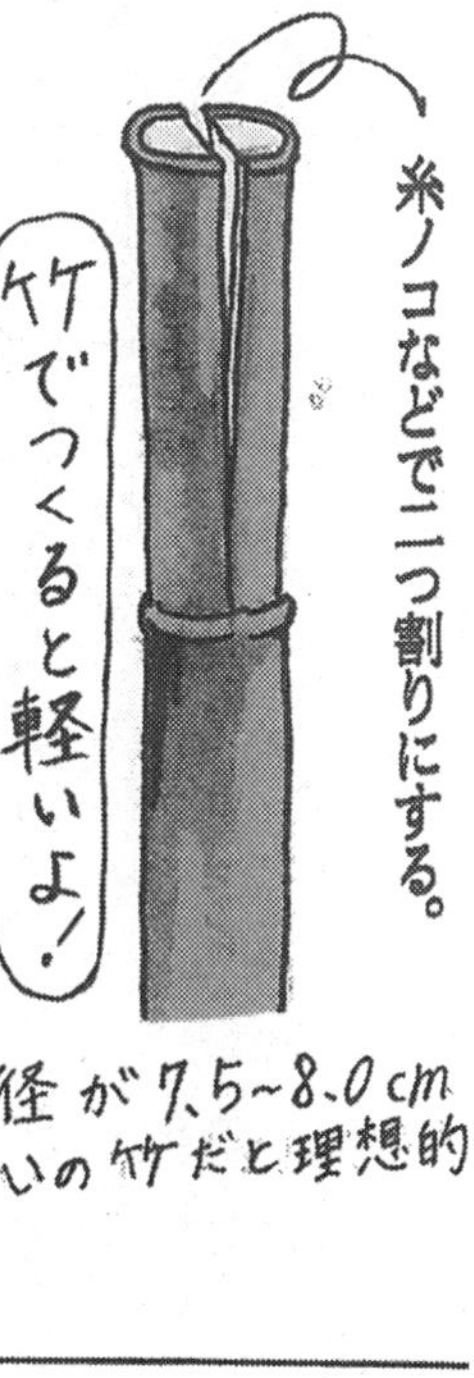
糸ノコなどで二つ割りにする。
竹でつくると軽いよ!
直径が7.5~8.0cm
くらいの竹だと理想的

§つくり方§

二つ割りした竹を、2枚のヌキ板ではさんでビスで止める。

ちょっとステキな簡単手技

農の結び パート1

いいじま みつる

JA仙台造園部会は、「農家の庭は、作業場として農業を知る者が造園すべし」をモットーに農業をしながら兼業として造園の仕事をしています。

近年は、「ワラと縄」の農の文化を広く伝えようと「農の結び」の講習もしています。

今回は、数ある結び方の中からとくに実用的な2つの結び「もやい結び」と「本結び」をメンバーのなかの5人の方に教えていただきました。

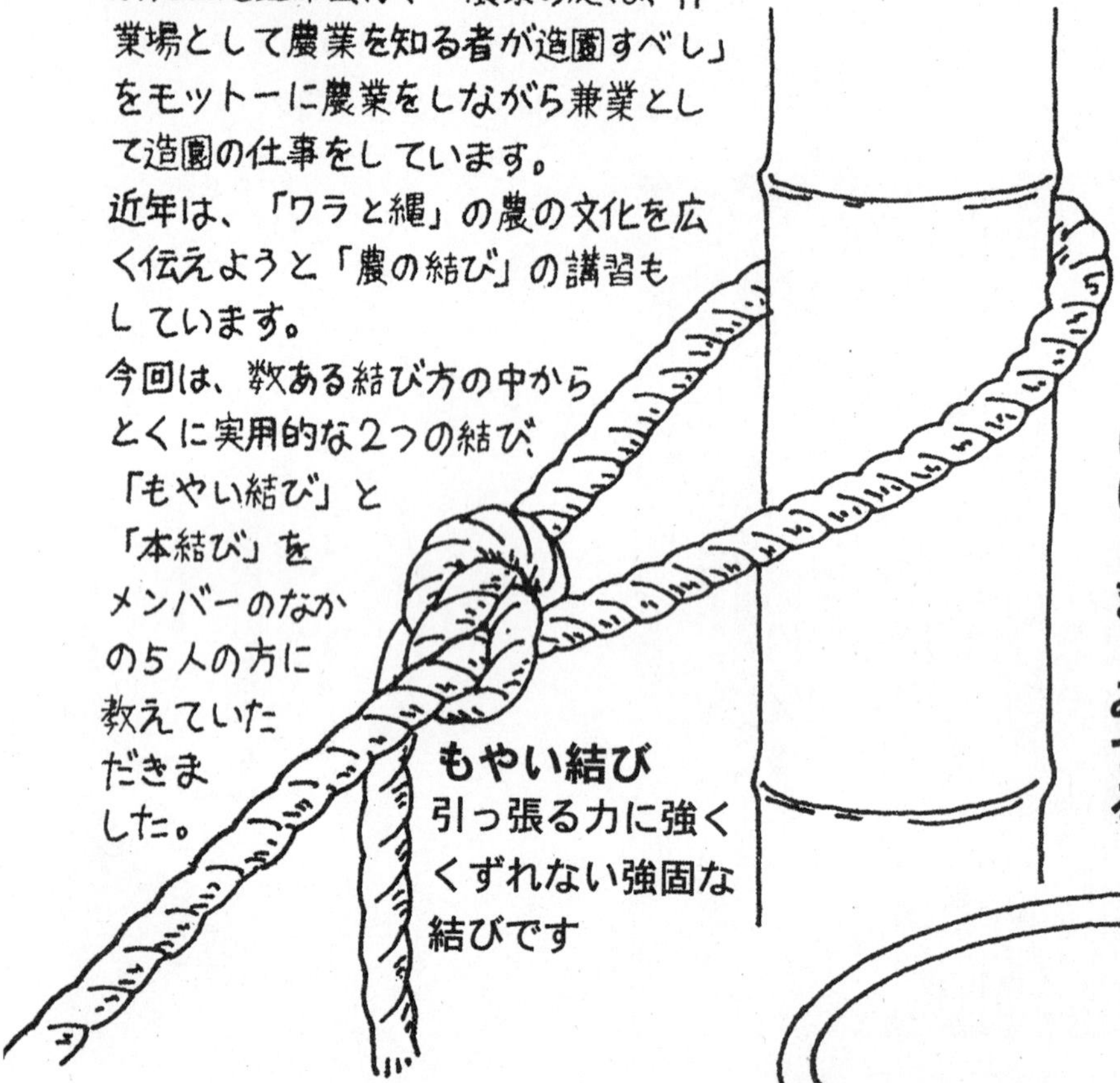
もやい結び
引っ張る力に強くくずれない強固な結びです

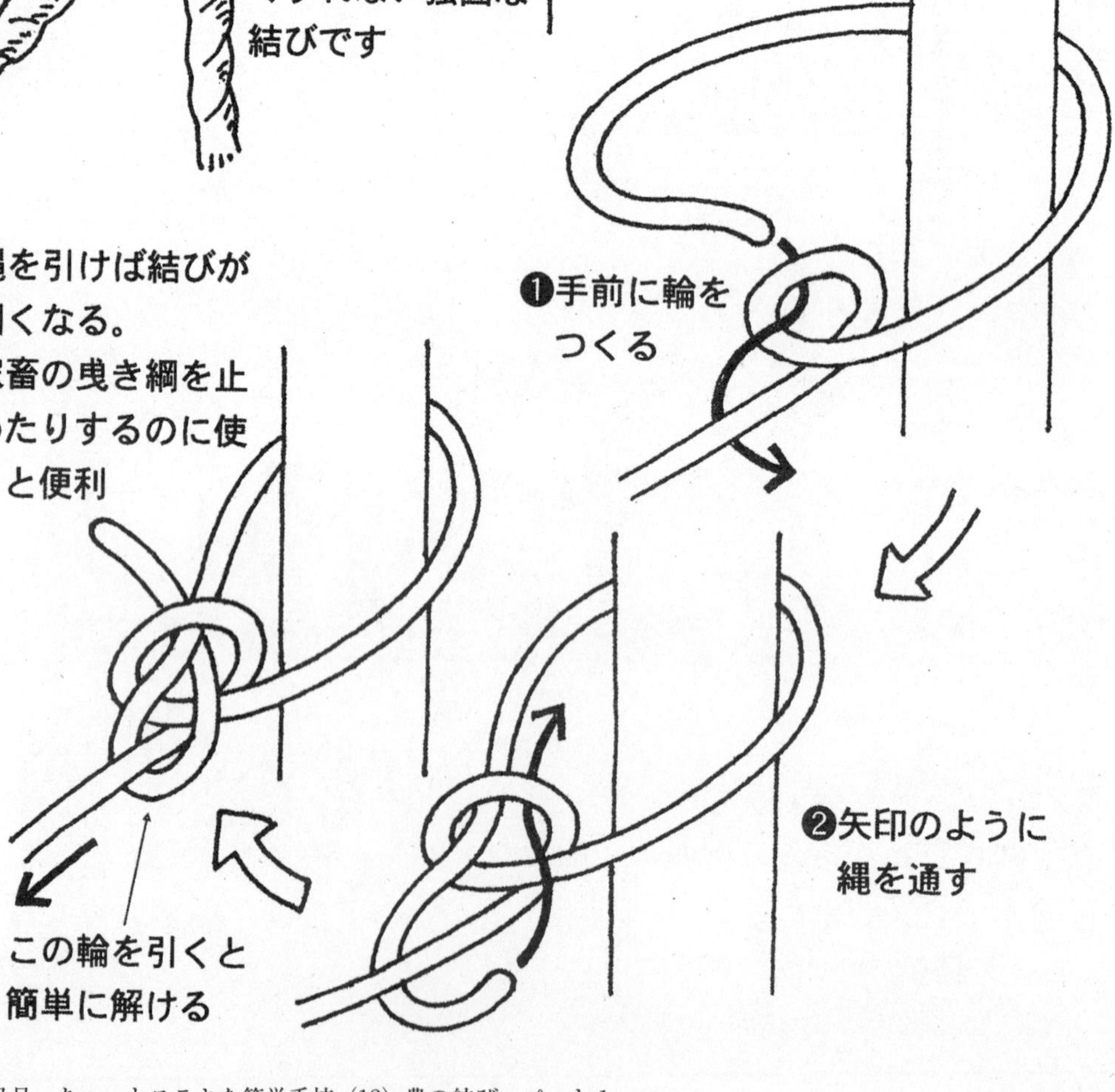
❶手前に輪をつくる
❷矢印のように縄を通す
❸縄を引けば結びが固くなる。
家畜の曳き綱を止めたりするのに使うと便利
この輪を引くと簡単に解ける

守屋公二剛さん
菅野年治さん
小島二男さん
庄子正一さん
鈴木一郎さん

「もやい結び」は、ペットのリードを繋ぐのにとてもよいです。いくら引っ張られても解けませんから。いろいろな結び方を覚えておくと日常生活でも便利そうです。

本結び
縄をつなぐときや装飾用に

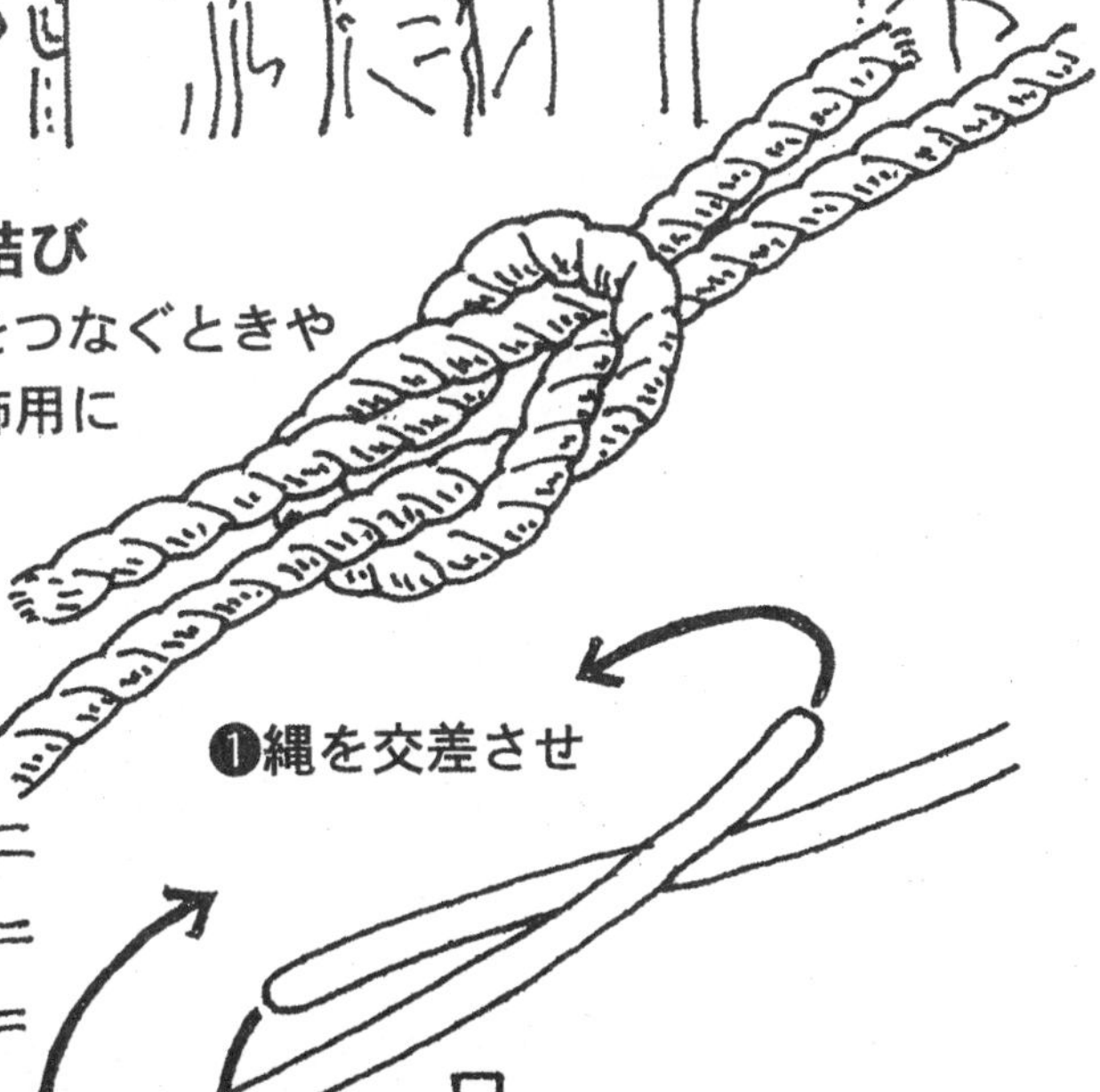
❶縄を交差させ

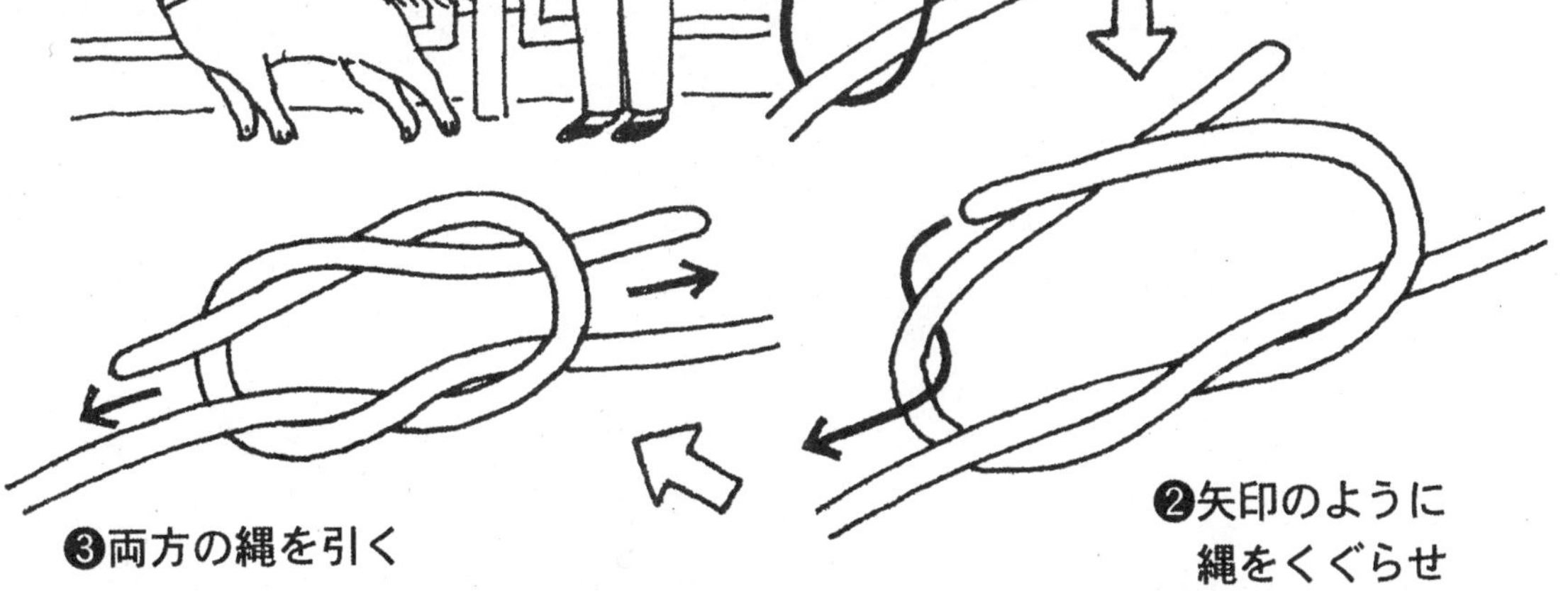
❷矢印のように
縄をくぐらせ
❸両方の縄を引く

ちょっとステキな簡単手技

農の結び パート2

いいじま みつる

先月号に続き、
JA仙台造園部会の
メンバーの方々に
庭仕事の基本的な結び
「うのくび結び」と
水稲の苗などを
束ねるときに使う
「苗結び」を
教えていただき
ました。
どちらもとても
実用的で覚え
やすい結び方です。

鈴木一郎さん
守屋公二剛さん

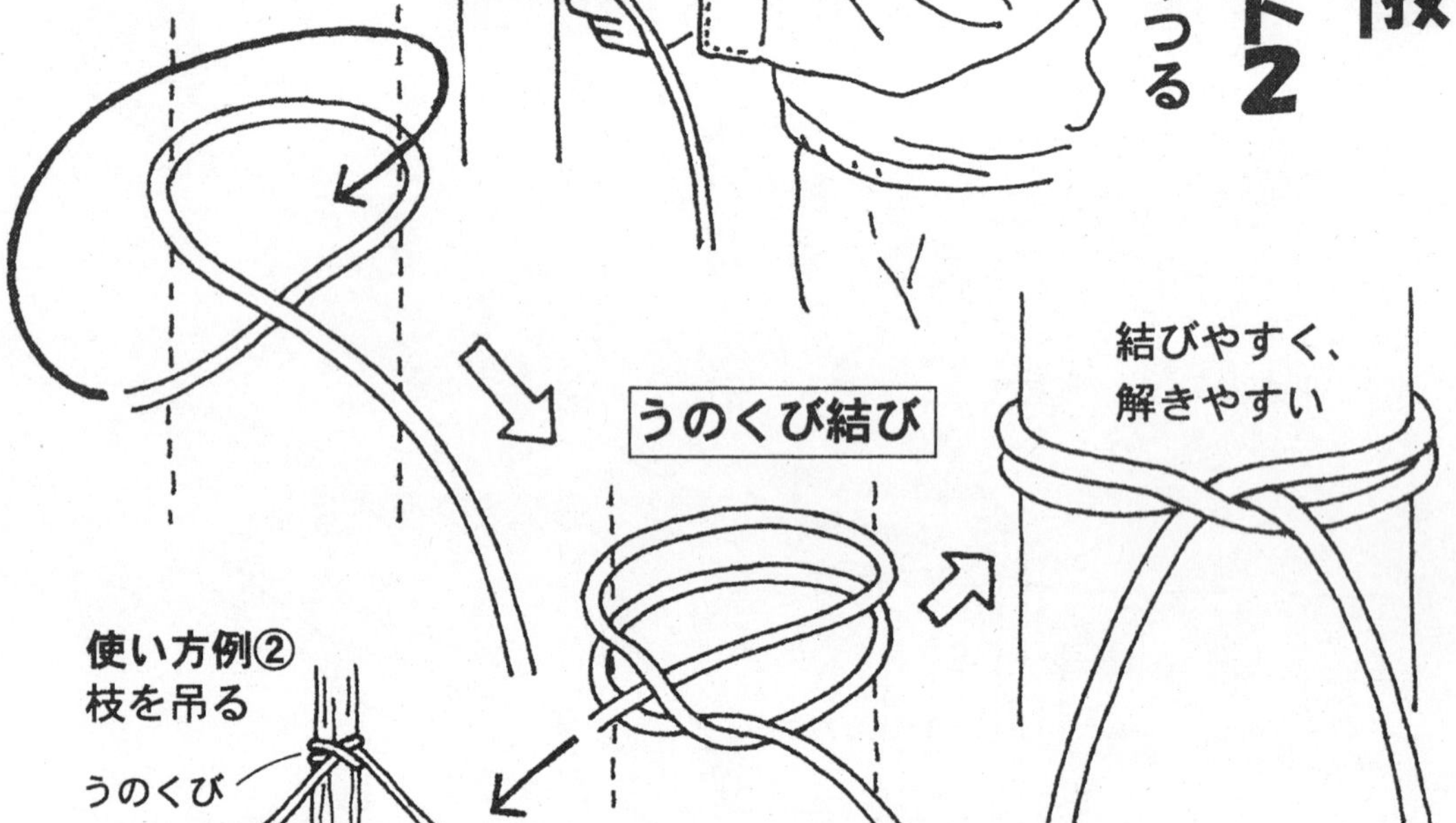
うのくび結び
結びやすく、
解きやすい

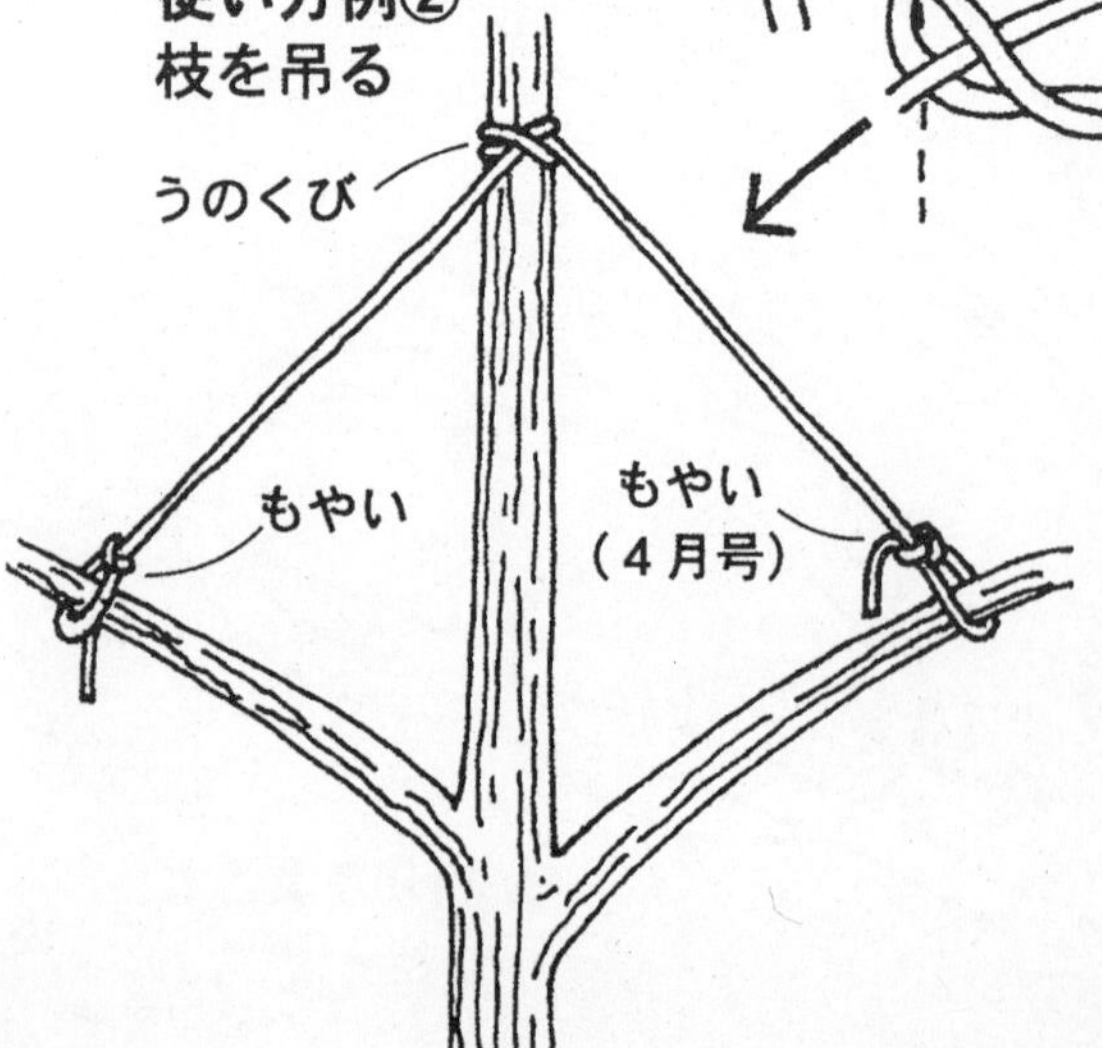
使い方例②
枝を吊る
うのくび
もやい
もやい
（4月号）

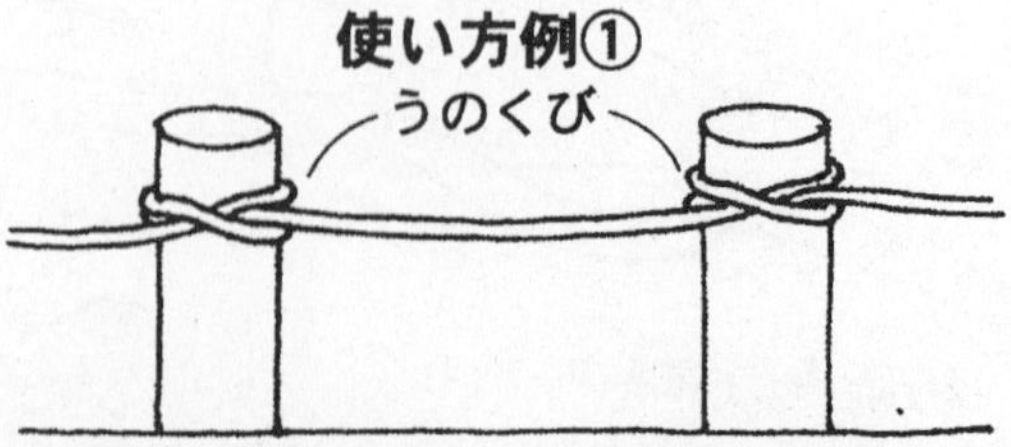
使い方例①
うのくび

ロープで杭をつないで柵を作る

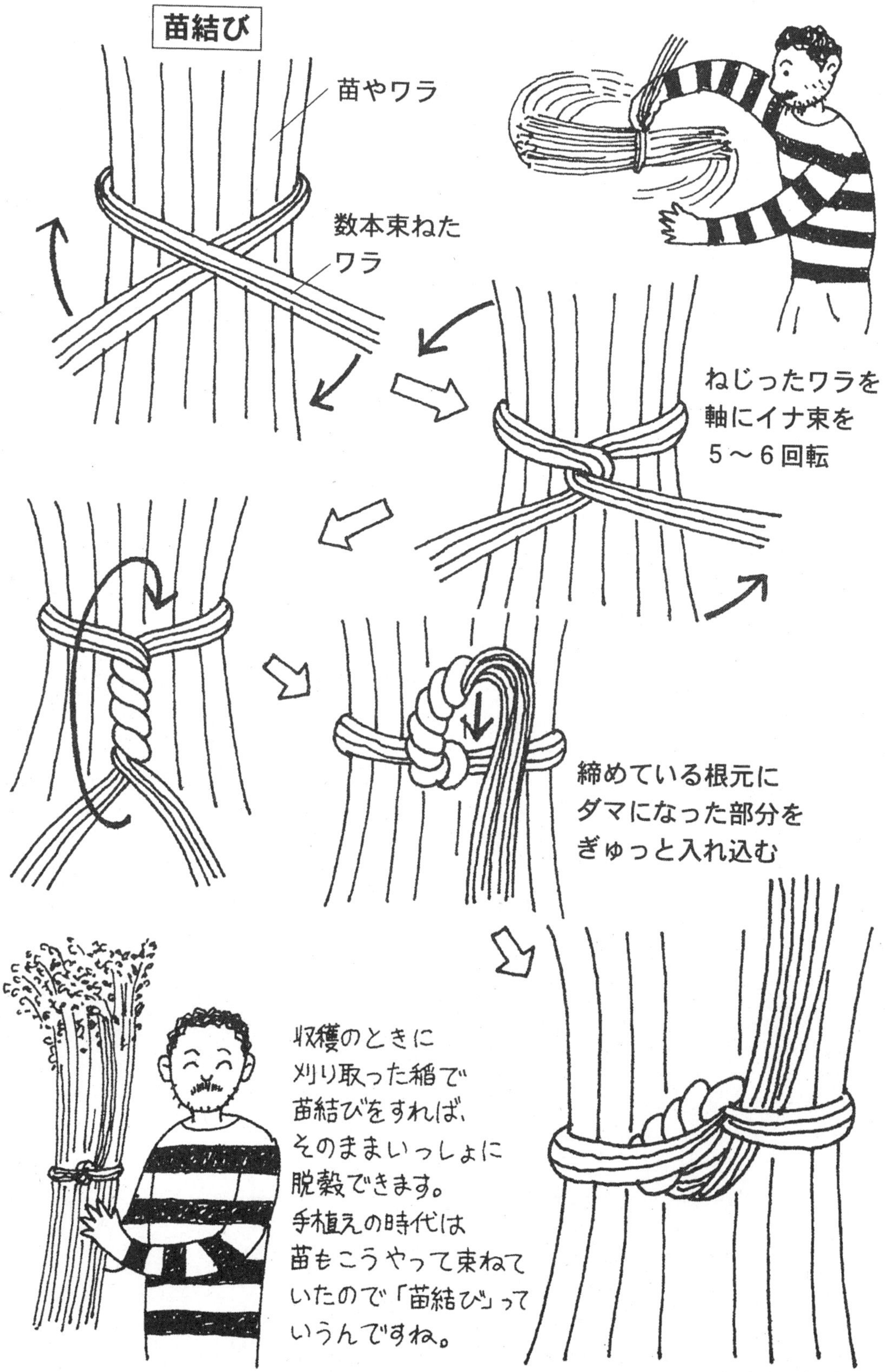
苗結び
苗やワラ
数本束ねたワラ
ねじったワラを軸にイナ束を5～6回転
締めている根元にダマになった部分をぎゅっと入れ込む
収穫のときに刈り取った稲で苗結びをすれば、そのままいっしょに脱穀できます。手植えの時代は苗もこうやって束ねていたので「苗結び」っていうんですね。

本書は『別冊 現代農業』2008年10月号を単行本化したものです。
編集協力　西村良平

著者所属は、原則として執筆いただいた当時のままといたしました。

農家が教える
便利な農具・道具たち
選び方・使い方から長持ちメンテナンス・入手法まで

2010年3月5日　第1刷発行
2021年11月25日　第7刷発行

農文協　編

発行所　一般社団法人　農山漁村文化協会
郵便番号 107-8668 東京都港区赤坂7丁目6-1
電話 03(3585)1142(営業)　03(3585)1147(編集)
FAX 03(3585)3668　振替 00120-3-144478
URL http://www.ruralnet.or.jp/

ISBN978-4-540-09307-4　DTP製作／ニシ工芸㈱
〈検印廃止〉　印刷・製本／凸版印刷㈱